U0295368

上 海 科 普 图 书 创 作 出 版 专 项 资 助

追光

——光学的昨天和今天

雷仕湛 屈炜 缪洁 著

上海交通大学出版社
SHANGHAI JIAO TONG UNIVERSITY PRESS

内 容 提 要

光,我们很熟悉,它很普通,也很重要。与我们熟知的水、空气一样,是人类赖以生存的必要元素。没有了光,我们便失去维持生命活动的能源、失去维持生命呼吸活动所必需的氧气,整个世界便没有了生命信息。为了探明光是什么,光与人类生命、生活的关系,科学家进行了长期的研究探讨;为了制造出更适合人类生活、生产需要的光源和光学技术,人们进行了长期的努力与奋斗。正是一代又一代人的不懈努力和追求,才有了光学科学技术今天的辉煌。本书将向读者全面展示光学发展的漫长历程。

本书可供广大青少年、学生、科学工作者了解、学习光学技术阅读;也可作为学校师生、青年科技人员和企业管理人员提高科学素养和创新意识的参考读物。

本作品由上海科普图书创作出版专项资助

图书在版编目(CIP)数据

追光:光学的昨天和今天/雷仁湛,屈炜,缪洁著.
—上海:上海交通大学出版社,2013
ISBN 978-7-313-09985-3

Ⅰ. 追... Ⅱ. ①雷... ②屈... ③缪... Ⅲ. 光学 Ⅳ. 043

中国版本图书馆 CIP 数据核字(2013)第 133355 号

追光——光学的昨天和今天

雷仁湛 屈 炜 缪 洁 著

上海交通大学出版社出版发行

(上海市番禺路 951 号 邮政编码 200030)

电话:64071208 出版人:韩建民

上海交大印务有限公司 印刷 全国新华书店经销

开本:787mm×960mm 1/16 印张:15.75 插页4 字数:274千字

2013 年 7 月第 1 版 2013 年 7 月第 1 次印刷

印数:1~2 030

ISBN 978-7-313-09985-3/O 定价:39.80 元

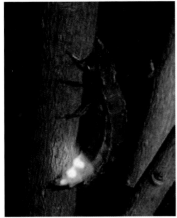

萤火虫在发光

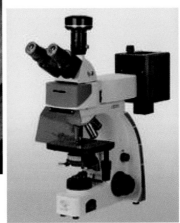

荧光显微镜

相衬显微镜

偏光显微镜

激光三维内雕刻

舞台灯光

牛顿制造的第一台反射望远镜

目前世界最大的凯克反射望远镜

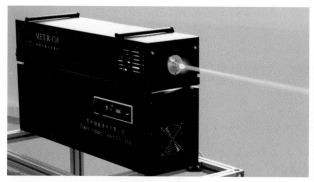

激光器只朝一个方向发射光束

光学测距机

半导体光源

哈勃太空望远镜

机载激光武器攻击弹道导弹的效果图

上海光源

连续光谱

法国LULI拍瓦级激光装置放大器

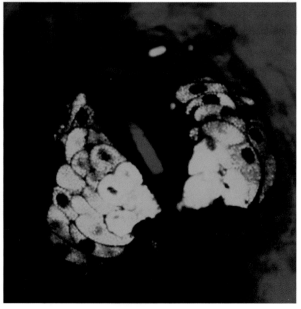

人手的超微弱发光

用受激拉曼散射方法采集的皮脂腺

红外激光雷达

激光全色显示技术

神光Ⅲ原型装置

铜蒸气激光振荡放大链

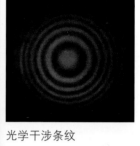

光学干涉条纹

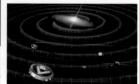

轧辊表面激光强化

激光干涉空间天线

嫦娥1号卫星激光测高仪

序　言

　　光，它很普通，也很平凡，我们天天见到，几乎是无偿地享受和利用着它带给我们的便利。然而，在科学家们的眼里，光并不普通，也并不平凡，它对生命的存在、人类的生活和生产活动具有重大意义，可以说，没有了光，我们这个世界将有可能停止一切的活动。

　　科学家们对"光"做了长期的研究，并取得了一系列成就，弄清了许多问题，例如：光是什么？ 光在生命活动中的作用有哪些？ 光与人类身体健康的关系等。光是什么这个问题讨论争辩了很长时间，现在基本上知道光有波动性和粒子性，但是，这两种性质如何统一，还需要继续探讨研究。为了发挥光在人类生活和生产活动中的作用，以获得亮度更高、性能更好的光源，科学家研究开发了一系列方法、技术，使得我们的生产和科学技术水平不断地提高，随之我们的生活质量也相应地获得提高。

　　本书向读者展现了科学家们长期从事光学科学研究和应用取得的成就，展示了科学家们善于对微小事物仔细观察、不畏困难和嘲笑、在不可知的天地中摸索前进、坚忍不拔追求成功的精神。所介绍的内容能够激发广大青少年学生、年轻科学工作者勇于开拓创新、大胆探索科学，激励他们有勇气挑战我们对物质世界的认识，挑战习惯思维准则，并从中得到很好的科技创新教育榜样，也从中获得许多现代光学科学技术知识。

中国科学院院士

上海科技期刊学会理事长

前　言

　　光，它与空气、水一样，是人类生存的必要元素。人们的一切生产活动也必须在有光照射下才能进行，看书学习也离不开光的帮助。没有光，我们这个世界便沉没在黑暗之中，万紫千红的春色、姿态优美的舞台艺术也荡然无存，没有了我们这个繁花似锦的世界。

　　人类很早便开始对光做观察和研究，追问光是什么？追踪光在人类的生命活动、生存环境以及生产活动的足迹。随着社会文明和科学技术的发展，人类掌握光的知识不断丰富和加深，终于形成了一门学科——光学。古今中外有许多科学家对光学持之以恒地研究，发现了许多光学新现象，开拓了许多光学新技术、新光学科学领域；特别是在20世纪60年代发明的激光器，它有极好的单色性、相干性和极高的亮度，更是使光学领域发生了重大变革，使得古老的光学技术更加兴盛。

　　在现代科学技术前沿上，光学正发挥着越来越重要的作用。大至观察宇宙天体，小到探索微观世界，都需要光学知识。在社会文明建设、现代生产活动和科学研究中，各行各业与光学的关系日益紧密。本书将对古今中外科学家对光学发展的追求，他们对光学的研究和发展做出的杰出贡献，光学各主要领域的基础知识和在社会发展中的主要作用，做比较全面、系统的介绍。

　　光学是一个很大的领域，而且又在不断发展，我们的介绍难免会有不足和不妥，望读者不吝指正。

雷仕湛　屈　炜　缪　洁

2013 年 6 月

目　　录

第1章　追问光的身世

　　人类的生存离不开空气、水,同样地也离不开光,人从呱呱出生接触到大自然的第一印象也是光明。那么光是什么,人类很早便开始对它进行研究,对光本质的认识经历了一个较漫长的过程。

1.1　光明的来源

眼睛发射射线

　　世界为何会明亮,我们为何能够看见周围的物体,古代一些学者最先给出的解释是,人的眼睛发射一种射线产生触觉的结果,就像盲人靠手中的拐杖探路那样。我们张开眼睛能够看见周围一草一木,而闭上眼睛则什么也看不见,就是因为张开眼睛时眼睛的射线能够往外射出,闭上眼睛时没有射线往外射出的原因。同样的,我们只能看见眼睛前方的物体,看不见后面的物体也是因为眼睛是朝前方发射射线。但是,这个见解明显地被质疑,比如为什么我们在暗室里睁开眼睛什么也看不见,而太阳落山了,我们睁开眼睛也看不见周围的物体。因此,这个见解很快便被否定。

自然发光体

　　人们从日出的光辉、落日的红焰、彩虹的绚丽色彩到天空中闪烁的星光、世界的明亮,意识到那都是太阳这类发光体发射的"光"给带来的,不是人眼睛发射的。光源发射的光照射物体,从物体上反射的光进入人的眼睛引起视觉,我们便看到物

天空中的太阳光辉

体的存在。这是人类对光的第一个认识：光明来自光源，即来自发射光的发光体。

人们在日常的观察中发现自然界有各式发光体，它们都能够给我们带来光明。太阳是最大、最强的发光体。除了它之外，一些动物、植物、雷雨时天空中闪闪的雷电也发光，甚至人体本身也发光。这些是自然发光体。不同的生物会发出不同颜色的光，多数发射蓝色光或绿色光，少数发射黄色光或红色光。生物的进化程度越高，发光强度也越高，发光颜色范围也越大，从紫色到可见光和红外。生物进化水平越高，发射的光辐射越向红外波段扩展。

自然界有许多动物，如萤火虫、鞭毛虫、海绵、水螅、海生蠕虫、海蜘蛛和鱼等都发光。在动物世界里人们最先、最熟悉的发光体是萤火虫，古时候夜间就有人用它照明。夜晚常在近海作业的渔民，甚至是长住海边的人经常能看到海面上有光带，这是一些藻类发出的，当它们在大量繁殖时，它们产生的光辐射似乎把海洋都燃烧了起来。

海洋里许多鱼类，如光脸鲷、龙头鱼、灯眼鱼以及一些鲨鱼等会发光。光脸鲷体长 8 cm 左右，发蓝绿色的光，发出的光强度还很强，能使离它 2 m 远的人看清手表上的数字，难怪潜水员有时用它当手电了，夏威夷短尾乌贼可以说是发光鱼类中的佼佼者。它们之所以有发光的本领，是因为其体内有一种发光菌，这是一类在正常的生理条件下能够发射可见荧光的细菌。发光水母有时候也被叫做"水晶果冻"，是世界上最有影响力的发光海洋生物，它们生活在北美洲西海岸的海域。

植物在生长发育阶段也发光，1923 年苏联科学家 G. Gurwirsh 第一次观察到一个处于快速细

萤火虫在发光

胞分裂状态的洋葱头的根部能发射微弱的紫外光,这种现象称为生物体的超弱发光。在日本的雨季,每到梅雨季节,就会有大量蘑菇从倾倒的树干上或者湿地上冒出来,但是与一般蘑菇不同的是,这些蘑菇会发出令人胆寒的绿色光芒,这种绿光是由一种酶发生化学反应产生的。

人体发光

最令人感到新奇的是我们人类也是发光体。在 1911 年,英国医生华尔德·基尔纳(Walter Kilner)利用双花青染料涂刷的玻璃屏,发现人体外周有一圈强度微弱的光晕,它的宽度大约 15 mm,色彩瑰丽,忽隐忽现。这个有趣的发现吸引了世界众多科学家的注意。接着,俄罗斯工程师基里(S. V. Kirlian)做了类似实验,又发现人体在 500 V 以上的高电压和频率 50 kHz 的电场作用下也会发出明亮的光晕。俄罗斯科学家西迈扬·柯里尔和他的妻子瓦伦丁娜,用高频电场摄像术还拍摄了人体明亮、有颜色的辉光照片。此后,许多科学家开展了对人体辉光现象的观察和研究,发现每个人自呱呱坠地直至离开人世,始终都在发射一种辉光。

至于人体发射辉光的道理,目前科学家还继续在探讨,现在较流行的看法是,它很可能是人体发射的二次辐射,使空气电离而产生的荧光现象。根据热辐射原理,温度处于绝对零度以上的物体均能发射辐射,不过,这种热辐射的波长很长,在远红外波段,不在人眼睛产生视觉的波长范围,产生的辐射强度也很微弱,所以眼睛一般是感觉不到的。人体也有一定温度,也会产生红外辐射。其次,组成人体的组织都有一个固定的光辐射能量吸收带,在外来电磁场能量激发下,如在受到包括来自宇宙空间的可见光、紫外线以及来自地球本身的 X 射线等激发,会产生二次辐射,使人体周围的空气发生微弱的电离辐射。

1.2　光的基本性质

光的直线传播

一些日常所见的自然现象,如人在太阳光下会出现自身的影子,森林里各棵树的树叶中透射的太阳光呈现笔直的光柱,从窗户上的小孔射进室内的太阳光是一束笔直光柱等,意识到光是直线传播,这是人类认识光的第一个特性。事实上,如果光不是直线传播，身体就不会完全挡住太阳光，也就不会出现明显的身影。同样，如果光不是直线传播，从树叶之间透射进来的太阳光、从窗户小孔射进室内的太阳光就不会形成光柱。

太阳光下的人体影子

从树叶中间透射的太阳光柱

大约二千四五百年前，我国杰出的科学家墨翟和他的学生便做了世界上第一个小孔成像的实验，它更进一步地证明了光直线传播这一性质。虽然墨翟讲的并不是成像而是成影，但是道理是一样的。他对这个实验现象解释说，这是由于光穿过小孔如射箭一样，是直线行进的，人的头部遮住了上面的光，成影在下边，人的足部遮住了下面的光，成影在上边，这便形成了倒立的影。这是对光直线传播的第一次科学解释。

光的直线传播性质，在我国古代天文历法中得到了广泛的应用。我们的祖先制造了圭表和日晷，通过测量日影的长短和方位，以确定时间、冬至点、夏至点；在天文仪器上安装窥管观察天象，测量恒星的位置。

此外，我国很早就利用光直线传播这一性质，发明了皮影戏。汉初齐少翁用纸剪的人、物在白幕后表演，并且用光照射，人、物的影像就映在白幕上，幕外的人就可以看到影像的表演。皮影戏在宋代非常盛行，后来还传到了西方。

科学家根据光直线传播的性质发展了一门称作几何光学的学科，研究光的传播和成像规律。在几何光学中，用一条带箭头的直线表示光的径迹和传播方向，把组成物体的物点看做是几何点，把它所发出的光束看做是无数几何光线的集合，光线的方向代表光能的传播方向。在这些假设下，根据光线的传播规律，研究物体被透镜或其他光学元件成像的过程以及设计光学仪器的光学系统等都显得十分方便和实用。

光的反射

在平静河面可以看到桥的一幅像,但它是桥的倒像。同样在池塘水面看到山的倒像、树的倒像。在池塘洗手时会见到自己的像,那也是一个倒像。夜间在池塘里见到天上的月亮。这些现象是由光的反射产生的,这是人类认识光的另外一个性质——光的反射。光在传播路径上遇到光滑的表面时会改变传播方向,掉头往回传播。

桥在平静水面形成的倒像

树在平静水面形成的倒像

在人类的认识中,光的最大规模反射现象发生在月球上。我们知道,月球本身是不发光的,我们见到它的光亮是反射的太阳光。相传为记载夏、商、周三代史实的《书经》中就提起过月亮发光这件事,可见在那个时候人们就已经有了光的反射观念。战国时的著作《周髀》里也有记载:"日照月,月光乃生,成明月。"

利用光反射这个现象进行成像是光反射现象的头一个实际应用。起先人们是用盆子装的水面作为光的反射面,当做镜子使用,这镜子被称为"监"。西周金文里的"监"字写起来很像一个人弯着腰向盛有水的盘子里照自己的像。到了周代中期,随着金属冶炼工艺的进步,开始了使用铜和锡或银铅等制作铜镜的历史,并把在"监"字的下边加"金",成了"鉴"。铜镜一般制成圆形或方形,其背面铸铭文饰图案,并陪钮以穿系,正面则以铅锡磨砺光亮,可清晰照面。齐家文化墓葬中出土的一面距今已有4 000多年历史的小型铜镜,其造型、装饰均较原始,应是目前考古资料中所知最早的一面铜镜。在周代后期也开始研究平面镜反射成像规律,《墨经》中就指出:平面镜成的像只有一个,像的形状、颜色、远近、正倒,都全同于物体。

《墨经》中还指出：物体向镜面移近，像也向镜面移近；物体远了，像也远了，彼此有对称关系。

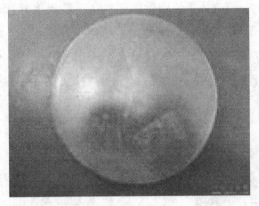

古代的铜镜

中国古代有一种称"透光镜"的奇妙镜子，它的外形跟古代的普通铜镜一模一样，也是金属铸成的，背后有图案文字。反射面磨得很光亮，可以照人。按理说，当以一束光线照到镜面，反射后投到墙壁上时，看到的应当是一个平淡无奇的圆形光亮区。奇妙的是，在这个光亮区竟出现了镜背面的图案文字，好像是"透"过来似的，故称"透光镜"。上海博物馆珍藏的一面西汉透光镜，背面刻的"见日之光，天下大明"这 8 个字，甚至连同花纹都"透"在那个光亮区之中，清晰可见。这实在是令人难以想象。不但中国历代科学家都研究它，近代国外诸多科学家也感到惊奇，把它称为"魔镜"，纷纷进行研究，企图揭开其中的奥秘，在 19 世纪曾引起过热烈的讨论。近几年，中国科学工作者运用现代科学技术手段对透光镜进行研究，终于揭开了其中的奥妙。

在春秋战国时代，还出现了球面反射镜。根据反射面呈凹形和凸形的不同，分为凹球面镜和凸球面镜。凹球面镜能使光线会聚，而凸球面镜则使光线发散。人站在这种球面镜前，也能在镜中成像，我国的《墨经》对球面镜的成像规律就有具体而且是相当准确的叙述。书中介绍说，凸球面镜成像情况比较简单，不管人站在镜前什么地方，所成的像总是正立的、缩小的像，而凹球面镜的成像情况则复杂一些。从远处向凹镜面走来，当他还在球心以外时，就看见自己缩小、倒立的像；当走过了球心，进入球心和焦点之间时，将看到自己的放大、倒立的像；再向前进，走过了焦点，又看见自己放大的、正立的像。

光的折射

大自然的一些景象，又帮助人们认识光的第三个重要性质——光的折射。在星光灿烂的夜晚仰望星空，会看到繁星在夜空中闪烁不定，像人"眨眼睛"一样；在平静无风的海面航行或在海边瞭望，往往会看到空中映现出远方船舶、岛屿或城郭楼台的影像；在平静的大江江面、湖面、雪原、沙漠或戈壁等地方，偶尔会在空中出现高大楼台、城郭、树木等景象；在遥

海市蜃楼

远的沙漠里有一片湖水，湖畔树影摇曳。可是当大风一起，这些景象便突然消逝了。原来这是一种幻景，称为"海市蜃楼"。这些自然现象是光的折射所造成的。

光在密度均匀（更确切一点说是光学折射率均匀）的介质中是保持直线传播的，当光在密度不均匀的介质中传播时情况便有变化。当光传播到密度不同的两种介质交界面时，传播方向将发生变化，改变原来的传播方向，偏向到另外一个方向继续传播，这个现象称为折射。繁星在夜空中像人那样"眨眼睛"以及在天空出现海市蜃楼等景象，科学家分析说，这是光在大气中传播产生折射造成的。地球周围包围着一层厚厚的大气层，这层大气的疏密程度是不一的，星光在其中传播时不能再沿直线传播，而是不断发生折射，走着弯曲的路径。又由于大气是在不断运动变化的，所以它的疏密程度也在不断地改变，因此被大气折射的星光方向也不固定，有时会使折射光进入到我们的眼中，有时折射光不会进入我们眼睛。所以我们看到的星光是闪烁不定的，像眨眼睛一样。

海市蜃楼也是光在密度分布不均匀的空气中传播时发生折射产生的。夏天，海面上的下层空气温度比上层低，气体密度比上层高，相应地折射率便比上层大气大。在沙漠地区，太阳照到沙漠上，接近沙面的热空气层比上层空气的密度小。同样，大气中也出现折射率分布不均匀的状况。太阳光在折射率分布不均匀的大气中传播发生光折射效应，便让我们能够看到远处物体形象的倒景，仿佛是从地面反射出来的那样。

最早定量研究折射现象的是公元 2 世纪希腊人 C.托勒密,他测定了光从空气向水中折射时入射角与折射角的对应关系,并确定折射光线的传播方向。虽然他的实验结果并不精确,但他是第一个通过实验定量地研究折射规律的人。1621年,荷兰数学家 W·斯涅耳通过实验精确确定了入射角与折射角的余割之比为一常数的规律,即 $\csc\theta_i/\csc\theta_t$ = 常数(θ_i 是光线的入射角,θ_t 是光线的折射角),因此折射定律通常又称斯涅耳定律。1637 年,法国科学家 R·笛卡儿(Rene Descartes,1596～1650)在《折光学》一书中首次公布了具有现代形式的折射光规律,即入射角与折射角的正弦函数之比为一常数。需要补充说明的是,上述光的折射定律只适用于由各向同性介质构成的静止界面。与光的反射定律一样,最初由实验确定的折射定律可根据费马原理、惠更斯原理或光的电磁理论获得证明。

光的直线传播、光在介质表面的反射以及光在折射率不同介质交界面的折射,构成了几何光学的三元素,用来控制光路和用来成像的各种光学仪器,其光路结构原理主要基于光的这三个元素。

光的颜色

雨后的天空有时出现彩虹,包含红、橙、黄、绿、蓝、靛、紫等 7 种颜色。草地或者花圃上长的花也有各种颜色,有红的、黄的、紫的。这些不同的色彩是怎样来的? 人们很早便注意到这个问题。中国早在殷代甲骨文里就有了关于虹的记载,当时把"虹"字写成"绎"。战国时期《楚辞》中有把虹的颜色分为"五色"的记载。

唐代以后,继续有人研究虹的颜色来源,如南宋朝蔡卞把虹和日月晕现象联系起来,并指出了虹和阳光位置之间的关系。南宋程大昌(1123～1195 年)在《演繁露》中明确指出了日光中包含有数种颜色,经过水珠的作用而显现出来,可以说,他已接触到颜色的本质了。

欧洲学者对颜色的认识流行着亚里士多德的观点。亚里士多德认为,颜色不是物体客观的性质,而是人们主观的感觉,一切颜色的形成都是光明与黑暗、白与黑按比例混合的结果。1663年科学家波义耳也曾研究了物体的颜色问题,他

伊萨克·牛顿(Isaac Newton)

认为物体的颜色并不是属于物体的、带实质性的性质，而是由于光线在被照射的物体表面上发生变异所引起的。能完全反射光线的物体呈白色，完全吸收光线的物体呈黑色。另外还有不少科学家，如笛卡儿、胡克等也都讨论过颜色的问题，但他们都主张红色光是大大地浓缩了的光，紫色光是大大地稀释了的光。罗马最伟大的政治家兼哲学家西尼卡（LASenica）在他归类整理的 7 卷（自然界问题）中提到，当阳光透过一块角形的玻璃时，会呈现彩虹的全部颜色，但是西尼卡认为那是玻璃将太阳光"着色"的结果。真正揭开颜色本质的是英国科学家伊萨克·牛顿（Isaac Newton），他用实验显示太阳光中包含着各种颜色的光。其实既然我们的视觉是由光产生的，由此可以推断颜色也是源于光。

1663 年，当时牛顿还是一个剑桥大学 21 岁的大学生，就开始研究色与光的问题。3 年后，他为了躲避在当时流行的瘟疫回到家乡，他在家里做了有名的玻璃三棱镜光学实验，将从窗户上一个小孔射进的一束太阳光经一块三角形玻璃棱镜后投射到墙上，此刻在墙上见到的不再是通常那种白色的光斑，而是展宽成红、橙、黄、绿、蓝、靛、紫等 7 种颜色的彩色光带。当在第一只三棱镜后面再倒放一只三棱镜时，各颜色的光又重新组合成为一束白光。显然这彩色光带不是由玻璃三棱镜给"着色"的，而是太阳光本身就包含各种颜色的光，只不过它们混合在一起时没有显露出来而已。1672 年，牛顿在伦敦皇家学会上发表论文"光和色的新理论"，介绍了他的实验和结果，并正确地解释了彩虹色带的成因：日光原是各种色光混合而成的，由于各色光的折射率不同，所以通过三棱镜时被色散开来。今天我们已知所有红、橙、黄、绿、蓝、靛、紫等 7 色光都是本质相同的电磁波，其唯一的差异只是波长不同，红光波长最长，约 750 nm，紫光波长最短，约 400 nm。

光的传播速度

光速也是光的重要参数，对它的测定在光学的发展史上具有非常特殊而重要的意义，不仅推动了光学实验深入发展，也打破了光速无限的传统观念。在物理学理论研究的发展里程中，光速的测定又为粒子说和波动说的争论提供了判定依据，而且最终推动了爱因斯坦相对论理论的发现和发展。

在光速的问题上物理学界曾经产生过争执，开普勒和笛卡儿都认为光的传播不需要时间，是在瞬时进行的。伽利略认为光的传播速度虽然异常快，但可以测定的。1607 年，伽利略进行了最早的测量光速实验。伽利略的测量方法是，让两个人分别站在相距 1.609 3 km 的两座山顶上,每个人拿一盏灯,第一个人先举起灯,当第二个人看到第一个人的灯时立即举起自己的灯,从第一个人举起灯到他看到第二个人的灯的时间间隔就是光在两地传播的时间,再根据两地的距离便可以得到光的传播速度。不过,由于光传播的速度实在是太快,加之观察者还要有一定的反应时间,所以伽利略的尝试没有成功,但伽利略的实验却是揭开了人类历史上对光传播速度进行测量研究的序幕。

天文测量法

1676 年,丹麦天文学家罗默(O. Romer)第一次提出了比较有效的光速测量方法。任何周期性的变化过程都可当做"时钟",他成功地找到了离地球非常遥远的木星这只时钟:木星每隔一定周期所出现的一次卫星蚀。他在观察时注意到连续两次卫星蚀相隔的时间,当地球背离木星运动时,比地球迎向木星运动时要长一些,时间差大约 15 s。罗默通过观察从木星的卫星蚀时间变化和地球轨道直径求出了光速:每秒214 300 km。这个数值离光速的准确值相差很大,但这并非测量方法不对,主要是当时知道的地球轨道半径只是近似值,同时测量卫星蚀周期不够准确。后来科学家用照相方法测量木星卫星蚀的时间,并在地球轨道半径测量准确度提高后,用罗默法求得光的传播速度是每秒 299 840±60 km,很接近于现代实验室所测定的精确数值。

1728 年,英国天文学家布莱德雷(J. Bradley)采用恒星的光行差法测量出光的传播速度。布莱德雷在地球上观察恒星时,发现恒星的视位置在不断地变化,在一年之内,所有恒星似乎都在天顶上绕着半长轴相等的椭圆运行了一周。他认为这种现象的产生是由于恒星发出的光传到地面时需要一定的时间,而在此时间内,地球已因公转而发生了位置变化,他由此测得光速为每秒 299 930 km。

齿轮测量法

1849 年,法国科学家菲索(A. H. Fizeau)第一次利用设计的实验装置测定光传播速度,他的测量原理与伽利略的相类似。他将一个点光源放在透镜的焦点处,在透镜与光源之间放一个齿轮,在透镜的另一侧较远处依次放置另一个透镜和一个平面镜,平面镜位于第二个透镜的焦点处。点光源发出的光经过齿轮和透镜后变成平行光,平行光经过第二个透镜后又在平面镜上聚于一点,在平面镜上反射后按原路返回。由于齿轮有齿隙和齿,当光通过齿隙时观察者就可以看到返回的光,当光恰好遇到齿时便会被遮住。从开始到返回的光第一次消失的时间就是光往返一次所用的时间,根据齿轮的转速,这个时间是不难求出。通过这种方法,菲索测得的光速是每秒 315 000 km。由于齿轮有一定的宽度,所以用这种方法很难精确地测出光传播速度。

1850 年,法国物理学家傅科((Jean-Bernard-Leon Foucault)改进了菲索的方法,他只用一个透镜、一面旋转的平面镜和一个凹面镜。平行光通过旋转的平面镜汇聚到凹面镜的圆心上,同样用平面镜的转速可以求出光束往返时间,傅科用这种方法测出的光速是每秒 298 000 km。

微波测量法

光波是电磁波谱中的一小部分,科学家对电磁波谱中的每一种电磁波参数都进行了精密的测量。1950 年,艾森(Essen)提出了用空腔共振法来测量光速。测量原理是:微波通过空腔时,当它的频率为某一值时将发生共振,共振波长 λ 与共振腔的圆周长 R 的关系为 $R=2.404\,825\lambda$,再根据波长与频率的乘积便得到光速。通过准确测量共振腔的直径可以确定准确的共振波长,而腔的直径用干涉法可以准确测量出来,电磁波频率可以用逐级差频法精确测定。艾森用他提出的办法得到的光速为每秒 $299\,792.5\pm1$ km,测量精度达 10^{-7}。

激光测量法

1790 年美国国家标准局和美国国立物理实验室最先运用激光测定光速。测量原理是同时测定激光的波长和频率,再根据光速等于波长和频率的乘积确定光速,即 $c=\nu\lambda$,这里 c 为光速,ν 为光频率,λ 为光波长。由于激光的频率和波长的测量精确度已大大提高,所以用这个办法可以获得很高测量精度,得到测量精度可达 10^{-9},比以前已有最精密的实验方法提高约 100 倍。

光的压力

光,它也是自然界最广泛的东西,也是我们天天接触和使用的。光给我们热,给我们带来光明,这是有目共睹的。然而,光还有压力,一道光束可以直接推动物体运动。

猜测

我们日常见到的、天天接触并且使用的光束是手摸不着、看不见的东西。风虽然也看不见、摸不着,然而,它有力气,能够把树吹得摇摇摆摆,迎着风走会感到有一股力在阻挡着我们前进。在阳光底下来回穿梭,会感到有阻力吗? 不会。简单来说,光辐射有如风、水那样的力吗? 似乎感觉不到。有一件事让人们猜想光束应该是有压力的。在 17 世纪，德国著名的天文学家约翰内斯·开普勒（Johannes Kepler）在长期进行天文观察的过程中，发现彗星在经过太阳附近时，它的尾巴（即通常说的彗尾）总是背离着太阳。肉眼可见的彗星一般由三部分组成：彗核，它是彗星头部中央密集而明亮部分；慧发，它是在彗核周围呈球形的云雾物；彗尾，在彗核后面拖着的长长尾巴。根据彗尾背离太阳的程度，科学家把彗尾分成三种类型：Ⅰ型彗尾，它几乎是直线，方向很接近从太阳到彗星连线的延长方向；Ⅱ型彗尾，朝彗星运动反方向有较大的弯曲；Ⅲ型彗尾，彗尾发生弯曲程度很大。彗尾为什么会总是背离着太阳呢？其中一定存在某种力量推动所致，开普勒猜测这是太阳光产生的推动力的结果。彗尾中那些碎块受到太阳光推动力的作用，才致使彗尾背离太阳的。不过，开普勒关于太阳光产生推动力这个猜测，人们起初并不认同，在我们的生活经验中也没有这种体验。如从暗的房间走到明亮的太阳光下，我们并没有感受到任何额外的压力；从太阳光下走进暗房也没有感到"轻松"一些。同样的，在黑暗的房间里或者黑暗的隧道里突然开亮电灯，也没有感觉到有额外的压力压迫我们；用一束光照射纸片，也没有见到它会像一阵风那样把它吹走，或者使它发生飘动那种景象。总之，根据我们的日常生活经验，没有光束产生推动力的感觉。

约翰内斯·开普勒（Johannes Kepler）

彗尾始终背离着太阳

实验验证

或许光束产生的推动力过于微弱，凭我们的感觉器官感觉不出来，好比微风我们就察觉不到风力，也不见湖面起波浪。于是科学家设想利用实验方法来判断，看看光束到底有没有产生推动力，因为在实验室里的精密科学仪器，对作用力的敏感性会比我们的感觉器官灵敏。但是，在 18、19 世纪初这些年月，许多科学家试图显示光束推动力的实验都没有获得成功，实验测量结果既不能否定，也不能肯定光辐射有压力。经过分析研究，认为这主要是没有营造好一个合适的实验环境。做这种实验测量必须是在没有空气的真空环境中进行，因为光束是穿越一定的空间距离之后才照射到物体上的，如果在物体周围存在空气，那么空气吸收了光束能量后将被加热，引起空气对流也会产生推动力。凭我们的直觉，光束产生的推动力应该是非常微弱的，很可能会被由空气对流产生的推动力所掩盖，这就很难辨别测量到推动力是属于光束的还是空气对流产生的了。在 18、19 世纪初那个年代，真空技术水平还不高，不能营造出空气被清除干净的真空室。其次，光束的推动力与光源的发光强度有关，那个时代光源制造技术水平也不高，光源发射的光辐射强度都不是很高。直到 19 世纪末，高真空技术和高功率电光源制造技术有了很大发展，弱信号实验测量技术水平也有了很大提高，才终于能够用实验手段探测到由光束产生的推动力。俄国物理学家彼得·尼古拉耶维奇·列别捷夫（Pyotr Nikolayevch Lebedev，俄文 Пётр Николаевич Лебедев），美国科学家尼科尔斯（E. F Nichols）、霍耳（G. F Hull）等先后独立设计了实验装置，测量出了光束产生的压力。

彼得·尼克拉耶维奇·列别捷夫

（Pyotr Nikolayevch Lebedev）

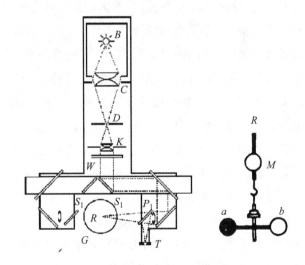

列别捷夫的光压测量实验

　　列别捷夫在 1895 年设计了一个实验测量光压力的装置。在一只密封玻璃泡 G 内吊一根细悬丝，在它的下面挂几对薄而且很轻的翅膀悬体 R，其中一边的挂件表面全涂黑色,另外一边的则全是光亮的。当借助透镜及平面镜系统将由弧光灯 B 发出的光束投射到翅膀悬体时,如果这个悬体 R 发生回转,显然这是光束推动翅膀转动的结果,也就是说证明光束是有压力了。表面全涂黑色的翅膀全部吸收光束的能量,而全光亮的翅膀则几乎是把入射的光束全都给反射回去,两边受到的作用力不相同,于是也就产生一个力矩,使整个翅膀悬体 R 发生回转。实验结果显示,悬体 R 在有光照射时的确发生了回转,扭转了一个角度,表明光束会产生压力。列别捷夫根据悬体 R 扭转的角度计算了光束产生的压力,它是非常微弱的。1899 年在巴黎举行的国际物理学会议上,列别捷夫宣读了他的"光压的实验研究"论文,并在 1901 年公开发表该论文。

列别捷夫在进行这个实验测量时依然遇到一些难题。限于当时的真空技术水平,他使用的那只密封气泡里面的真空度还是不够高,在密封玻璃泡内剩余的空气在受光束照射时发生对流,同样也产生引起那只翅膀悬体 R 转动的力,给测量结果带来干扰;此外,悬体的翅膀被光束照射后,它的正面和反面之间会出现温度差,也对测量产生重大影响。涂黑色的翅膀这一面吸收光能量后温度升高,而它的背面没有直接受到光照射,没有吸收到光能量,温度便比较低。在玻璃泡里面那些剩余空气分子在与翅膀温度高的那个面碰撞后,热运动速度将比较高,而与背面碰撞的分子,它们的运动速度较低。结果也会给翅膀产生一个附加作用力(称为"辐射度力"),它使翅膀悬体 R 扭转的方向与由光束推动力推动的方向是一致的。辐射度力和空气对流产生的力加在一起,其力度比光束的推动力可能还大得多。为了改变这种"喧宾夺主"的局面,必须把悬体的翅膀做得很薄,以减少翅膀两面的温度差;同时,也必须尽可能地减少在玻璃泡里面的剩余气体,亦即努力提高玻璃泡内的真空度,只有这样测量得到的结果才是真正由光束产生的推动力。列别捷夫花了几年时间不断改进实验条件,反复实验,终于得到令人信服光束有推动力的结果。

美国科学家尼科尔斯和霍耳采用另外一种被称为"扭秤"的实验装置,也测量了光束产生的压力。在今天,太空技术的发展,光辐射产生的推动力在太空活动中十分明显可见。国际空间站由于受太阳光辐射推动力的作用,造成的轨道发生移动,为此每年都需要消耗大量的燃料进行轨道修正。

理论预言

科学家们在理论上也证实光束的确存在压力。在列别捷夫进行成功的实验验证之前,著名科学家詹姆斯·克拉克·麦克斯韦((James Clerk Maxwel)从理论上就预言光束会产生压力。麦克斯韦是英国伟大的物理学家,经典电磁理论的创始人。他的电磁场理论经典巨著《论电和磁》中指出光是电磁波的一种形式,同时还指出,当光束投射到物体表面时,光波的电场在被照射物体的表面产生电流;与此同时,光波的磁场对这个电流又发生作用,这就构成了光波对物体产生压力。麦克斯韦据此算出了光束对物体产生的压力数值。当平行光束垂直照射到物体上时,在单位面积上产生的压力 P 为

$$P=E(1+R)/c$$

式中,E 为单位时间垂直入射到单位面积的光能量;R 为物体表面的能量反射率;c 为真空中的光速。根据麦克斯韦的这个结果,我们可以估计在中午时刻太阳光对地球表面产生的压力。如果阳光直射到地面,并且光被地面全部吸收,那么地面所感受到的压力大概是 4.5×10^{-6} Pa,或者说是千亿分之一大气压,如此微弱的压力,我们的感觉器官的确感觉不到,这也就怪不得我们平时察觉不到光束有压力了。

在 20 世纪初,爱因斯坦(Albert Einstein)提出光子的概念,认为光是由一束没有静态质量但有动量的光子构成,光子的能量与它的动量之间的关系为

$$\varepsilon=pc$$

频率为 ν 的光子,它的能量是 $h\nu$,,这里的 h 是一个常数,称为普朗克常数。于是,光子的能量与动量的关系也可以写成:

$$p=h\nu/c$$

假定光束每秒通过单位面积中有 N 个光子,即光束的光强 I 是 $N h\nu$,那么光束拥有的动量 P 为

$$P=Nh\nu/c=I/c$$

当光束投射到物体表面时,光子与物体表面之间除了发生能量交换之外,也发生动量交换。如果入射的光子全部被物体所吸收,光束失去了它的动量,根据动量守恒定律,物体也必然同时获得了方向与光束传播方向相反的同等动量。又根据牛顿第二定律,作用在物体上的力等于它在单位时间内的动量变化,由此可以得出,物体表面将受到来自入射光束的作用力:

$$F=P/t$$

力和动量都是有方向的,这个式子表明,作用力的方向与动量的方向相同,既然物体得到与光束传播方向相反的动量,这也就意味着物体受到了沿反方向的作用力。如果光束被物体表面全部反射,相应地光子的动量便从 $+h\nu/c$ 变到 $-h\nu/c$,这么一

来,每个光子传给物体表面的动量是 $2P = 2\ h\upsilon/c$,给物体表面施加的压力是 $N \cdot 2P = 2I/c$。可见,根据光的粒子性概念得到计算光束产生压力的公式与麦克斯韦根据光是电磁波推出的公式是一致的,也与列别捷夫的测量压力的实验结果基本符合。

1.3　光是什么

我们天天接触、时刻离不开的光它究竟是什么,为这件事科学家们研究、分析和争论了好几百年。

光是一种波动

英国物理学家、天文学家罗伯特·胡克(Robert Hooke)在 1665 年提出光是一种波动,光源发出的光传播到物体和我们的眼睛,如同把一石块投入水中后在水面一点周围激起的波那样往周围传播开来。

荷兰物理学家克里斯蒂安·惠更斯(Christian Huygens)最坚信光是一种波动,他在 1678 年向法国科学院提交《光论》这本著作(该书于 1690 年出版)中写道,"我们知道,声音是借助看不见、摸不着的空气向声源周围的整个空间传播的,这是一个空气粒子向下一个空气粒子逐步推进的一种运动。而因为这一运动的传播在各个方向是以相同速度进行的,所以必定形成球面波,它们向外越传越远,最后到达我们的耳朵。类似的,光无疑也是从发光体通过某种媒介物质的运动而到达我们的眼睛,因为我们已经看到,从发光体到达我们眼睛的光不可能是靠物体来传递的。正如我们即将研究的,如果光在其路径上传播需要时间,那么传给物质的这种运动就一定是逐渐的,像声音一样,它也一定是以球面波的形式传播的,我们把它们称为光波,是因为它们类似于我们把石头扔入水中时所看到的水波,我们能看到水波好像在一圈圈逐渐向外传播出去,虽然水波的形成是由于其他原因,并且只在平面上形成"。此外,惠更斯还认定光波是一纵波。

英国物理学家、医生托马斯·杨(Thomas Young)也认定光的波动性,他在 1800 年向皇家学会提出的《在声和光方面的实验和问题》的报告中指出,声和光都是波的传播,光的颜色和不同频率的声音是类似的。

利用光的波动性能够解释一些日常观察到的光学现象,比如几束光交叉通过

时彼此不发生干扰,都保持各自原来的方向继续
传播,这就是公认的"光的叠加原理";也能够解释
光的反射、折射现象,而且根据各种颜色光束的折
射程度,还可以推算出七种色光中红色光的光波
长最长,因为它发生的偏折最小,紫色光的光波长
最短,因为它发生的偏折最厉害。但在解释光自
光疏介质射向光密介质发生的折射现象时,需假
设光在光密介质中的传播速度较小,现代对光速
的测定结果表明,波动说在解释折射时依据的这
个假设也是正确的。同时,惠更斯还从理论上总
结出光波传播的普遍规律,提出了著名的"惠更斯
原理":波源发出的波阵面上的每一点都可视为一

托马斯·杨(Thomas Young)

个新的子波源,这些子波源发出次级子波,其后任一时刻次级子波的包迹决定新的
波阵面。惠更斯原理确定光波的传播方向,也能推导出光的反射定律与折射定律。

　　不过,光的波动说虽然在解释日常所见的一些光学现象上取得一些成功,但也
还存在一些难以解释的问题。如躲在门背后的人他能够听到发生在门外面的声
音,这说明声波是能够绕过门而传播的,如果光是一种波动,它也应该有这种性质,
即躲在门后面的人也能够看见门外的人和物,但实际上是看不到的。其次,光束是
直线传播的,光的波动说也无法给出合理的解释。牛顿在《光学》这本书中指出,光
的波动性不能很好地说明光的直线传播这个最基本的事实。他在书中写道:"水面
上的波沿较大的障碍物(它挡住了一部分波)边缘传播时,它会发生弯曲,并不断地
向障碍物后面的静水水域扩展。空气波,空气的脉动或振动(它们构成声音)显然
也会发生弯曲,但不会像水波那样强烈。小山虽然可以挡住我们的视线,使我们看
不到钟或大炮,但在山后仍然可以听到它们的声音;声音很容易沿着弯弯曲曲的管
道传播,如同在笔直的管子中传播一样。至于光,从来还没有听说过它可以沿着蜿
蜒曲折的通道传播,或者朝阴影内弯曲,因为当一颗行星运行到地球与另一颗不动
的恒星之间时,这颗恒星就看不见了。还有,由于惠更斯等认为光波和声波一样是
一种纵波,因此无法解释光的偏振现象;而且惠更斯他们提出的波动实际上只是一
种脉冲而不是一个波列,也没有建立起波动过程的周期性概念,因此,用他的理论
还无法解释光颜色的起源等一些基本光学问题。我们知道,声音是靠空气作为"载

体"传播的,水波是靠着水做"载体"传播的,光波又是靠着什么载体传播的? 惠更斯只好提出光是靠着以太传播,这以太充满整个"空虚的"空间,并渗透于一切物体。但是,1887 年,美国物理学家迈克耳孙((A. A. Michelson)的实验证明,宇宙中根本不存在所谓的"以太"。

光的电磁波性质

胡克、惠更斯、托马斯·杨等认为光是波动,但是它的本质是什么并不清楚,能够说明光波是什么性质的波动是 19 世纪一些物理学家,如法拉第、韦伯和柯尔劳斯、詹姆斯·克拉克·麦克斯韦等的实验研究和理论研究得到的结果。

1845 年法拉第进行一项光学实验,当他用一束偏振光顺着磁力线方向透过置于强电磁铁的两个磁极之间的"重玻璃"时,发现光的偏振面发生了一定角度的偏转,磁力越强,偏转角越大。这就是法拉第的"磁致旋光效应",这个发现记载于他的《电学的实验研究》第十九部分。这表示光学现象与磁学现象间存在内在的联系。不过,需要说明的是,这种效应实际上是磁场使位于其中的物质受到影响,间接地使光的偏振面发生旋转,并非磁场对光的直接作用。

在电磁学中,电量的单位有静电单位与电磁单位。电量的静电单位是根据库仑定律定义的:一个静电单位的电荷,对一个相距 1 cm 远的同样电荷的排斥力是 1dyne(达因)。在电磁单位中,电流强度的单位定义为:在两根相距 1 cm 的长平行导线上,当它们的每单位长度彼此以 2 达因的力相互作用时所流过的电流。由此就可以得到电量的电磁单位的定义:单位电流强度在单位时间内流过的电量。1856 年韦伯和柯尔劳斯在莱比锡做的电学实验时发现,电荷的电磁单位和静电单位的比值等于光在真空中的传播速度,即每秒 3×10^5 km,这一惊人的结果进一步揭示了电磁现象和光现象之间的联系。

麦克斯韦通过对电磁现象的研究,建立了电磁学。1865 年在他的经典巨著《论电和磁》中指出,变化的电磁场能够在它周围引起变化的磁场,这一变化的磁场又在较远的区域内引起新的变化电场,并在更远的地方引起新的变化磁场。这种变化的电场和磁场交替产生,以有限的速度由近及远在空间传播,这便是电磁波。麦克斯韦由理论上推断出电磁波的传播速度 u 为

$$u = (\varepsilon_0 \mu_0)^{-1/2}$$

式中的 ε_0 和 μ_0 分别为真空中的电介质常数和介质磁导率,这个速度也正是实验

测量得到的光速,这个奇妙的结果促使麦克斯韦在他的思想里实现了一个极具创造性的巨大飞跃:"两个结果的一致性表明光和电磁波乃是同一实体属性的表现,光是一种按照电磁定律在场内传播的电磁扰动"。1868 年,麦克斯韦发表了一篇短而重要的论文《关于光的电磁理论》,明确地把光概括到电磁理论中,这就是著名的电磁波学说。

1888 年德国物理学家赫兹(Heinrich Rudolf Hertz)在实验室产生电磁波,证实了电磁波的存在,并测量了电磁波的传播速度。接着他又证实电磁波的振动性及它的反射、折射、衍射等特性与光波相同,肯定了光是电磁波辐射,是属于在一定频率范围内的电磁波,明确了光波的本质,并给出其

詹姆斯·克拉克·麦克斯韦
(James Clerk Maxwell,1831~1879)

特征参量,主要有周期(时间周期)T、光波频率 ν(或者圆频率 ω)、光波波长(空间周期)λ、波数 κ、光波传播速度 c、光波强度以及光波电场强度。光波的周期、频率、波长以及波数之间的关系为

$$T=1/\nu=2\pi/\omega=\lambda/c=2\pi/c\kappa$$

光波按波长排列在电磁波波谱上的位置如下图所示。

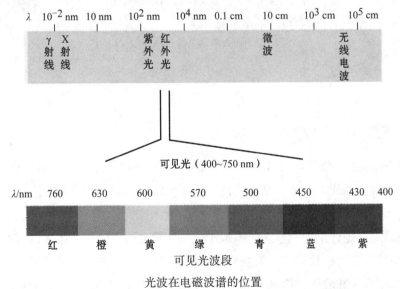

光波在电磁波谱的位置

各种波长的电磁波中,能为人眼所感受的是波长在 400~760 nm 这个窄小范围的电磁波,对应的频率范围为 $(7.6\sim4.0)\times10^{14}$ Hz,在这个频率范围内的电磁波叫可见光。在可见光范围内不同频率的电磁波,引起人眼睛产生不同颜色的感觉。由于光的频率极高 $(10^{12}\sim10^{16}$ Hz),数值很大,使用起来很不方便,所以通常采用波长表征,属于光波波段的电磁波波长范围大约在 1 mm~10 nm。

光波强度是单位面积上的平均光功率。严格地说,根据电磁理论,光波的完整描述要求用电场强度与磁场强度,但两者之间有一定关系,给定电场强度即同时决定了磁场强度。另一方面,在研究光波与物质相互作用时,牵涉到往往是电场与带电粒子(电子、原子核)的相互作用。在一般情形下,磁场强度的作用比电场强度的作用要小一个因子 v/c,这里的 c 是光速,v 是带电粒子的运动速度,它通常远小于光速 c,因此在一般情形下讨论电场强度。

在同一种介质中光强度 I 与光波电场强度 E_0 的平方成正比,即

$$I=n/(2c\mu_0)^{-1}E_0^2$$

式中的 c 为真空中的光速,μ_0 为电磁场在真空中的磁导率。光强度 I 可以利用探测仪器测量,由测量得到的光强度便可以计算出光波的电场强度。在空气中,光波电场强度 E 与光强度 I 的关系可写为

$$E=27.4(I)^{1/2}$$

式中的电场强度 E 的单位是 V/cm。比如,利用透镜把功率为 10^5 W 的激光聚焦到 10^{-10} m^2 的面积上,在焦点上的激光强度为

$$I=10^5/10^{-10}=10^{15} \text{ W/m}^2$$

相应的光电场强度 E 为

$$E=27.4(10^{15})^{1/2}=0.87\times10^7 \text{ V/cm}$$

光波动的直接证明

惠更斯、麦克斯韦等提出的光是波动只是一种推论,并没有实验证据,第一个用实验直接证明光的波动性是托马斯·杨所做的著名光干涉实验。

杨氏干涉实验

托马斯·杨仔细地观察在两组水波交叠处发生的现象:"一组波的波峰与另一组波的波峰相重合,将形成一组波峰更高的波;如果一组波的波峰与另一组波的波谷相重合,那么波峰恰好填满波谷",这个现象称为波的干涉。如果光也是波动,那

么也应该出现这种干涉现象,即两束光在交叠处由于运动的合成会产生光强度的重新分配,形成明暗相间的干涉涤纹。他又分析了光波产生干涉的条件:"两个在方向上或者完全一致、或者很接近的不同光波动,它们的联合效应是每一种光的运动的合成"。为了显示光的干涉现象,先必须使从同一光源出来的光分成两束,并让它们经由不

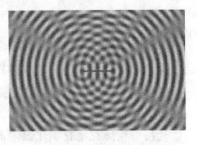

两列水波的干涉现象

同的途径然后重新迭合在一起,便可以观察到干涉现象。在 1801 年他在暗室中安排了一个光学实验装置,让光源发射的光束通过一个小针孔 S_0 后,再通过两个相互很靠近的小针孔 S_1 和 S_2,变成两束光,然后它们再投射到一块白屏幕上,在屏幕上果然显现出一系列明暗交替的条纹。他又以狭缝代替针孔进行实验,在屏幕上展现的明暗交替条纹更明显。这个现象正是光的波动说所期待的:光波动的干涉现象! 据此杨氏还解释了"牛顿环"现象。

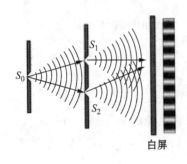

托马斯·杨干涉实验

"牛顿环"现象是牛顿的一项重要发现,他在他所著的《光学》这本书中详细地描述了这一实验现象。当他把一个平凸透镜放在一个平面镜上时,他观察到一系列明暗相间的同心圆环。压紧玻璃体,改变其间空气膜的厚度,又发现条纹的移动。牛顿精确地测量了环的半径,发现环的半径的平方构成一个算术级数。这里最重要的是对光的周期性的发现,牛顿这样写道:"有时我一连数了三十多次周期性变化的序列,在每一个序列中都包括一明一暗的环,但是由于它们的间隔太窄无法数清楚"。牛顿的这项观察结果,本来是光的波动性的证明,同时也为确定各种色光波长提供了依据,但是他并未由此走向波动说,却用来作为他的光微粒说的依据。他用他的光的微粒和以太振动相结合的新观点,解释了他发现的牛顿环现象。他设想光微粒在介质的界面上可以引起以太的各种大小的振动,即以太的压缩和扩散,并且按照其大小而激发起不同颜色的感觉,正像空气的振动按其大小而激起不同的声音感觉一样。他设想光微粒在介质界面处所激起的以太振动会在介质中传播开,而且是快于光速的,因而可以追上光线。由于这种追得上光线的以太振动的作用,使光微粒时而被加速,时而被减速,从而使它一阵容易透射,一阵容易被反

射。托马斯·杨在 1801 年发表的一篇报告中,利用干涉原理解释了"牛顿环"现象。他在报告中指出牛顿环的明暗条纹,就是由不同界面反射出的光互相重合而产生"干涉"的结果。相位相反的振动叠加起来就互相抵消,相位相同的则互相加强,他用实验方法验证了他所提出的这一假设。他用紫外光投射到薄层上,从上下两个界面反射的紫外光果然产生了干涉效应。由于紫外光是人眼所看不见的,他就让反射光落在涂有氯化银溶液的纸上,看到了出现的黑环,显示出光波产生的干涉现象。

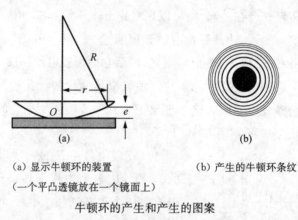

(a) 显示牛顿环的装置   (b) 产生的牛顿环条纹
(一个平凸透镜放在一个镜面上)
牛顿环的产生和产生的图案

杨氏根据出现的干涉条纹的宽度和挡板上那两个小孔之间的距离,算出了各种颜色光束的波长:红色光波的波长大约是 750 nm,紫色光的波长是 390 nm。由于光波的波长非常短,所以,光束表现出直线传播的性质,回答了牛顿当年关于光波动说不能解释光直线传播的质询。

托马斯·杨在 1807 年出版的《自然哲学讲义》中,进一步阐述了干涉原理,描述了著名的衍射实验。他首先指出干涉现象是波动的普遍特征,他写道:如果认为任何一定颜色的光都是由一定频率范围的振动所组成的,那么,一定是会产生我们在水波和声脉冲中所考察过的那种效应。我们已经指出,由两邻近中心发出的两个相同的波系,可以在某些点上相互抵消其效应,而在其他一些点上倍增其效应。

不过,杨氏的开创性实验在当时并没有受到科学界的重视,而且由于他认为光是一种纵波,在理论上解释某些光学现象时依然遇到了困难,比如光的双折射现象。1809 年,马吕斯在实验中发现了光的偏振现象,在进一步研究光的简单折射中的偏振时,发现光在折射时是部分偏振的,而纵波是不可能发生这样的偏振状态。

菲涅耳的光衍射实验和理论

波动的另外一个重要属性是产生衍射，这是波在传播过程中可以绕过障碍物，或穿过小孔、狭缝而不沿直线传播的现象。意大利物理学家格里马弟（Francesco Grimaldi）首先用实验显示了光的衍射现象，在他逝世后于 1665 年出版的《光、色、虹的物理数学》中，描述了他所做的光的衍射实验。他在百叶窗上钻一条狭缝，使阳光通过这条狭缝进入完全封闭的暗室内，并在光束中放一只不透明的物体。他发现这个物体的影子尺寸比物体实际尺寸大了一些，而且靠近影子边缘的区域还有几层带颜色的带子，越往外带子彼此间隔越窄；靠近阴影的部分带蓝色，远离影子的部分带红色。同时，这种光带的出现与在百叶窗上开的那条狭缝的大小有关，如果缝很大就不见了。格里马弟称这种现象为衍射，在法国物理学家菲涅耳（Augustin-Jean Fresnel）发表他的论文以前，衍射效应一直没有得到正确的解释。

菲涅耳大约从 1814 年起就对光学产生了兴趣，1815 年做了一些著名的衍射实验，单缝衍射实验是其中之一。他让一束光通过一条宽度很窄的狭缝，然后投射到观察屏幕上，结果在屏幕上看到明暗相间的条纹，这就是光的衍射图像。在这一年里，菲涅耳根据自己的实验结果和所做的理论分析，向巴黎科学院提交了论文《光的衍射》。1818 年，法国科学院提出了 1819 年数理科学的悬奖项目征文：一是利用精确的实验确定光线的衍射效应；二是根据实验，用数学归纳法推求出光通过物体附近时的运动情

菲涅耳（Augustin-Jean Fresnel）

况。在法国物理学家阿拉果与安培的鼓励和支持下，菲涅耳在 1818 年 4 月提交了征文。征文的主体是由惠更斯的包络面作图法同杨氏干涉原理结合而组成，建立了作图形式的衍射理论：用半波带法定量地计算了圆孔、圆板等形状的障碍物产生的衍射花纹；用严格的数学证明了惠更斯原理（即后来的惠更斯-菲涅耳原理），圆满地解释了光的反射、折射、干涉、衍射等现象。此外，征文中还用半波带后法给出各种实验结果的积分计算。评委会委员西莫恩·泊松阅读完菲涅耳的征文后提出，根据菲涅耳提出的理论，应当能看到一种非常奇怪的现象：如果在光束的传播路径上放置一块不透明的圆板，由于光在圆板边缘的衍射，在离圆板一定距离的地方，圆板阴影的中央应当出现一个亮斑，泊松由此否定菲涅耳提出的理论。在当时

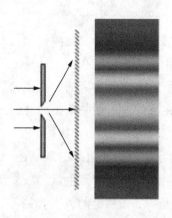

菲涅耳的单缝衍射实验

来说,泊松提出的现象的确是不可思议的,但菲涅耳和阿拉果接受了这个挑战,立即用实验检验了这个预言,非常精彩地显示出在影子中心的确有一个亮斑,证实了菲涅耳的衍射理论的结论,并终于赢得法国科学院这次的奖励,而这个亮斑后来也称之为泊松亮斑。

前面介绍过,惠更斯原理能确定光波的传播方向,但它不能确定沿不同方向传播的光振动的振幅。菲涅尔在惠更斯的次级子波概念的基础上,提出"子波相干叠加"理论,补充了惠更斯原理,这个新原理现在称为"惠更斯-菲涅耳原理",这个原理表述为:同一波面上的每一微小面元都可以看做是新的振动中心,它们发出次级子波。这些次级子波经传播而在空间某点相遇时,该点的振动是所有这些次级子波在该点的相干叠加。利用这个新原理能够解释当光波遇到物体边缘、孔径或狭缝时,会偏离了直线传播,即发生衍射效应。

光的微粒说

与光是波动的说法相反,一些学者提出光是一群群微粒。古希腊杰出的原子论者德漠克利特(Democritus,公元前460～前370)最早提出光是物质微粒,他认为视觉是由物体射出的微粒进入眼睛而引起的。古希腊的另一个原子论者伊壁鸠鲁(Epicurus,公元前341～前270)和古罗马的原子论者卢克来修(Lucretius,公元前99～前55)也认同这个看法。卢克来修说从任何我们看见的东西,必定永远有许多原初物体流出来,被发放出来,被散布到四周各处,这些物体撞击眼睛,引起了视觉。科学发展到了17世纪,法国哲学家、物理学家、数学家笛卡儿提出光在本质上是一种压力,在一种完全弹性的、充满一切空间的介质(以太)之中传递,他并且把颜色的差异归因于这个介质中粒子的不同速度的旋转运动。笛卡儿又从光的微粒观念中推导出反射定律与折射定律,他把球的速度分解为垂直分量及水平分量,当球下落碰到光滑的表面时,只是球速的垂直分量方向相反,大小不变,而水平分量是不变的,由此很容易证明光的反射角等于它的入射角。至于光的折射,笛卡儿首先假定球从 A 点被抛至 B 点,在 B 点碰到的不是地面,而是一块非常稀疏和不结实的布,它将使球减慢速度。他仍然把速度分成垂直分量及水平分量,垂直分量减小而水平分量不变,由此得 $v_1 \sin i_1 = v_2 \sin i_2$,这里的 i_1 和 i_2 分别是光束的入射角和折射角,v_1,v_2 分别是光在两种介质中的传播速度,对于各向同性介质,v_1,v_2 是与光的传播方向无关的常数。笛卡儿得到的这个公式表明入射角的正弦与折射角的正弦之比是一个常数,这样便解释了折射定律。实验表明当光从光疏介质(例如空气)进入光密介质(例如水)时,光折向界面法线即 $i_2 < i_1$,按照笛卡儿得到的这个公式则有 $v_2 > v_1$,即光在光密介质中的传播速度大于光在光疏介质中的速度。后来做的光速测量结果显示是刚好相反,如在 1850 年,即牛顿逝世后 223 年,法国物理学家菲索和傅科,分别采用高速旋转的齿轮和镜子,先后精确地测出光在水中的传播速度比在空气中慢,大约只有空气中速度的四分之三。也就是说这个公式是错误的,但这是在笛卡儿逝世以后 200 年的事了。

经典物理学的奠基者牛顿极力主张光是微粒,他在 1672 年 2 月 6 日送交英国皇家学会的"关于光和色的新理论"的信中提出了光的微粒说,认为光线可能是由球形的物体所组成,并用这种观念解释了光的直线传播和光的反射、折射定律。牛顿在他 1704 年出版的《光学》一书中明确地表述了光是微粒的观点。他指出光线是发光物质发射出来的很小的物体流,因为这样一些物体能直线穿过均匀介质而不会弯到影子区域里去,这正是光线的本质。我们看到从窗口射进房间里来的太阳光就是笔直的一根光柱;物体都有与自身相似的影子,也说明光是直线传播。光是一群从光源发射出来的微粒,很容易说明光是直线传播的道理。我们知道,抛射出去的小球由于受到地球重力的影响,它在空中飞行的路径是弯曲的,但是,抛出去的小球飞行速度越快,它的飞行路径弯曲程度就越小,越接近一条直线。可以想象,如果组成光束这群微粒的运动速度是很高的,它们运动的路径将会是一条直线。

光束射到表面光滑物体上时会有部分被反射回去,这也是很常见的光束反射现象,用光是一群微粒能够解释这个现象。我们知道,一只小乒乓球投落在球台上,它就从球台面上反弹回去,这就很容易理解光束中的那些微粒在物体表面发生反射的事了。牛顿根据光的微粒说也解释了光通过透明材料时发生的折射现象,他用小钢球从一个平面滑到另外一个平面发生的情形作类比。两块水平放置的平面,一块在上面,一块在它的下方,在它们的边缘斜放一块板连接起来。在上面的小钢球是以与边缘的垂直线(通常称法线)成某一个角度向边缘滚动,并从边缘的斜面往下滚下来,接着在下面的板面滚动。由于在斜面滚动时受到地球重力的影响会加快滚动速度,到达下面的板面时其运动方向也发生变化,朝靠拢斜面法线的方向运动,亦即向与法线的夹角减小的方向运动。光在两种介质交界面传播时发生的折射现象也是类似的情况,此时大气比作上面板,水或者玻璃等密度比较大的材料比作下面板,它们的交界面就是前面说的"斜面"。光束从空气进入玻璃(或者水),光微粒在它们的界面上受到地球重力的影响加快了运动速度,所以透过界面之后的传播方向发生改变,即发生了折射。

但是,微粒说无法解释这样的一些现象:几束光交叉在一起彼此互不影响,均保持原来的传播方向不变。如果光是一群微粒的话,那么它们在相交的地方为什么不发生碰撞?为什么它们相交之后还能够各自保持原来的方向继续传播?其次,不同颜色的光束发生折射的角度不相同,比如绿色光束比红色光束的折射角大,为了能够解释这个事实,就得假定绿色光微粒比红色光微粒更容易受物质吸引,这比较难以让人信服,特别是根据牛顿的万有引力定律推理,光在密度大的物质中传播的速度应该比较大,而实际测量的结果刚好相反。更为重要的是杨氏干涉实验和菲涅尔的衍射实验,直接证明了光的波动性,麦克斯韦的电磁场理论又证实了光的本质是电磁波。而光的微粒性没有这样的直接证据,也没有说清光微粒是什么性质的微粒。因此,在一段时期,光是一种波动占了主导地位,日常一般说光波,很少说光微粒子。直到20世纪初德国著名科学家爱因斯坦提出的光量子说,才比较好地回答了前面提到的问题,同时也清楚了光微粒的本质是能量子。此后人们也开始接受光微粒的说法,但这不是牛顿等先前说的那种微粒子。

光子

1887年,赫兹做验证麦克斯韦电磁波理论的火花放电实验,他用两套放电电极做实验,一套是用来产生电磁波的发生器,另一套作为接收器,接受前者所产生的电磁波。在实验时发现,接收器内那只火花隙的工作状况会受到从电磁波发生器那里发射出来的光辐射的影响。当用紫外线照射接收器里面的火花隙电极时,火花隙变得容易产生放电。赫兹把这个现象撰写成论文《紫外线对放电的影响》,论文发表后受到物理学界广泛的关注,许多物理学家做进一步的实验研究。1888年,德国物理学家霍尔瓦克斯(Wilhelm Hallwachs)用实验证实,赫兹实验中出现的情况是由于在光辐射作用下,火花隙电极之间产生新荷电体的缘故。

光电效应

1899年,德国物理学家勒纳德(P. Lenard)则用透镜把光辐射汇聚起来照射放电管的金属阴极,仔细研究放电管发生放电的难易程度变化。在实验中他发现,在光辐射照射下有电子从放电管的阴极表面发射出来。俄国物理学家亚历山大·斯托列托夫(Александр Григорьевич Столетов)做的实验也证实了这个情况。他做了一只真空管,因为两个电极之间是绝缘的,所以把它接上电源后在电路上的电流表显示的读数是零。可是当用光照射其中一个电极时电表上便出现读数,显示此时在放电管两个电极之间有电流流过。显然,这是因为在金属电极表面有电子发射出来的缘故。光辐射导致金属表面发射电子的现象,这就是著名的"光电效应",发射出来的电子称"光电子"。随后,科学家对这个效应进行了较系统的研究,并总结出了一些实验规律,主要有:

(1)每一种金属产生光电效应都存在一极限频率(或称截止频率),即照射的光辐射频率不能低于某一个临界值,如果光频率低于这个临界频率,无论光辐射的强度有多强都不产生光电子。

(2)产生的光电子的运动速度(即光电子能量)与光辐射频率有关,但与光辐射强度没有关系。用蓝色光照射电极产生的光电子运动速度快,用黄色光照射时产生的光电子运动速度就慢一些。虽然用强度弱的蓝色光照射时产生的光电子数量少一些,但它们的运动速度却个个比由强度高的黄色光照射产生出来的电子快得多! 有些金属电极采用红色光还产生不了光电子,尽管它的光强度非常高也无济于事。光电子的运动速度与金属电极材料的性质关系不大,不管用什么金属材料做放电管的电极,产生的光电子运动速度差别不大。

(3)光电效应是瞬间发生的,即电极一受光辐射便发射光电子,只要光辐射频率高于金属发射光电子的临界频率,无论光辐射的强度是强或是弱,光电子都是瞬间便发生的,滞后时间不超过 10^{-9} s,即纳秒。

(4)照射光的强度只影响光电流的强弱,即只影响在单位时间内由单位金属面积逸出的光电子数目。

光电效应的这些行为与经典物理学大相径庭,用经典物理学的知识无法作出合理解释。根据光是电磁波的理论,光波的强度由它的振幅决定,而与光波频率无关,而光电效应规律中的第(1)、第(2)两点显然用光波的概念是无法得到解释的。同样也无法解释第(3)条规律,因为我们知道,要让电子从金属表面逃逸出来,必须给它一定数量的能量,让它克服金属材料对它的束缚力做的功才能办到。根据经典理论,让电子累积从光波中得到足够逃离金属表面所需的能量显然需要花一定时间,估计需要几分钟,而实际测量得到的时间却是只需要纳秒时间,相差了百亿倍。

提出光子概念

如何解释光电效应表现出来这些与波动理论不"和谐"的表现?爱因斯坦首先提出了解决这个不和谐问题的见解。他认为出现这些不和谐问题主要是把光辐射看成是波动,如果不把光辐射看成是波动,而是一群粒子,问题就可以获得完满解答。于是他把普朗克的量子化概念进一步推广,不仅黑体与光辐射场的能量交换是量子化的,而且光辐射场本身就是由不连续的光量子所组成的,每一个光量子的

能量与光辐射频率之间的关系是 $\varepsilon=h\nu$,这里的 h 为普朗克常数,ν 是光辐射频率。这意味着光子的能量只与光辐射的频率有关,而与光辐射的振幅无关。根据这个说法,如果照射金属表面的光辐射频率很低,即光子流中每个光子能量很小,金属表面的电子吸收了这种光子后所获得的能量很小,达不到电子脱离金属表面所需要的能量,电子当然就不能脱离金属表面,因而也就不会发生光电效应;如果照射的光辐射频率高到一定尺度,电子吸收了它之后其能量达到足以克服逸出金属表面需要的能

爱因斯坦(Albert Einstein)

量,它就能够脱离金属表面,产生光电效应了。1905 年,爱因斯坦把自己的这个分析研究结果写了一篇题目是"关于光的产生和转化的一个试探性观点"的论文,发表在德国出版的《物理学杂志》第十七期上,正式提出"光量子"(简称"光子")的概念。他在论文中还写道:"光子钻进物体表面后……把它的全部能量交给了一个电子,并使它具有一定的动能……当这个电子到达金属表面时,失去了部分动能,为此,还需要假定为这个电子逃逸出金属表面做一定的功,用 W 表示。这样一来,脱离金属表面的电子其动能、光子能量和逸出功之间的关系可以表示为

$$h\nu=(1/2)mv^2+W$$

式中的 v 是电子运动速度,ν 是光波频率,W 是材料的逸出功。"这个公式也称为爱因斯坦光电效应方程。

爱因斯坦提出的光子概念对光电效应给出了合理的解释,但许多科学家开始时并不接受他的光辐射是粒子流的说法,即使那些起先相信普朗克提出的量子概

念的一些物理学家也不接受,因为这涉及光的波动性还是粒子性的大问题,这个问题已经争辩了几个世纪还没有完全定论。光的干涉现象、衍射现象等都已经证明光的波动性,而且著名的科学家麦克斯韦还证实了光是一种电磁波,在人们的脑海中已经完全接受了光是一种波动的事实。爱因斯坦提出的光子理论,与光的波动理论严重抵触,当然高声反对光辐射粒子性的科学家也就不在少数了,就连作为能量子思想忠实信徒的大科学家玻尔,他又是爱因斯坦的好朋友,也照样反对爱因斯坦的光子理论,并千方百计向周围科学家传达他的反对声音,连他在接受诺贝尔奖的仪式上也直言反对。他说,光子是不能说明光的本性的,麦克斯韦方程组所享有的绝对成功,意味着光辐射必须是严格地类似于波动,而不是粒子。玻尔与爱因斯坦就这个问题的争论持续了好几年。光子理论与光电效应的实验事实并不矛盾,而且能够比较完满地解释光电效应出现的规律,但当时还没有充分的实验结果直接支持爱因斯坦光电效应方程给出的定量关系,所以依然难以服众。

在实验上一直没能证实爱因斯坦理论的正确性,是一些关键实验条件在当时没有得到满足,首先,实验要求一个能够发射不同波长的光源。按照爱因斯坦的光电效应方程,产生的光电子的运动速度是正比于光辐射频率,采用不同频率的光辐射做实验,方能检验爱因斯坦光电效应方程是否正确,相应地也就可以检验爱因斯坦理论的正确性了。可是,在 20 世纪初,那个时候还没有得到可以发射单一频率的光源,所有的光源都毫不例外地发射包含各种频率的光辐射。其次,制造放电管的金属阴极其表面都有氧化层,存在接触电位差,而且其数值不稳定,以至不同科学家得到的实验结果并不一致,而且都没有得到爱因斯坦光电方程所预期的结果。在这种情况下,人们也就不能不怀疑爱因斯坦理论的正确性了。

密立根实验证明

为了求证光辐射是爱因斯坦所说的粒子流,美国著名实验物理学家罗伯特·安德鲁·密立根(Robert Andrews Millikan)从 1910 年就着手进行实验研究,希望能够找到一个答案。不过,他做实验的初衷还是想为光辐射是电磁波找到更充分的证据,因为他相信光辐射的波动说,而对爱因斯坦的光电效应方程和光量子理论抱有怀疑态度。当然,实验结果最终让他改变了怀疑态度,服从了真理。

他设计了一个精密实验装置,采用了有效办法获得了单种频率光辐射,同时也解决了金属电极表面的接触电位差问题。为了能在没有氧化物薄膜的电极表面上同时测量真空中的光电效应和接触电势差,他设计了一个特殊的真空管,在这个管

子里安装了精密的实验设备。他选择了 6 种不同波长
的单色光,分别测量在不同电压下的光电流,从光电流
与电压的关系曲线求出在某一波长光辐射照射下的遏
止电压 V,然后将得到的 6 组光电流作图,结果得到一
根漂亮的直线,与爱因斯坦光电效应方程预期的结果非
常吻合。密立根还根据这根直线的斜率求出了普朗克
常数 h 的值,也与普朗克 1900 年从黑体辐射求得的数
值符合得极好。密立根如实地发表了他的实验结果,为
爱因斯坦的光量子理论提供了第一个直接而全面的实
验证据。密立根和其他物理学家一道,对爱因斯坦的光
子理论的态度从怀疑转变为承认,并且积极地在科学界

罗伯特·安德鲁·密立根
(Robert Andrews Millikan)

进行宣传,光子这个概念逐步为大众接受。爱因斯坦因此在 1921 年获得了诺贝尔
物理学奖,而密立根在 1923 年也获得了诺贝尔物理学奖。

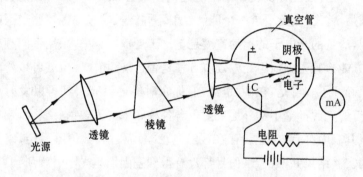

密立根验证爱因斯坦光电效应方程的实验装置

继续追问光的本性

人们一方面从光的干涉、衍射和偏振等光学现象证实了光的波动性;另一方面
又从黑体辐射、光电效应、康普顿效应证实了光的粒子性。如何将光的本性的两个
完全不同的概念统一起来,人们进行了大量的探索工作。著名科学家玻尔(Niels
Bohr)提出互补性原理解释光的双重性,他认为波和粒子既有互相矛盾的一面,又
互为补充,在某种情况下表现为粒子的东西在另一种情况下表现为波。

但是,玻尔的这个互补性原理最近也受到质疑。2007 年 7 月 24 日,S. A fshar
在英国科学刊物"New Scientist"上发表的一项新的双缝实验,得到了与标准结果

相反的结论，他撰写的论文《量子颠覆》，质疑玻尔的这个互补性原理。S. A fshar 的双缝光学实验是这样安排的。将激光束照射在两条邻近的缝隙上，通过缝隙的激光束形成两条分散开的光束，它们分别通过两个小孔后被一个透镜聚焦到两面反射镜上，之后被分别反射到两个探测器，每一个探测器分别响应从一个小孔穿过的光粒子。另外一个安排是让激光束照射一个有两个小孔的不透明屏幕，在屏幕的远端有一个透镜，从小孔穿过的激光束将通过这只透镜（另外一块不透明屏幕将会挡住其他的光线，以防止它们通过这只透镜）并重新将分散的激光束聚焦到一块反射镜上，由反射镜将激光束分别反射到光粒子探测器。S. A fshar 用这个实验，得到了光粒子穿过每个小孔的速度记录。根据互补性原理，这样的实验安排意味着不会有光干涉现象发生，而事实上却发生了。

S. A fshar 没有直接看干涉图像，而是设计了一个实验来证实干涉图的存在。他在干涉条纹暗条纹的地方精确地放置了一系列的金属丝，之后他关掉了一个小孔，这理应会阻止任何干涉图像的形成，而且光线通过剩下的小孔时只是简单地传播。实验中有一部分光线将会碰到金属丝，后者会将光线反射散发到各个方向，意味着将会有较少的光线达到这个小孔对应的粒子探测器。

实验中当他打开先前封闭的那个小孔时，干涉图像恢复，金属丝再也不反射任何光线了。因为金属丝是放在干涉图像中暗条纹的地方，在那儿没有光线会碰到它，于是到达第二个探测器的光子数量恢复到了初始值，这表明就在那里出现了干涉图像，它显示了光的波动性一面。通过探测器又测量出了从每个缝穿过的光强度，得到了穿过每条缝的光子数量，这又显示出粒子性的一面。所以这个实验提供了光同时具有粒子性和波动性的证据。

光的双重性质给了法国科学家德布罗意（Louis-Victor De Brogie）很大启发。他这样想：既然过去一直认为是波动的光，后来发现它又有了粒子性；那么，过去一直认为是微粒子的，比如电子、质子、中子、原子、分子等，它们会不会也有波动性质？根据这样的推理，他在 1924 年撰写的博士论文《量子论研究》中作了系统阐述，提出波粒二象性不只是光子独有的性质，一切微观粒子，包括电子、质子、中子等都有波粒二象性，并把光子的动量与波长的关系式 $p=h/\lambda$ 推广到一切微观粒子上，指出具有质量 m 和运动速度 v 的运动粒子也具有波动性，这种波称为"物质波"，其波长 λ 等于普朗克常数 h 跟粒子动量 mv 的比值，即 $\lambda = h/(mv)$，这个关系式后来就叫做"德布罗意公式"。德布罗意的物质波假设在 1927 年为戴维孙（C. J.

德布罗意
(Louis-Victor De Brogie)

Davisson,1881～1958)和革末(L. H. Germer,1896～1971)的电子束衍射实验获得证实。这表明光的波-粒双重性并不意外,一切微观粒子同样具有这种二重性。

1925年玻恩(M. Born1882～1970)提出波粒二象性的概率解释,建立了波动性和微粒性之间的联系。电子的双缝衍射实验表明:单个粒子在何处出现有一定的偶然性,但大量粒子的分布表现为具有波动性,这就是微观粒子波动性的统计解释。但是,这种解释存在一个问题,对波的概念比较模糊,开始时波被视为经典电磁波,后来又被解释为概率波,比如在解释量子光学现象如双光子纠缠就采用概率波概念。经典电磁波不能解释为概率波,于是描述光的波动性就出现两种波——经典电磁波和概率波。这与电子的情况完全不同,电子不对应着一个有别于概率波的波。光子与电子还有另一个不同点,电子的概率波遵从薛定谔方程或狄拉克方程,而光子的概率波还未见一般的波动方程。另外,要解释来自不同激光器的光产生的干涉,波粒二象性模型还得引入另外的假设:光子是整个光场系统的归一化模的量子激发,此时的光子更不类似于电子了。

有趣的是,光子这一概念当初是为了解释光与物质相互作用时表现出的能量、动量不连续性(通常称粒子性)而引进的,可是,一系列过去曾被认为是光的粒子性光辉例证的关键实验现象,如光电效应、自发辐射、受激辐射、康普顿效应、兰姆位移以及黑体辐射光谱等,现在都能用经典或半经典理论(即带电粒子用量子力学描述而光则采用经典电磁场理论描述的理论)进行解释。还有,光子反聚束现象一开始认为只能用量子光学理论解释的现象,现在也能用经典电磁场理论进行解释。不过,目前对极少数光学实验经典电磁场理论和量子理论的预言还不能达成一致,有的光学现象,如光子纠缠,还只能用光量子图像进行解释。

鉴于经典电动力学在描述光的传播方面的成功,爱因斯坦曾尝试从麦克斯韦方程寻找光量子的物理起源,可惜他没有成功。后来他放弃了光的波粒二象性图像,断言光的波粒二象性图像只是一条暂时的出路。光本质上可能也只是一种波,光的能量(动量)量子化也只是波的内在属性,与粒子无关。中国科学院院士邓锡铭曾提出光子自离开原子之后体积便不断扩展,直至被物质吸收,在拓展的途中发生干涉、衍射等现象。

　　至于确实有光子这种东西吗？它的本质是什么？有人认为它或许是一类基本粒子，一种没有静止质量、电中性的基本粒子，它蕴藏在原子、电子、核子等粒子里面，当这些粒子的状态发生变化时被释放出来。比如原子的能量状态变化时、电子在加速运动时、核子分裂或者聚合时、正粒子与反粒子聚合时光子便被释放出来。原子发光、电子回旋加速器发光、自由电子激光器发光是我们熟悉的光源。基本粒子是可以控制和捕捉的，光子是否也能够这么做？2007 年 3 月 14 日法新社从巴黎发出电讯称，法国国家科学研究所的 Bruxe ll 领导的研究组发明了捕捉光子的装置，可以上百次成功地捕捉一个光子并监控它从产生到消失的全过程。

　　今天人们对光的本性的认识还远远没有达到最高境界，还需要不断探索、不断前进。

第2章　追踪光的足迹

人类很早便开始对光做观察和研究,追踪光在人类的生命活动、生存环境以及生产活动中的足迹;探索自然界的奥秘,大至观测宇宙天体,小到窥视微观世界。

2.1　维持生命活动

我们的生存需要空气,需要水,同样也需要光。光提供我们一切活动的能量,光让我们知道这个世界的存在,光让我们这个世界充满朝气和活力。

制造人类生存的食物

机器运转要消耗能量,提供给它燃料或者通上电,输进能量才能正常运转。所以汽车、飞机要提供给它们燃料,由燃料燃烧产生供其能量才能够跑路、飞行。同样,人类的生命活动,如呼吸、心脏跳动、血液循环,生长发育、繁殖和机体内的各种器官活动以及需要从事的各种劳动、运动、社会活动都要消耗能量,这些能量从何获得?科学家们经过长期的分析研究,现在基本上明白,生命活动所需要的能量是来自食物,包括植物性食物(比如各种粮食、蔬菜、水果等)和动物性食物(比如牛肉、猪肉、鸡肉、羊肉等)。成年人保持恒定的体重及正常生命和生产活动,每年大约需消耗 6～7 倍于其体重的食物。提供人类生存所需要动物性食物的牛、猪、羊等,它们的发育、生长同样也需要消耗能量,这些能量同样也是通过吃各种食物,比如草、树枝、水果、微生物等获得的。最终归结到一点,维持人类生存需要的能量主要是由各种植物提供的。同样的,这些粮食作物、蔬菜、果树等植物,它们发育、生长也需要消耗能量。我们知道,一颗种子播种在土壤中,在适宜的条件下便可萌芽

粮食作物水稻和小麦

各种水果和蔬菜

生长，随后长得枝繁叶茂、体积高大。比如有的可长成高达数十米的参天大树，有的幼苗在其最适合生长的季节里具有惊人的生长速度，如玉米在拔节期每天大约可长高 8 cm，而大牡竹曾有一天增高 41 cm 的记录。维持这些植物种子萌芽、生长所需的营养物质，消耗的能量又是从哪里来的？科学家们很早便也开始追问这个问题。

　　生物体生存所需要的能量最初可能是由当时存在的一些有机物质提供的，但是，当时地球上这类有机物的数量并不多，很快便被消耗完了。为了能够生存下

牛、羊是用植物做成饲料养育出来的

去,科学家推测某些原始生命经过漫长的进化,逐渐出现了光合作用功能,并通过它提供生命活动所需要的能量。

在1637年,我国明代科学家宋应星便注意到空气和植物的关系,他在《论气》一文中提出"人所食物皆为气所化,故复于气耳"。1864年,德国科学家萨克斯做了这样一个实验:把绿色叶片放在暗处几小时,目的是让叶片中的营养物质消耗掉。然后把这个叶片一半曝露在光辐射之下,另一半则把它遮光,避免它受到光辐射照射。过一段时间后用碘蒸气处理叶片,发现遮光的那一半叶片没有发生颜色变化,而受到光辐射照射的那一半叶片则呈深蓝色。这一实验结果成功地证明了植物的绿色叶片通过光合作用,在植物体内制造了淀粉等有机物,这些物质不仅是植物自身生长发育需要的能源物质,而且也是动物和人类的食物来源。生物学家季米里亚捷夫曾经做过一个生动的比喻:"食物不是别的,它就是用太阳光制造的罐头食品"。人类肌体本身没有光合作用的功能,是靠吃进的食物经过转化获得活动所需要的能量的。食物进入人体和动物体内后,经历一系列的化学反应,逐步释放出能量。植物正是通过光合作用,制造出营养物质,提供人类生命活动需要的能量。由此看来,归根结底人类赖以生存的能量是由光辐射提供的。

制造生命活动需要的氧气

人类的生存条件除了水之外还需要空气,具体一点说是需要里面含有适量氧气成分的空气。光辐射为我们提供了这个条件。

生命活动需要氧气

我们知道,几乎所有复杂生物的细胞呼吸作用都需要氧气。1771年,英国教育家、科学家普里斯特利(Joseph Priestley)做了一个著名的实验,他把一支点燃的

蜡烛和一只小白鼠分别放到密闭的玻璃罩里,蜡烛
不久就熄灭了,小白鼠很快也死了。接着,他又把
一盆植物和一支点燃的蜡烛一同放到一个密闭的
玻璃罩里重新实验,这一回他发现在太阳光的照射
下盆里的植物能够长时间地活着,蜡烛也没有熄
灭。他又把一盆植物和一只小白鼠一起放到同一
个密闭的玻璃罩里,发现小白鼠这一回能够正常地
活着。于是他得出一个结论:受太阳光照射的植物
能够维持蜡烛燃烧,也有维持动物生命的能力。
1779 年荷兰的简·英格豪斯也进行了一系列类似
实验,再次证实了普利斯特利的实验结果,确认植
物对污浊的空气有"解毒"能力。

普里斯特利(Joseph Priestley)

　　氧是人体进行新陈代谢的关键物质,是人体生

普利斯特利的蜡烛和小白鼠实验示意图

命活动的第一需要。我们走路、说话、写字和劳动,都要消耗热能,即使在休息时候
心脏也仍在跳动,肺仍在呼吸,这些活动都需要消耗能量。一般脑力劳动者每天约
需消耗 2400 kCal 能量,体力劳动者每天约需消耗 3000 kCal 以上的能量。这些能
量都是来源于人每天吃进的食物,食物中的糖、脂肪和蛋白质等在生物酶的作用
下,进行一系列的化学反应,产生了大量的能量和人体所需的营养物。而在进行这
些化学反应过程中,氧是必不可少的,所需要的氧气是靠人在呼吸活动时从空气中
吸入的。

　　呼吸吸入的氧气转化为人体内可利用的氧,称为血氧,它是心脏的"动力源",

心脏泵血能力越强,血氧的量就越多;心脏冠状动脉的输血能力越强,血氧输送到心脑及全身的浓度也就越高,人体重要器官的运行状态也就越好。在人体中,中枢神经(包括脑组织和脊髓)对缺氧最敏感,轻度缺氧会使人注意力不集中,智力减退,随缺氧的加重,就会烦躁不安,神志恍惚。如果突然中断向人体供氧,大约20 s内可出现深度昏迷和全身抽搐,还会引起脑水肿而压迫血管,使血流量减少。一旦中枢神经停止工作,生命也随之结束。所以没有氧气,也就没有人类生命。

科学家的研究指出,原始地球上大气中不含氧气,那时生物的呼吸方式都为无氧呼吸。当蓝藻等自养型生物出现以后,大气中开始有了氧气,并出现了有氧呼吸,生物的进化开始扩展,地球上出现许多生命,特别是出现高级哺乳动物和人类,同时也营造了地球今天丰富多样的生物和适宜于人类生存的环境。

人类以及每种动物的生存都有自己的最低氧气浓度要求,地球大气含氧量如果发生重大波动,对地球生物圈会造成灾难性的影响。根据一些研究资料,2.5亿年前的二叠纪末期,地球上演了一场大规模物种灭绝的悲剧,其原因可能就在于那时大气中的氧气浓度从约30%骤然降至10%左右。

光辐射制造生活环境中的氧气

1779年荷兰科学家简·英格豪斯根据他做的实验结果指出,空气有"解毒"能力,能够产生我们生命活动所需要的氧气,是太阳光照射植物的结果,同时也证明绿色植物只有在太阳光的照射下,才能把空气质量变好,才能有维系生命继续存在

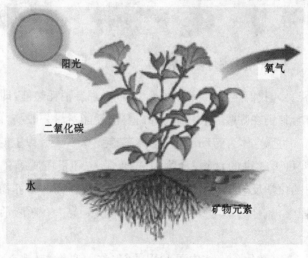

植物在光下进行光合作用时吸收二氧化碳,放出氧气

的能力。后来科学家进一步研究知道,空气中的氧气是植物在光下进行光合作用时放出来的。

根据有关实验测量结果,一个成年人每分钟大约要消耗 1.8～2.4 g 氧气,全人类每年要消耗大约 60 亿吨氧气。此外,人类在生活和生产活动中,每年燃烧了大量石油和煤炭,也大量消耗着空气中的氧气,并增加了大气中的二氧化碳含量。然而,在我们生活的这个世界里,大气中氧的含量一直基本能够保持稳定,这也是太阳光辐射的功劳,它肩负着营造人类安全、美好生活环境的重大使命。地球上的绿地和树林通过太阳光进行的光合作用,吸收空气中的二氧化碳,同时释放出氧气。有关资料显示,北京城市区和近郊建成的绿地,每天可以吸收 3.3 万吨二氧化碳气体,释放 2.3 万吨氧气。所以,人们称绿地和树林是城市的"绿肺",在城市里搞好绿化工作对营造人类美好生活环境有着重要意义,对于维持清新的空气起到了重要的、不可替代的作用。

绿树在太阳光作用下放出氧气,
吸收二氧化碳气体

城市的"绿肺"

光合作用

光合作用是绿色植物特有的生命现象,它通过叶绿体,利用光辐射的能量,把二氧化碳和水转化成储存着能量的有机物,并且释放出氧气。植物的叶子看起来很平常,但它却是一个从事光合作用的"工厂"。在光学显微镜下能看到叶肉细胞,在叶肉细胞中含有许多绿色的小颗粒,它们是叶绿体。科学家对叶绿体进行了长时间的研究,发现分离出来的叶绿体在试管里,可以把二氧化碳和水合成为碳水化合物,并释放出氧气。每一天,叶绿体都在进行着世界上最大规模的把太阳光辐射能变成化学能、把无机物变成有机物的生命活动。根据有关报道资料,地球上的绿色植物通过光合作用每年合成 5 000 亿吨有机物,远远超过了地球上每年工业产品的总产量。

光合作用可分为光反应和暗反应两个步骤。第一阶段是光反应,反应过程是:

$$12H_2O + 太阳光 \rightarrow 12H_2 + 6O_2$$

这个反应必须有光辐射能才能进行,发生的场所是在叶绿体内的类囊体。这个阶段又可以分为原初反应、电子传递和光合磷酸化两个分阶段。原初反应是光合作用中最初的和关键的步骤,在光合作用中占有重要的和特殊的地位。但是,由于这个反应进行的时间极短,是在 10^{-9} s 内完成的,所以给对它进行研究带来一定困难。在电子传递和光合磷酸化分阶段,它是将前一阶段产生的能量转化成化学能并用于光合作用以后的反应中。这一阶段既是把能量转变与有机物合成这两大过程联系起来的桥梁,又是使速度为皮秒级、纳秒级的原初反应与毫秒级的一般生物体内的化学反应接配起来的纽带。

暗反应过程是:

$$12H_2(来自光反应) + 6CO_2 \rightarrow C_6H_{12}O_6(葡萄糖) + 6H_2O$$

发生的场所是在叶绿体内的基质中。这个阶段中的化学反应没有光辐射也可以进行。

光反应阶段和暗反应阶段是一个整体,在光合作用的过程中这两个阶段是紧密联系、缺一不可的。

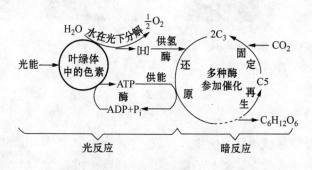

光合作用过程

为了更好地了解植物体内光合作用所产生的能量传导过程,解开植物是如何利用光辐射能量产生自身生长能量的秘密,科学家们现在以先进的激光技术为基础,利用最先进的"两维电子光谱",人工模拟光合作用的全部过程。科学家们的设想是,在搞清楚这一系列的光合作用过程、揭开这一过程中所有前因后果的神秘面纱后,就可以控制光合作用过程按我们所需要的方向进行;或许还可以制造人工光合作用装置,它吸收大气中过多的二氧化碳并释放出氧气,改善我们的生活环境,同时还能制造出人类生命活动所需要的能量。

此外,我们也知道,一切文明生活和生产活动都需要有能源。地球上主要的自然能源石油、煤炭等,它们乃是亿万年前植物存储的太阳光能量。

太阳光"撑起"人类生存保护伞

光辐射对人类的第三个功劳是在地球大气层建立臭氧层,它是人类赖以生存的保护伞。太阳光辐射的总能量中,紫外辐射约占 1.5%,其中的远紫外辐射,尤其是波长在 240~290 nm 的光辐射对生命本质物质——核酸和蛋白质有严重的破坏作用。这个波段的光辐射会破坏蛋白质的化学键,导致微生物死亡;会破坏动植物的个体细胞,损害其中的脱氧核糖核酸(DNA),引起传递遗传特性的因子变化,导致生物变态反应。此外,远紫外辐射还会使农作物,比如大豆、玉米、棉花、甜菜等的叶片受损,抑制其光合作用,导致减产;还会改变细胞内的遗传基因和再生能力,使农产品质量劣化。除了直接危害人体和生物机体外,还会使城市环境恶化,进而损害人体健康。城市工业生产过程中燃烧矿物燃料时排放出氧化氮(NO 和 NO_2)以及某些工业和汽车所排放的挥发性有机物(包括乙烷、丙烷、丁烷等非甲烷烃类)等,它们在紫外辐射的作用下会较快地发生光氧化反应,引起光化学烟雾污染。

科学家的研究发现,地球上空有一个臭氧层,它能够吸收太阳光中波长在 300 nm 以下的紫外线(部分吸收波长 290~300 nm 的辐射,全部吸收波长小于 290 nm 的辐射),犹如一件宇宙服保护着地球上的人类和动植物免遭短波长紫外线的伤害,保护人类有一个良好的生存环境,让人类和生物得以生存繁衍。假如没有这个臭氧层挡住太空来的紫外辐射,地球陆地上将是荒芜一片,任何形式的生命在陆地上难以存在。有资料显示,生命在 34 亿年前就已形成,不过那时的生命只能生存于海洋中,在原始海洋中一定深度下能够滤掉大多数紫外辐射,防止了紫外辐射的灼伤致死。

其次,臭氧吸收了太阳光中的紫外线并将其转换为热能,并加热大气,这个作用使得地球上空 15~50 km 存在平流层,它对于大气的循环具有重要的影响。在对流层上部和平流层底部,即在气温很低的这一高度,臭氧的作用同样非常重要,

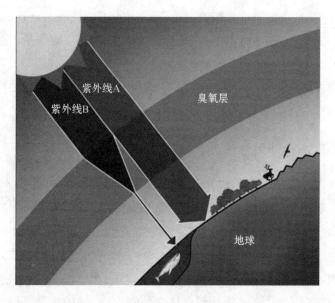

臭氧层保护地球生物生存

它保证地面气温不至于发生过于剧烈的变化。

　　臭氧层中的臭氧主要是由太阳光辐射制造出来的。当大气中的氧气分子受到光辐射的作用会分解成原子态氧，它极不稳定，很容易与其他物质分子发生反应，如与氢分子（H_2）反应生成水（H_2O），与碳（C）反应生成二氧化碳（CO_2），与氧分子（O_2）反应时就形成了臭氧（O_3）。臭氧形成后，由于其比重大于氧气，会逐渐向臭氧层的底层降落，在降落过程中随着温度的变化（上升），臭氧不稳定性愈趋明显，再受到长波紫外线的照射，再度还原为普通氧气。臭氧层就这样保持了氧气与臭氧相互转换的动态平衡。

2.2　感知世界

　　白天，放眼大自然，青山绿水、花红柳绿、千姿百态、气象万千，令人神往；车水马龙、行人如织，一派兴旺景象，令人激动。可是，到了没有星光和灯光的黑夜，周围黑乎乎，白天的景象消失殆尽，也不见路在何方，寸步难行。为什么白天和黑夜会变成冰火两重天？那是因为光辐射给人类形成视觉，得以能够感知世界存在的一切。

视觉是人类认知世界的窗口

人类与外界信息交流最重要的窗口是视觉,它是人类认识世界的开端,也是人类生存的另外一个必要元素。从人类与外界交流信息的角度来看,视觉和听觉是两个最重要的"窗口",而从人类的一般生存要求的依赖程度来看,视觉显然居于主导和基础地位,在许多方面比听觉优越。实验表明,人类对世界的把握和理解,主要是通过视觉通道。根据现代科学研究的资料表明,一个正常人从外界接受的信息,百分之九十以上是由视觉器官输入大脑的。来自外界的一切形象,如物体的形状、空间、位置、色彩和明暗以及它们的界限和区别,都是由视觉反映。维持人类生存的各种条件,比如人类维持生命的食物、能源、水源,供人类生活居住的场所和劳动工具,供人类战胜各种自然灾害、抵抗野兽侵犯的各种器具和武器,供人类发展生产的各种生产设备以及供人类活动的场所和交通工具等,都要靠视觉才能实现、办到。视觉在人类的文明生活中也发挥着十分重要的作用,大自然中的美好景象和事物都是通过视觉反映出来。在联合国教科文组织国际教育发展委员会编著的《教育生存——教育世界的今天和明天》里写道"通过图像进行传播已经发展到了空前的规模。一切视觉的表达方式正在侵入每一个人的世界,正在渗透到全部的现代生活方式。无论作为知识的媒体,还是作为娱乐和科研的工具,形象在今天的文化活动的各个阶段都表现了出来"。没有视觉作用,事物的崇高与渺小、美丽与丑陋、激扬与雄浑等都无法进行比较;大自然的五彩缤纷,世界的美丽和魅力都不能直接享受。当然,我们也不能方便地工作和学习。没有了视觉,我们始终是生活在黑暗之中,失去了正常的工作能力和生活能力,也失去了许多生活乐趣。

光辐射产生视觉

显然,视觉的产生这又是光辐射的功劳,它由眼睛接收外界光辐射刺激,通过视神经、大脑中视觉中枢的共同活动来完成的。关于眼睛工作原理的现代概念始于文艺复兴时期,最值得注意的也许是德国天文学家和物理学家开普勒的研究。在一些比较简单实验和计算的基础上,开普勒发现眼睛的晶状体只是一个光折射部位,与角膜一起将射入的光线汇合投射到视网膜上。1604 年开普勒发表《对微蒂略的补充,天文光学说明》一书,提出了光学、视觉生理学和折射计算的理论。

人的眼睛内部组成可分为含感光细胞(视杆细胞和视锥细胞)的视网膜和折光

（角膜，房水，晶状体和玻璃体）系统两大部分。光束通过折光系统将眼前的物体成像在视网膜上，经视神经传入到大脑视觉中枢，我们就可以分辨所看到的物体的色泽和其亮度，从而可以看清视觉范围内的发光或反光物体的轮廓、形状、大小、颜色、表面细节情况以及离开我们的远近程度等。

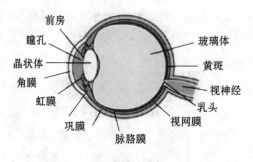

眼睛的结构

我们应该知道，只有眼睛还不能形成视觉，必须有光辐射作为刺激信号并与眼睛内接收与加工光信号的机构相配合才能形成视觉。要是没有光辐射，我们两眼依然发黑，对世界什么感觉都没有。根据科学家的研究，视网膜是由大脑皮层衍化而来，含有感光细胞大约一亿二千万个，主要分布在视网膜的周围。感光细胞含有一种叫做"视紫红质"的感光物质，它对光非常敏感，微弱的光就能使它发生分解，从而引起它的兴奋。但它对光强和颜色的敏感性较差，所以在黑暗中我们只能看到物体的形状，很难分辨它的颜色。视紫红质可由维生素 A 或胡萝卜素合成，如果人们体内缺乏维生素 A 或胡萝卜素，视紫红质减少，对弱光的敏感性就会降低，严重时会造成夜盲。

视锥细胞大约七百万个，主要分布在视网膜中央部分，特别是中央凹。有三类视锥细胞，它们分别含有感红色素、感绿色素和感蓝色素，各自分别对红、绿、蓝色光最为敏感，这三种感色素互相搭配，就能感觉到五颜六色的彩色世界。彩色电视就是依据这种色觉原理设计的。在视锥细胞中如果缺少某一种色素，或者全部缺乏，那么他对颜色的感觉就不够完善，甚至完全失去对颜色的感觉，这就成了"色盲"。视杆细胞和视锥细胞产生的电位变化经双极细胞传至神经节细胞，再经神经节细胞发出的神经纤维（视神经），以动作电位的形式传向视觉中枢，由视觉中枢对信息做进一步处理、分析、整合，产生具有形态、大小、明暗、色彩和运动的视觉。

总体来说，视觉形成的过程是：光线→角膜→瞳孔→晶状体（折射光线）→玻璃体(固定眼球)→视网膜(形成物像)→视神经(传导视觉信息)→大脑视觉中枢(形成视觉)。

角膜和晶状体组成眼的屈光系统,使外界物体在视网膜上形成倒像。角膜的曲率是固定的,但晶状体的曲率可经悬韧带由睫状肌加以调节。当观察距离变化时,通过晶状体曲率的变化,使整个屈光系统的焦距改变,从而保证外界物体在视网膜上成像清晰。这种功能叫做视觉调节。视觉调节失常时物体即不能在视网膜上清晰成像,可以发生近视或远视,此时需用合适透镜来矫正。

在角膜与晶体之间,由虹膜形成的瞳孔起着光阑的作用。瞳孔在光照时缩小,在暗处扩大调节着进入眼的光量,也有助于提高屈光系统的成像质量。瞳孔及视觉调节均受自主神经系统控制。眼睛内与视觉产生直接有关的功能结构是位于眼球正中线上的折光系统和位于眼球后部的视网膜。

视觉适应性和视觉后像

适应性是指眼睛感受器在刺激物的持续作用下所发生的感受性的变化。最常见的有明适应和暗适应。

明适应

由暗处到光亮处,特别是在强光下,最初一瞬间会感到光线刺眼发眩,几乎看不清外界物体,几秒钟之后逐渐看清物体,这个现象称为明适应。明适应的时间很短,最初约 30 s 内,感受性急剧下降,被称之为 α 适应部分。之后感受性下降逐渐缓慢,称之为 β 适应部分,大约在 1 min 左右明适应就全部完成。眼睛在光适应时,一方面瞳孔相应缩小以减少落在视网膜上的光量,另一方面,由暗适应时棒体细胞的作用转到锥体细胞发生作用。

暗适应

从亮处到暗处,人眼开始看不见周围东西,经过一段时间后才逐渐区分出物体,人眼这种感受性逐渐增高的过程叫暗适应。暗适应包括两种基本过程:瞳孔大小的变化和视网膜感光化学物质的变化。从光亮到黑暗的过程中,瞳孔直径可由 2 mm 扩大到 8 mm,使进入眼球的光通量增加 10～20 倍,但这个适应范围是很有限的,瞳孔的变化并不是暗适应的主要机制。暗适应的主要机制是视网膜的感光物质——视紫红质的恢复。人眼接受光线后,锥体细胞和棒体细胞内的一种光化学物质——视黄醛与视蛋白重新结合,产生漂白过程;当光线停止作用后,视黄醛与视蛋白重新结合,产生还原过程。由于漂白过程而产生明适应,由于还原过程使感受性升高而产生暗适应。视觉的暗适应程度是与视紫红质的合成程度相适应的。

视觉后像

刺激停止作用于视觉感受器后,感觉现象并不立即消失而是继续保留片刻,从而产生后像。但这种暂存的后像在性质上与原刺激并不总是相同的,与原刺激性质相同的后像称为正后像,例如注视打开的电灯几分钟后闭上眼睛,眼前会产生一片黑背景,黑背景中间还有一电灯形状的光亮形状,这就是正后像。与原刺激性质相反的后像叫负后像,在前面的例子中,看到正后像后眼睛不睁开,再过一会儿发现背景上的光亮形状变成暗色形态,这就是负后像。

颜色视觉中也存在着后像现象,一般均为负后像。在颜色上与原颜色互补,在明度上与原颜色相反。例如,眼睛注视一个红色光圈几分钟后,把视线移向一白色背景时,会见到一蓝绿色光圈出现在白色的背景上,这就产生了颜色视觉的负后像。

2.3　光辐射保健康

太阳光给我们这个世界带来光明和温暖,赋予万物勃勃生机。大自然只有在灿烂的太阳光下,才能向我们展现她的全部美景。桃红柳绿、万紫千红,全都是靠光辐射给点缀、装扮的。巍巍昆仑、滔滔东海,处处都是靠光辐射来显示它们的雄壮。没有了光辐射,我们这个世界将会变得万籁俱寂、死气沉沉。我们在明亮的光照下会比在昏暗的光线下更有精神,明亮的地方会使我们感觉更开朗,阴暗的地方则让人感觉压抑;室内阳光充足,可以避免潮湿,还能杀灭细菌,诸如链球菌、结核杆菌、沙眼衣原体等在强烈的阳光照射下不超过半小时就会死亡,可以避免它们对我们机体的侵害;合适光亮的环境还能促进人体的代谢活动,给我们一个强健的身体。我们能够享受到健康、美好的生活,光辐射功不可没。

我们早就知道经常晒太阳有利于身体健康。我国传统的医学理论十分重视太阳光对人体健康的作用,认为常晒太阳能助发人体的阳气,更能达到壮人阳气、温通经脉的作用。

维护皮肤健康

太阳光中的紫外线可以杀灭空气中的细菌,许多真菌在阳光下无法成活。紫外线还能杀死皮肤上的细菌,增加皮肤的弹力、光泽、柔软性和抵御外来细菌侵蚀的能力。多晒太阳使你的皮肤黑里透红,显示身体更加健康,不易生疮、痘和皮肤病,让肌肤更加完美。太阳光对皮肤的健康大有益处! 波长比可见光长(波长在 1 mm∼770 mm 之间)、在光谱上位于红色光外侧的光辐射称为"红外线",当红外线照到皮肤上时,皮肤对它的反射率平均为 0.34。就是说,有 34% 的红外被皮肤反射掉,剩下的部分进入皮肤。我们都知道,人体皮肤的含水量达到 70%,水是红外线的良好吸收体,因此,可以这样说,人体对红外的吸收近似于水。红外线可以使皮肤和皮下组织的温度相应增高,促进血液的循环和新陈代谢。红外线作用于人体水分子时可对人体内老化了的大分子团产生共振使之裂化,重新组合成较小的水分子团,在这个过程中,吸附在老化的分子团表面的污染物质得以去除,附着于细胞膜表面的水分子增加,增强了细胞的活性和表面张力。

合成人体需要的维生素 D

太阳光照射到皮肤上,能刺激机体的造血功能,促进钙、磷代谢和体内维生素 D 的合成。

维生素 D 操控着人体内的细胞再生,并能帮助人体吸收那些对骨骼和牙齿有益的营养物质,使骨骼和身体更加健壮,有效地预防软骨病或佝偻病,还能促进血液循环、增进食欲、增强体质。人体必须有足够量的维生素 D,才能促进肠对钙、磷的吸收,让钙和磷在人体内保持正常的量。如果人体内的维生素 D 含量减少,肠对钙和磷的吸收就下降,食物中含的钙、磷被排出体外。当维生素 D 缺乏时,食物中大约 90% 的钙被白白排出体外,食物中大约 60% 的磷被排出体外。钙是人体不可缺少的元素,也是人体里含量最多的一种矿物质。如果人体内的维生素 D 含量低,肠对钙和磷的吸收下降,造成体内缺乏钙、磷,人体就会发生疾病,比如软骨病、佝偻病等,人也容易患感冒、容易得肺结核病,结核病已经治愈的也容易复发,而且钙化速度慢。此外,维生素 D 也是神经细胞的营养物质。当维生素 D 缺乏时神经细胞的呼吸功能会降低,氧化还原过程减弱,造成注意力不集中,脑力劳动效率降低。

维生素 D 的获得主要有两条途径:一条是从食物中获取,另一条是通过照射太阳光,只要每天接受充足的太阳光照射,就可以获得满足人体 90% 的维生素 D 的需求量,而剩下的 10% 是从每日的饮食中去获取。还需要注意的是,如果不接受阳光照射,单纯靠食物是无法保证维生素 D 的需求量的。而如果人体缺乏维生素 D,钙的吸收率就只有 10%;如果体内含有足够的维生素 D,钙的吸收率会增加到 60%~75%。所以,终日不见阳光的人,骨质疏松的发生率将远远高于正常人群,身体逐渐衰弱,人体的健康和生长发育也受到影响。尤其是在青少年成长发育时期,如果日照时间不足,会对身高产生一定影响。据统计,四川人的平均身高比北京人矮几厘米,日照时间短可能是一个重要因素。成都的年平均日照时数是 1 239 h,而北京则有 2 778 h,比成都多一倍多。血液里也需要有少量钙,要不然,血就凝不起来,这时如果不小心划破了手,那就不容易止血了。钙还对保持细胞的正常通透性有作用。

提高人体免疫力

太阳光中的红外线可透过皮肤到皮下组织,对人体起到热刺激作用,加快血液流通、促进体内新陈代谢,并有消炎镇痛的作用。太阳光还能够增加血液中的氧和白细胞含量,渗透细胞膜的水分子增加,细胞内钙离子活性加强,因此增强了人体细胞的正常机能,提高人体免疫能力等。已经有研究表明,规律地接受日光浴可以预防感冒和许多传染性疾病。在缺少太阳光的日子里,大脑会产生一种忧激素,使人困乏,情绪低落。太阳光是最好的兴奋剂,能调节人的情绪、振奋精神、减轻忧郁症状、提高生活情趣和工作效率,并可改善人体的各种生理机能。照射太阳光也可以改进人体内部器官的功能,比如增强胃液的分泌量以及刺激胰腺的功能。太阳光可以使健康人或者糖尿病患者的血糖降低,在各个器官的糖原增加,血糖氧化增强。由于红外线还可以使血液中不饱和脂肪酸的二重键或三重键被切断,饱和脂肪酸不容易再被氧化成血脂(过氧化脂质),减少了血管内脂质的沉积,使血管壁光滑,从而减少动脉硬化、白内障等心血管疾病或眼科疾病的发生,对人体健康起着良好的促进功效。所以,医学界建议无论春夏秋冬,建议您走出家门,多与阳光接触,只要避开正午和夏季的烈日即可。长期在井下、潜水艇、地下铁道工作以及经常上夜班的人,他们缺少接触太阳光照射,为了给这部分人弥补缺少照射太阳光,需要对他们进行定期紫外线照射。

医疗疾病

人类在很早的时候便认识光辐射对自身健康的重要作用。在古代的希腊、罗马、埃及，医生们就知道太阳光的治疗作用，并通过日光浴来治疗某些疾病。现代的光疗主要包括可见光疗法、紫外线疗法、红外线疗法及光化学疗法，并已成为一种有效的治疗手段。

光疗法目前已开发多种技术并广泛应用于多种疾病的治疗。比如一种称为紫外光局部光疗法，它是通过紫外线照射来重新启动受损的免疫系统而达到治病目的，与常规疗法相比，在治疗某些严重皮肤疾病，比如局限性硬皮病、湿疹和牛皮癣等具有很好的疗效。牛皮癣是一种以皮肤代谢发生障碍产生慢性鳞屑性皮损为主要特征的疾病，其临

在户外晒太阳有益于健康

床特点表现为红色的丘疹或斑块，皮损表面覆盖银白色鳞屑，轻轻搔抓鳞屑即可脱落，由于脱落的鳞屑为银白色，故又称为银屑病。病人服用增加光感性的药物以后，再用特殊的紫外线光源照射皮肤，便可治愈。此外，紫外线疗法及光化学疗法在白癜风的治疗上也有较好的疗效，自 1997 年使用窄谱紫外光辐射治疗白癜风以来，这种疗法在世界各国获得了广泛应用，证实是一种切实可行的治疗方法，并取得较好的疗效。

最近科学家还发现，从人造光源 LED 灯发出波长为 633 nm 的光辐射可以有效地促进皮肤细胞合成胶原蛋白，有加快细胞生长，从而促进伤口愈合的功能。细胞生长需要重力的刺激，在太空中的微重力环境下细胞生长缓慢，宇航员如果受伤将很难愈合，有些情况下甚至只有返回到地球以后伤势才会有好转。在海军潜艇中，氧气不足，高浓度二氧化碳以及缺少太阳光照射也延缓了细胞生长速度，同样会影响伤口的愈合，利用 LED 灯照射能够解决这些难题。LED 灯发出波长在 630～800 nm 波段的光辐射一般可以穿过皮肤组织，深入到皮下达 2.3 cm。这些光辐射被皮肤以及皮下组织细胞中的线粒体吸收。线粒体是细胞中的"发电厂"，它获得了额外的能量之后会加快细胞代谢的速率，从而促进细胞生长。

人的皮肤受到太阳光照射时会在体内产生维生素 D,维生素 D 参与人体血液循环。根据这个道理,科学家设想利用太阳光医疗高血压病。德国一位医学科学家对两组患高血压病人进行研究观察,其中一组服维生素 D,另外一组接受光疗,在一定时间后发现服维生素 D 片患者的血压没有什么改变,而接受太阳光照射的患者,他们的血压出现有明显降低,由此他得出太阳光有助于降血压的结论。如果患的不是严重高血压病,医生建议经常晒晒太阳光,这有助于降低血压。根据试验结果,使用光疗法,每个疗程为 6～10 周,接受 9 个月治疗后,患者的收缩压和舒张压均有很大程度的下降。

美国两名医学研究人员在隆冬季节里对波士顿附近的“坎尔赛军人之家”的老年居住者进行了研究。他们让一些人在特制的模拟自然太阳光的荧光灯室内一天度过 8h,一个月后,这些人吸收钙的能力增加了 15％,钙是对骨骼和牙齿至关重要的一种矿物质。

生物体本身会发射强度微弱的光辐射,科学家现在利用高灵敏度的探测和成像技术,结合数据融合技术,通过获得的生物体超弱发光二维图像,进行人体代谢功能与抗氧化、抗衰老机体防御功能的测量和研究以及用于诊断疾病。

人体表的每个部位时刻都在发出极其微弱的可见光,健康人的体表左右两侧相应部位发射的这种超微弱光的强度是一一对称的,而患有不同疾病时发光强度的对称性便发生变化,出现一个至几个与疾病相关的、特有的发光不对称点,它们称为病理发光信息点。根据被检查者体表各个发光信息点的发光强度是否左右对称,就可诊断他有没有患病。再根据发光不对称信息点,即病理发光信息点出现的部位,可以分析他得了什么病。例如,肾炎患者,他的发光不对称点出现在脚心涌泉穴的部位;肝病患者的病理发光信息点往往出现在足趾的大敦穴上或是在足窍阴穴上。病情愈重,病理发光信息点上发光不对称状态愈显著。如果病人经治疗病情好转,这种不对称状态又会向对称状态转化。

光动力学治疗癌症

癌症是危害人类生命的主要疾病之一,每年都有数以万计的人被癌症夺去了生命。常用的治疗方法主要有手术法、化学法、放射治疗等,这些治疗方法对去除或者杀死癌细胞虽然有一定效果,但对病人的创伤和打击也是很大的,会给病人带来很大的痛苦。现在,利用激光技术开发的光动力学疗法,是一种诊断和治疗癌症的新技术，它能够杀死癌细胞，但不损伤正常细胞，或者损伤很轻微。

光动力治疗法（简称 PDT，全称为 Photodynamic Therapy）是一种在光敏化剂的参与下，通过光动力学反应诊断和治疗癌症的技术。光敏化剂是一种能够被病变组织选择吸收，而正常组织吸收很微弱的材料，血卟啉衍生物（HpD）就是具有这种特性的物质，它是从血红蛋白中提取的化合物，呈暗红色。这种物质有一个显著的特性，它对肿瘤组织的亲和力比正常组织大 2 到 10 倍，把它注入人体后优先集中到了肿瘤组织，并且紧紧地结合在肿瘤表面，然后与肿瘤的细胞膜和细胞器相结合。HpD 有这种特性，一方面是因为癌症组织与正常组织之间在生理学上有差异，在癌症组织内部有较大的组织间隙，含有更高比例的巨噬细胞以及淋巴引流能力较差；另外一方面是 HpD 的结构引起它与癌症细胞之间相互作用的结果。HpD 从肿瘤组织排出体外的时间也比正常组织慢得多，一般停留在组织的时间长达 72 h。此外，HpD 在红色光照射下会发生一系列光动力学作用，产生出活泼的单态氧，这是瞬时存在的强氧化剂，它与其亲和的癌细胞的基质结合，使之发生强烈氧化，癌细胞因此遭到破坏而致死，达到我们治疗的目的。

光动力治疗起先使用的光源是钨灯、氙灯、钠灯、金属卤化灯和荧光灯等，这些光源发射的是非相干光，而且是连续辐射，包含众多波长，影响了治疗效果。激光器诞生后，采用激光器作光源，获得了比较理想的治疗效果。常用的激光器有氩离子激光器、氦离子激光器、染料激光器和半导体激光器。

大约是在 1974 年，科学家开始研究激光动力学治疗癌症，以血卟啉衍生物为光敏剂，用红色光辐射照射，对乳腺癌、子宫癌、鳞状上皮癌、恶性黑色素瘤等十几

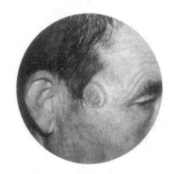

治疗前照片　　　　　　　　　　　治疗后照片

光动力疗法治疗皮肤恶性肿瘤

种癌症进行治疗,获得了良好的效果。现在利用这个办法已经发展到治疗肺癌、胃癌、食道癌、肠癌和各种皮肤癌等,治疗有效率达到80％以上。这种治疗方法几乎不对人体正常组织造成损伤,也没有什么后遗症,特别是对于年老、体弱、心脏或者肺功能低下,不适宜进行手术的肿瘤患者,则可以采用这种治疗方法。

早期发现恶性肿瘤是根治它的关键,如果能够从癌的前阶段就实施治疗,将会大大提高治疗效果。激光动力学方法也是诊断癌症的有效方法。HpD接受激光照射时,HpD分子吸收了激光能量后将从基态跃迁到激发态,而当它们跃迁回基态时发射出荧光。对患者进行HpD皮肤划痕过敏性反应试验后,对无过敏反应者按大约5 mg/kg体重的剂量进行静脉滴注,在12,24,48 h,分别用氪离子激光或者氩离子激光照射病变部位,直接观察或者通过图像增强荧光光谱系统,分析病变部位的荧光状况,便可对癌症作出诊断,符合率接近90％。

发明光学显微镜

医生诊病离不开眼睛观察,如果眼睛的洞察能力提高,诊治疾病的本领也提高。然而,我们双眼的视力有限,能够辨别的物体尺寸也就在1 μm左右,尺寸比这更小的物体我们便辨别不出来了,只能是"视而不见"。怎样提高我们眼睛的洞察能力,科学家进行了长期不懈的努力。从望远镜能够改善人眼睛视力得到启发,也在寻找一种类似的光学器具,帮助扩大我们眼睛的视力,能够看见尺寸微小的物体。在17世纪,人们的这个愿望开始实现,借助光学显微镜,我们的眼睛辨别物体大小的能力提高了千万倍,可以看清微小尺寸物体,并且发现了许多我们先前便不知晓,甚至是想象不到的东西,比如细菌等。

1673年的一天,英国皇家学会收到了列文虎克(Antoni van Leeuwenhoek)寄去的报告《列文虎克用自制的显微镜观察皮肤、肉类以及蜜蜂和其他虫类的若干记录》。列文虎克制造了一台性能良好的、能够有"显微"功能的光学器具,取名"显微镜",利用这种器具进行观察,看到了许多平时肉眼所看不见的微小植物和动物,观察到各种活体生动的活动以及令人难以置信的事。比如在一滴水中就发现有大量难以相信的各种不同的、极小的"狄尔肯"(拉丁文中"细小活泼的物体"的意思,就是后来人们常说的微生物),它们不仅生长良好,活动还相当优美,来回地转动,也向前和向一旁转动,而且还能够大量地快速繁殖。

这位列文虎克是什么人? 起初大家都不熟悉,经列文虎克的好朋友、他所在城市里的名医和著名人士德·格拉夫（De Reinier Graaf）介绍，大家才大概知道一点。列文虎克 1632 年出生于荷兰德夫特城，父亲是制造篮子的手工艺人，母亲来自酿酒艺人家庭。6 岁时父亲就去世，16 岁时他就挑起了养家糊口的重担，到首都阿姆斯特丹的一家布店当学徒。6 年的学徒生活结束后，为了谋生他只好辗转回到了故乡德夫特，好不容易经人介绍在市政厅的门房找到了一个当门卫的差事。在一个偶然的机会，从一位朋友那里得知荷兰在当时最大城市阿姆斯特丹有许多眼镜店，除磨制玻璃镜片外，也磨制放大镜，并告诉他说用放大镜可以把肉眼看不清的东西看得很清楚。列文虎克对这个神奇的放大镜

列文虎克
（Antoni van Leeuwenhoek）

充满了好奇心，但又因为放大镜的价格太高，买不起。于是他经常出入眼镜店，学习磨制透镜。一天，他透过两块透镜，偶然发现在透镜后面的小铁钉一下子变大了好多倍，这个发现引起他莫大的兴趣。为了固定透镜，方便做进一步仔细观察，他动手做了一个金属支架和一个小圆筒，把两块透镜分别装在圆筒两头，又在透镜下面装了一块铜板，上面钻了一个小孔，让光线从这里进入照明被观察的东西。他还安上一只旋钮，调节这两只透镜之间的距离，在 1665 年，他发明了世界上第一台显微镜。几年以后，列文虎克制成了多种不同规格的显微镜，而且制作越来越精巧，功能越来越完美，能够把细小的东西放大两三百倍。但是列文虎克对自己的这项工作一直保密，从不允许任何人参观他的工作室，总是单独一个人在小屋里耐心地磨制各式透镜，或运用制成的显微镜进行观察神奇多彩的微生物世界。德·格拉夫听人说列文虎克正在研制一种神秘的"眼镜"，于是他决定拜访列文虎克。因为彼此是好朋友，列文虎克当然热情地接待，并邀请他观看他制造的显微镜以及用显微镜观察到的一些结果。格拉夫不看则已，一看就大为震惊，这是一件了不起的工作！格拉夫告诉列文虎克，他制造的显微镜和观察结果具有极其伟大的意义，不能再保守秘密了，并鼓励他立即把显微镜和观察记录送给英国皇家学会（The Royal Society），这样一来能够让世人有机会分享他的成果，同时也能够获得其他人的帮助，使自己的工作获得更好的发展。

　　在德·格拉夫的劝说下，列文虎克终于同意把自己研制的显微镜及利用它观

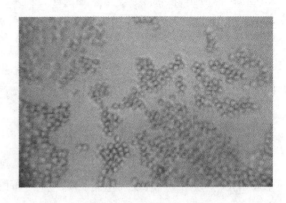

世界第一台实用显微镜 列文虎克看到的微生物

察微生物世界的一些结果送报英国皇家学会。学会的专家们读着列文虎克的报告,深深被所叙述的新奇内容所吸引着,赞叹真是太令人不可思议。如果列文虎克在报告中所说的属实,那的确是件非常有意义和有价值的工作,称得上是件创举。为慎重起见,学会委托学会的两位秘书——一位物理学家和一位植物学家用显微镜进行重复观察,以验证列文虎克报告的事是否真实。

皇家学会的专家经过严格的实验检验后确信,列文虎克报告中介绍的那些看似荒诞不经的"狄尔肯"故事,在微观世界里竟然都是真实的。这样,列文虎克的科学实验终于得到了皇家学会的公认,他的报告也被译成了英文,并在英国皇家学会的刊物上发表了。窥见"狄尔肯"的事立即轰动了英国学术界,列文虎克也很快成为皇家学会的会员,英国女王还亲笔给他写来了贺信。列文虎克从一个最普通、最平凡的看门人变成了震惊世界的名人,成为在生物学历史上开辟了崭新研究领域、在显微镜下观察到微生物和原生动物的第一人,可称得上是科学史上的传奇人物之一,而英国皇家学会不拘一格选拔人才也受到人们的赞美。

列文虎克并没有陶醉在巨大的荣誉之中,他还是一如既往地把自己关在屋子里,用显微镜记录微生物世界里发生的各种"故事"。他利用显微镜在雨水中发现了原生动物,在人口腔的牙垢中发现细菌,惊呼其数量比整个荷兰王国的居民还要多! 这是人类第一次观察到细菌时发出的感叹。列文虎克把观察到的情况整理出的文字及画出的图像都一一寄给英国皇家学会,并在学会办的刊物上分别发表。列文虎克利用显微镜窥探微生物世界取得的成就,鼓舞了许多科学家利用显微镜探索其他科技领域,比如在医学领域、金属结构领域、矿物领域、机械领域和电子工业领域等进行研究探索,而相应地也发展了各式显微镜,比如用于观察微生物和生物细胞组织的生物显微镜,用于检测和研究金属组成和结构的金相显微镜,用于对岩石或者矿物标本进行检查分析用的岩相显微镜,用于精密测量零件、部件尺寸和外形轮廓的量度及工具显微镜等。

显微镜是人类最伟大的发明物之一,在它发明出来之前,人类对于周围世界的了解局限在用肉眼,或者靠手持透镜帮助观察事物。虽然列文虎克活着的时候就看到人们承认了他的发现,但真正认识到他对人类认识世界所做出的伟大贡献以及显微镜的巨大价值,已是在他过世之后 100 多年。

除了荷兰的列文虎克之外,在当时英国也有人研制显微镜,罗伯特·胡克就是颇为著名的一位。他 1635 年 7 月 18 日出生于英格兰南部威特岛的弗雷施瓦特,父亲是当地的教区牧师。1653 年,胡克进入牛津大学里奥尔学院作为工读生学习,1663 年获硕士学位,同年被选为英国皇家学会正式会员。1665 年,胡克根据一位会员提供的资料设计了结构性能相当好的显微镜,并利用它发现了软木塞片有着其他材料所没有的结构,看上去它全部是多孔多洞的,很像一只蜂窝,但是这些蜂窝并不很深,他给这些蜂窝起了个名字叫"细胞"。胡克所指的"细胞"其实是那些一度被活的物质所占有过的小格子。从此以后,"细胞"一词就用来描述生命的基本结构单位,并且一直沿用至今。以后,胡克又观察过萝卜、芜菁等其他植物,也观察到了它们所具有的类似的细胞结构,还将观察到的许多东西汇编成一本书,书名叫做《显微图志》,书中记录下了人类最早发现细胞的许多珍贵资料,还记录了微小的化石生物的结构。只是胡克对生物学的兴趣不大,因此,很快他就不再对细胞进行深入研究了。

在荷兰也有其他一些人很早便知道一块一个面或者两个面凸起呈弧形的透明玻璃片有放大作用,利用它可以看清物体的一些细节处。现在人们称这种用单片透镜做的放大器叫做"单式显微镜"。不过,这种简单显微镜能够得到的放大倍数不大,不会超过 30 倍,一般是 20 倍左右。要得到更高的放大倍数,需要采用几个透镜组合,这就是"复式显微镜",最早发明这种复式显微镜的也是荷兰一位眼镜制造商,他是米德尔堡的眼镜制造商查卡里亚斯·詹森(Zacharias Janssen),他制作镜片的技术非常精良,能够制作各种大小、厚薄不一的镜片。1590 年,他做了两个圆筒,把它们套在一起,然后在这个套筒的一端安装一只双凸透镜,在另外一端装一块双凹透镜,他手拿着这个套筒左右比画着,突然从那只双凹透镜中看到自己放在装凸透镜上的手指变粗了不少。他又把一只小虫放上去观察，发现这小虫也变大了。这个现象启发詹森使用多块透镜叠在一起可以把微小物体放大到很大，经过一番努力，终于制造出能够看见微小动物的"复式显微镜"。今天，在荷兰米德尔堡科学协会还保留一架镜筒长 18 in(1 in＝25.4 mm)、直径大约 2 in 的光学显微镜，据说它是詹森当年所制造的。不过，詹森没有估计到光学显微镜的使用价值，没有对显微镜做进一步完善的工作，也没有利用他发明的显微镜进行微生物的观察工作，真正开始这些工作则是在他之后 60 多年。

侦查致病元凶

在古代，无论是西方还是东方，一谈到传染病，无不惊恐万分，每当流行起来，那更是一筹莫展，无药可治，只好眼睁睁地看着患者一批一批地死去。是什么东西在作祟，让人们染上这种可怕的病？科学家和医学家都在探讨致病的"元凶"。光学显微镜发明后，人们借助它能够看到了平素肉眼看不到的细菌，或许它就是带给人类灾难的元凶。头一个比较完整地揭露细菌是致病元凶的科学家便是法国化学学家、微生物学家巴斯德(Louls Pasteur)。在 1865 年，法国流行一种蚕病，严重地威胁着法国的养蚕业，直接影响了丝绸工业的生产，而这个行业可是法国当时最重要的经济来源之一，不能不重视发生的蚕病。于是法国农业部要求巴斯德研究这种蚕病的根源，并希望他能够找到一种消灭或者抑制这种病的办法。巴斯德在显微镜的帮助下经过一系列分析研究，发现蚕病乃是由一种细菌所引起的。在搞清蚕病起因后，巴斯德提出了合理可行的防治措施，终于挽救了法国的养蚕业，使法国的丝绸工业得以摆脱了困境。巴斯德从研究蚕病又得到启发，开始寻找导致较高等动物生病的"元凶"。他起先专心研究了动物患的炭疽病，

巴斯德(Louls Pasteur)

在显微镜的协助下成功地从患炭疽病的动物(如牛、羊)血液中分离出了一种炭疽病病菌，并确认正是这种病菌使动物感染了炭疽病的。

巴斯德在动物致病原因研究的基础上，进一步又提出引起人类生病的细菌病原说。他认为人类患的许多疾病都是某些细菌所造成的，治病就要弄清病原，寻找

出致病的细菌,当然,这些寻找工作离不开显微镜。

此后,许多科学家继续研究巴斯德开创的致病原理,认识到许多细菌是严重威胁人类健康的元凶。在寻找致病细菌工作方面,德国细菌学家罗伯特·科赫(Robert Koch)做出了杰出贡献,并因此获得了 1905 年生理学及医学诺贝尔奖。科赫 1843 年 12 月 11 日出生于德国哈茨附近的克劳斯特尔城,1886 年格丁根大学毕业后,在沃尔斯顿当外科医生,并建有一个实验室,常常把病人的痰、大便、喉部的分泌物放到显微镜下细心观察,发现里面存在细菌。这些细菌与病人的发病有什么关联吗?

罗伯特·科赫(Robert Koch)

他决定通过实验来回答这个问题。他在实验中发现一些细菌在肉汤里繁殖很快,于是他从病人身上找到的细菌放在肉汤里进行培植,过了一些时候用这些有细菌的肉汤喂动物。结果,吃了有细菌肉汤的动物便很快得病,这说明细菌是发病的根源。但是他还不清楚,哪一种细菌将会引起哪一种病。为此,他又设计培养单种细菌的办法。他用培养出来的白喉杆菌接种到兔子身上,两天后这只兔子便病死了。他又从这只兔子的喉部取出一些分泌物进行培养,再放在显微镜下观察,果然发现里面有白喉杆菌。他一连试验好几次,得到的结果都一样。于是他明白,白喉杆菌正是引起白喉病的元凶。

在科赫研究工作的启发下,各国科学家和医学家都开展寻找各种致病"元凶",先后找到了诸如核杆菌、霍乱弧菌、百日咳杆菌、脑膜炎球菌等。

常用光学显微镜

在光学显微镜下的细菌

光学显微镜是依据可见光线透过介质后发生折射的原理,使物体放大到人眼可清晰见到的物体。由于光的波动性和显微镜各项技术参数如亮度、反差等因素的限定,目前,光学显微镜的有效分辨力由下面公式计算:有效分辨力 = 0.61 × 照明光线波长(λ) ÷ 物镜数值孔径(NA)。物镜数值孔径 NA 为 1.25 的显微镜,其最高有效分辨力为 0.27 μm。显微镜的有

效放大倍数为 $NA \times 1000$，物镜数值孔径 NA 为 1.25 的显微镜其最大有效放大倍数是 1250 倍，超过有效放大倍数为无效放大，其结果是，虽然可以采用一些办法放大所观察到物体的图像，但细节分辨不清，得到的是大而模糊的图像。

在今天，显微镜是医院里的必备仪器，靠着它们向医生们提供病人致病的"元凶"，采取相应的灭杀手段，很快便让病人恢复健康。现在供医疗诊断使用的光学显微镜有 10 多种，这里介绍其中的几种。

相衬显微镜

也称相差显微镜，这是利用样品中质点折射率不同或质点厚度不同，产生光线相位差，使活的新鲜生物样品不需要染色就可以被查看到，而且能够观察到活细胞内线粒体及染色体等精细结构，还可以应用于观察研究分析真菌、细菌、病毒等更微小活体，进行标本形态、数量、活动及分裂、繁殖等生物学行为观察，并可进行量度与比较。

相衬显微镜

我们知道，光波有振幅（亮度）、波长（颜色）及相位（指在某一时间上光的波动所能达到的位置）等特征参数，当光束通过物体时，如果其波长和振幅发生变化，我们的眼睛才能观察到它，这也就是普通显微镜下我们能够观察到被染色的生物样品的道理。但是，对于活细胞和未经染色的生物样品，光波通过它时波长和振幅并不发生明显变化，只是由于细胞各部分微细结构的折射率和厚度略有不同，引起仅相位有一些变化（相应发生的差异即相差），而相位的微小变化，人的眼睛是无法加以鉴别的，因为人的眼睛只能辨别光波强度上的差别，也即振幅上的差别，而不能辨别相位变化，因此，用普通光学显微镜是难以观察到未染色的组织、细胞、细菌、病毒等活机体的图像，只有样品被染色后改变了振幅（亮度）和波长（颜色），构成了反差才能获得样品的图像。但是，染色会引起样品变形，也可使有生命的机体死亡。如果要观察不染色的新鲜组织、细胞或其他微小活体就得使用相衬显微镜。

相衬显微镜与普通显微镜的主要不同之处是：用环状光阑代替可变光阑，用带相位板的物镜（通常标有 PH 的标记）代替普通物镜，并带有一个合轴用的看远镜。

相位板安装在物镜的后焦面处,它镀有吸收光辐射的吸收膜和相位延迟的相位膜,除能延迟直射光束或衍射光束的相位以外,还能吸收光束能量,使亮度发生变化。像面上的强度分布与样品相位呈线性关系,也就是说,样品的相位分布调制了像面上的光强。

偏光显微镜

这是用于分析研究透明的或者不透明的各向异性样品的显微镜,凡具有双折射性质的物质,在偏光显微镜下都能分辨清楚,当然这些物质也可用染色法来进行观察,但有一些则不能做到,必须利用偏光显微镜进行观察。

光波根据振动的特点可分为自然光与偏振光。自然光的振动特点是在垂直光波传播轴上具有许多振动面,在各平面上振动的振幅相同,其频率也相同;自然光经过反射、折射、双折射及吸收等作用,可以成为只在一个方向上振动的光波,这种光波则称为"偏光"或"偏振光"。光束通过双折射晶体时,会将光束分为各只有一个振动平面、而且振动方向互相垂直的两束光,这两束光的振动方向、速度、折光率和波长都不相同,偏光显微镜就是利用这一现象而设计制造的。

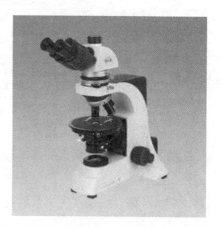

偏光显微镜

偏光显微镜有两个偏振镜,一个装置在光源与被检测样品之间,它称"起偏镜";另一个装置在物镜与目镜之间,它称"检偏镜"。如果起偏镜与检偏镜的偏振方向互相平行,那么从光源射出的光束通过它们时视场最为明亮;反之,如果它们的偏振方向互相垂直时,则视场完全黑暗;如果它们的偏振方向斜交时,则视场表现出中等程度的亮度。在采用偏光显微镜检测时,原则上要使起偏镜与检偏镜处于正交检偏位的状态下进行。当被检测的样品是单折射体,它在光学上表现为各向同性,此时无论怎样旋转载物台,视场总是黑暗的,因为起偏镜所形成的偏振光其偏振方向通过样品时没有受到变化,光束的偏振方向仍然保持与检偏镜的偏振方向垂直。如果被检测的样品中含有双折射性物质,从起偏镜射出的线偏振光进入双折射体后将产生偏振方向互相垂直的两种线偏振光,当这两种光通过检偏镜时,或多或少有些光束可透过检偏镜,于是视场不再是黑暗的,能看到明亮的样品像。根据上述的基本原理,将被检测的样品放在显微镜台上,如果这被检测物是单折射体,则旋转镜台视野始终黑暗;如果旋转镜台一周,视野内被检测样品出现四明四暗,则说明被检测样品是双折射体。许多结晶物质(如痛风结节中的尿酸盐结晶、尿结石、胆结石等),人体组织内的弹力纤维、胶原纤维、染色体和淀粉样原纤维等都是双折射体,就可以利用偏振光显微镜检验,进行定性和定量分析。

荧光显微镜

一些物质在短波长(紫外光或紫蓝色光,波长250～400 nm)光辐射照射下,会发射出波长较长(蓝光、绿光、黄光或红光,波长400～800 nm)的光辐射,这种光辐射称荧光。人体组织内大部分脂质和蛋白质在紫外光照射时均可发射出淡蓝色荧光,它称为自发性荧光。不过,大部分物质需要用荧光染料(如吖啶橙、异硫氰酸荧光素等)染色后才能发射出荧光。荧光显微镜就是以紫外光辐射照射被检测的样品,使之发出荧光,再通过物镜和目镜的放大进行观察。在暗视野中即使是低浓度荧光染色也能够显示出标本内的样品,图像对比度约为可见光显微镜的100倍,所以这种显微镜的灵敏度比较高。在20世纪30年代,人们便利用这种显微镜,用抗酸菌荧光染色法在病人的痰中找到结核杆菌。结合40年代创造的荧光染料标记蛋白质的技术,广泛应用于免疫荧光抗体染色的常规技术中,可检查和定位病毒、细菌、真菌、原虫、寄生虫及动物和人的组织抗原与抗体,用以探讨病因及发病机理,如肾小球疾病的分类及诊断,乳头瘤病毒与子宫颈癌的关系等。

荧光显微镜的基本构造是由普通光学显微镜加上一些附件(如荧光光源、激发滤片、双色束分离器和阻断滤片等)的基础上组成的。荧光光源一般采用超高压汞灯(功率在50～200 W),它可发出各种波长的光。每种荧光物质都有一个产生最强荧光的激发光波长,所以需加用激发滤片(一般有紫外、紫色、蓝色和绿色激发滤片),仅使其中某个波长的光辐射透过并照射到被检测的样品上,而吸收掉其他各种波长的光辐射。

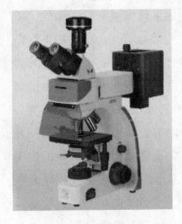

荧光显微镜

荧光显微镜就其光路来分有两种:透射式荧光显微镜和落射式荧光显微镜。透射式荧光显微镜的激发光源是通过聚光镜透过标本材料激发它发射荧光,常用暗视野集光器,也可用普通集光器,调节反光镜使激发光照射到被测样品上。这是比较旧式的荧光显微镜,其优点是低倍镜时荧光强,缺点是随放大倍数增加其荧光减弱.所以对观察较大的标本性能较好。落射式荧光显微镜是近代发展起来的新式荧光显微镜,与前面的显微镜不同之处是激发光从物镜方向落射到样品表面,即用同一物镜作为照明聚光器和收集荧光的物镜。光路中需加上一个双色分束器,它与光轴成 45°角,激发光被反射到物镜中,并聚集在样品上。样品所产生的荧光以及由物镜表面、盖玻片表面反射的激发光同时进入物镜,返回到双色分束器,使激发和荧光分开,残余激发光再被阻断滤片吸收。如换用不同的激发滤片/双色分束器/阻断滤片的组合插块,可满足不同荧光反应产物的需要。此种荧光显微镜的优点是视野照明均匀、成像清楚、放大倍数愈大荧光愈强。

暗视野显微镜

暗视野显微镜也叫超显微镜,常用来观察未染色的透明样品。这些样品因为具有和周围环境相似的折射率,不易在一般明视野之下看清楚。在日常生活中,室内飞扬的微粒灰尘是不易被看见的,但在暗的房间中若有一束光线从门缝斜射进来,灰尘便粒粒可见了,这是光学上的丁达尔现象。暗视野显微镜就是利用此原理设计的。

这种显微镜的物镜下面中央处装有挡光片,使照明光束不直接进入物镜,因而视野的背景是黑的,当有待测的样品时,从样品表面上反射的、散射的或者边缘衍射的光束进入物镜,将在暗的背景中看到边缘亮的样品。这种显微镜的分辨率可比普通显微镜高 50 倍,甚至可看到普通明视野显微镜中看不见的几个纳米的微粒。因此在某些细菌、细胞等活体检查中常常使用这种显微镜。临床上,暗视野显微镜常用于检查苍白的螺旋体。这是一种病原体检查,对早期梅毒的诊断有十分重要的意义。

光学相干断层扫描技术(简称 OCT)

这是一种非接触、高分辨率层析和生物显微镜成像设备,是利用弱相干光干涉仪的基本原理,检测生物组织不同深度层面对入射弱相干光的背向反射或几次散射信号,通过扫描,可得到生物组织二维或三维结构图像。根据信号的强弱,赋予不同的灰度或某种颜色,即可得到生物样品的灰度图或假彩色图。到目前为止,OCT 是分辨率最高的血管内成像技术,精确度远高于任何现有的心血管成像方式,可以提供体内实时显微影像,被称为“体内的组织学显微镜”。

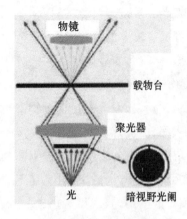

暗视野显微镜工作原理图

光在混沌介质中传输后,将被散射和吸收,并因此而改变光的强度、相干性和偏振。根据入射光子被散射次数的多少可分为3种类型的光子:弹道光子、散射光子和蛇形光子。弹道光子无散射地穿过介质,保留了相干性,并带着散射介质内部大量的信息。散射光子被多次散射,仅带有散射介质的少量信息,丢失了光子的初始特性,特别是相干性。蛇形光子经历少数几次散射,在以入射方向为轴的小角度范围内传输,保留了入射光子的大部分特点,带有一部分介质结构的信息。相干方法利用携带散射介质信息的弹道光子和蛇形光子成像。

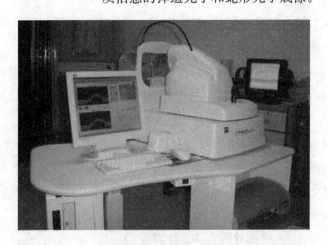

光学相干断层扫描技术系统

OCT系统核心部分是一个光纤Michelson干涉仪,光源输出的光辐射耦合进单模光纤,被3dB的耦合器等分成两路。一路经由透镜共焦系统聚焦在样品上,另一路经透镜扩束照在高反射镜上作为参考光。分别从样品臂和参考臂返回的两束光在耦合器中重新会合,并当两臂光程差在光源相干长度内时,样品臂的弹道光和蛇形光与参考臂发生干涉,干涉信号经内置隔直流电路的光电倍增管放大和锁相放大器后,由计算机采集和处理。所得的二维扫描测量数据直接记录下了组织对入射光的散射情况关于样品中各深度和横向位置的函数。OCT测量的就是这种干涉强度而非直接测量反射光强度,结果数据列阵可直接看成是灰度级或伪彩色图。

该技术最早应用于眼科疾病检查,用于眼后段结构(包括视网膜、视网膜神经纤维层、黄斑和视盘)的活体查看、轴向断层以及测量,特别用作帮助检测和管理眼疾(包括但不限于黄斑裂孔、黄斑囊样水肿、糖尿病性视网膜病变、老年性黄斑变性和青光眼)的诊断。后来被用于口腔医学领域、皮肤和胃肠道等不全透明组织诊断。正常牙体及牙周围组织的 OCT 图像上可以看到以下软硬组织构造细节,如牙釉质、牙本质、牙龈结合上皮、龈沟、釉牙骨质界等。

用 X 光透视人体腔内器官

在人体体表哪儿出现什么疾病,医生能够一目了然,诊断的准确性高,治愈得快。人体腔内的一些器官,比如胃、肠、肺、肝等它们也会患病,受皮肉的阻挡,医生的视力无法窥见。能不能延伸我们的视力,也能够窥见在体内各个器官的状况?科学家发现的 X 光(也称 X 射线)以及发明的内窥镜,便能够让医生目睹人体腔内各种器官。

X 射线是一种波长很短的光辐射,有很强的穿透能力,靠着它我们眼睛的视力便获得延伸,有了透射能力,能够透过人体皮肉透射进腔内器官,判断人体腔内的器官是否患了疾病以及患病的部位和程度;也能够看清骨折病人的骨头在什么地方出现折断、哪些地方有裂纹;能够看清受了枪伤的战士留在体内子弹的部位等。这种神奇的 X 射线是德国物理学家伦琴(Wilhelm Conrad Rontgen)在 1895 年发现的。

伦琴又是怎样发现 X 射线的?这又得从发现阴极射线的事谈起。大约在 19世纪 70 年代,英国化学家和物理学家克鲁克斯(William Crookes)利用当时已经发明的电,研究电通过气体发生的状况。研究用的器具是一根在两端装上电极的玻璃管,并用真空泵抽走里面的气体,降低管子里面的空气压力。管子里的气压降低后,把两端电极接通电源时,见到管子的气体产生美丽的彩色光辉,这就是现在人们称的"气体放电现象"。当他把管子内的气体压力逐步降低时发现一个新现象:管内气体的压力降到一定程度后产生的光辉便开始变弱,管内气压降到很低之后原先见到的彩色光辉便消失了,而在阴极对面的玻璃管壁上出现绿色荧光,在靠近正电极的地方产生的绿色荧光尤为明亮。克鲁克斯接着反复实验,证实新见到的绿色荧光是从放电管的负电极向正电极发射的某种射线所产生的,于是他把此射线称为"阴极射线",往后科学家称这种气体放电管叫"阴极射线管",也称"克鲁克斯管"。为了搞清楚阴极射线究竟是什么性质的东西,克鲁克斯制作了各种形状的阴极射线管,并进行了很多不同的实验,其中有一个让他大感意外:他在放电管内阴极射线传播的途中放置一块用薄云母制成的十字片,在阴极对面的玻璃管壁上见到形状清晰的十字形影子,这显示阴极射线是沿着直线传播的。我们都知道,光线在传播过程中遇到十字挡板也会出现类似现象。难道阴极射线是属于某种光线

克鲁克斯(William Crookes)

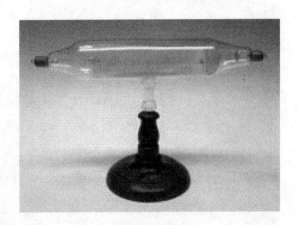

克鲁克斯管

管内装有十字薄云母片的克鲁克斯管

吗?可是,当克鲁克斯把一块马蹄形磁铁跨置在管子的中部时,竟然发生了让人意想不到事:这个十字形的影子会发生移动!由此看来,无疑阴极射线并非我们通常所见的光束,该是一种带电的粒子,不然它怎么会受磁场的影响呢?

阴极射线不是光线而是带电粒子,这让科学家们都感到震惊,许多科学家投身到对它的研究中。德国许多大学物理系和研究部门也纷纷制作克鲁克斯管,开展阴极射线性质的研究,没有料到这又产生

了两项世纪伟大发现：一项是德国物理学家伦琴在 1895 年发现 X 射线，宣布了现代物理学时代的到来，并使医学发生革命，因此伦琴在 1901 年获得诺贝尔物理学奖，世界上头一位诺贝尔物理学奖获得者；另外一项便是英国物理学家汤姆逊在 1897 年发现电子，推动了原子结构知识的革命，他因此获得 1906 年诺贝尔物理学奖。

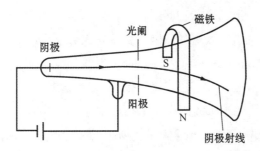

跨置在克鲁克斯管子马蹄形磁铁作用下阴极射线发生偏转

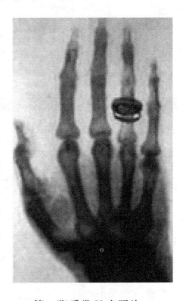

1894 年，伦琴在德国维尔茨堡大学物理研究所重复做克鲁克斯的实验，在 1895 年 11 月 8 日的实验中他发现一个奇特的现象：在阴极射线射到那部分管壁上产生一种新射线：它有很强的穿透能力，能够穿透卡纸板及其间的空气，也能够穿透其他各种不透明的物体，能够把放在紧闭的合子里面的照相纸感光。当他用手把一块铅板放在克鲁克斯管与荧光屏之间的时候，偶然观察到自己手内骨骼的阴影，他还用这种射线拍摄了一张他的妻子手掌的照片，手指骨骼清晰可见，连带在手指上的那枚戒指也看得一清二楚。这个奇特穿透性让医生兴奋不已，他们意识到这种射线在临床诊断上的应用潜力，医生可以不用解剖人体，就可以窥见人体的内部器官。伦

第一张手掌 X 光照片

琴把这种神奇的新射线称为"X 射线"，因为他当时还不清楚这种射线究竟是一种什么样性质的射线。1896 年 1 月 5 日，维也纳出版社发表了伦琴发现 X 射线的消息，这个消息立即轰动整个世界。一些科学家重复伦琴的实验，也证实了伦琴的实验结果。但是，X 射线是什么性质的还是一个谜，即使在以后的 15 年里它依然还

是个谜,科学家之间也发生着剧烈争论,一派认为 X 射线是一种波动,另外一派认为是一种粒子流。如果 X 射线是波动的话,它就应该会产生干涉图像。可是许多物理学家期待的 X 射线干涉图像,许多年下来了始终没有观察到过。于是,不少物理学家,特别是英国的物理学家就肯定 X 射线应该是粒子束流,但它不是带电的粒子流,因为它不像阴极射线那样会受磁场影响,它在磁场中传播不发生偏转。不过,德国的物理学家还是坚持 X 射线是一种波动,他们解释说,观察不到干涉图像可能是因为 X 射线的波长太短的原因。如果是因为这个原因的话,使用精细的"衍射光栅"便会产生衍射现象,或许能够证明 X 射线的波动性质。但是这又遇到制作做实验使用光栅的困难,估计它的光栅刻线距离大概比用于可见光的光栅小千倍,刻线如此精细的光栅在当时的制作技术是难以办到的。用什么办法可以演示 X 射线的衍射现象? 不久,德国物理学家马克斯·冯·劳厄(M. Von Laue)利用晶体的晶格作光栅,终于在实验上显示了 X 射线的衍射图案,证实了 X 射线的波动性质,为此,在 1914 年他获得了诺贝尔物理学奖。

劳厄 1879 年 10 月出生于德国科布伦茨附近的普法芬多尔夫,父亲是普鲁士的一位军官。1909 年,劳厄成为慕尼黑大学理论物理研究所的一名研究人员,当时伦琴发现的 X 射线究竟是波动还是粒子流还没有定论,劳厄是站在波动说这一方的,在 1912 年春天,他就大胆提出 X 射线是一种波长很短的"以太波",但其真实性需要实验证据。当他得知有一种说法,晶体是由原子按一定的规则排列而形成的时候,在脑子里立即出现一个念头:如果这个说法是正确的话,那么 X 射线在穿透晶体时的情况也就如同光波照射在光栅相类似。他与当时是伦琴的两位研究生弗里得里希(W. Friedrich)和克尼平(P. Knipping)交换了想法,一道进行 X 射线晶体衍射实验。他们在地下室搭建一个临时装置,把从克鲁克斯管输出的阴极射线穿过一只小孔,射向蓝色的硫酸铜晶体。为了记录 X 射线通过晶体后的分布,在这块晶体后面放一张敏感的照相底片。在曝光底片冲洗出来后,看到了规则的环状曝光点分布图案。他们又用其他一些晶体,比如岩盐、方铅石和闪锌矿等做实验,也得到相同的图案。劳厄认为这是 X 射线被晶体内部规则排列的晶格产生衍射的结果,是 X 射线波动性的有力证据。不过,一些权威科学家,包括著名科学家伦琴,都怀疑劳厄的解释,认为那是 X 射线的"微粒"穿越晶格时形成的。劳厄的实验结果传到英国后,英国著名物理学家、1915 年诺贝尔物理学奖获得者布拉格(W. Bragg)起先也认为这是 X 射线的微粒产生的,但他很快便改变看法,确信是波动的解释,随后还与他的儿子一起开展一系列类似实验,确定并拓展了劳厄的实验工作,还建立了一个理论,导出一个表述 X 射线波长、晶体平面距离以及 X 射线进入晶体面角度三者之间的关系式子,它就是著名的"布拉格定律"。

用内窥镜窥视人体内部

前面谈的 X 射线能够让医生的眼睛有了透射能力,但它还不能让人的眼睛直接察看腔内器官,给我们的是器官的图像,它与眼睛直接看到的情况会有差别,正如我们看物体的照片与亲眼看到的物体是有差别的情况一样。能不能亲眼目睹腔内器官?科学家经过长期的努力成功制造的内窥镜终于实现了这个愿望。

内窥镜是一种光学仪器,由冷光源镜头、纤维光导线、图像传输系统、屏幕显示系统等组成。使用时先将内窥镜连接冷光源镜头,纤维光导线由体外经过人体自然腔道送入体内,光束通过导光光纤照亮腔内的器官,医生便可以亲眼目睹腔内的器官,直接观察、检查腔内各个器官是否发生病变,其部位、范围如何,并可进行照相、活检或做切片。这样做大大提高了对疾病诊断的准确率,获得了更好的医疗效果。

人体有些部位是与内腔相通的,比如口腔、鼻子、肛门,人们很早就设想用光束通过这些自然通道照亮人体内部并对里面各个器官以及腔内情况做直接观察。据说大约公元前 460 年,古希腊名医希波克拉底(Hippocrates)就有过这种设想,曾描述过一种可以通过肛门窥视腔内直肠的诊视器,它引导自然光线协助窥视阴道与子宫颈,检查直肠。比较具体的报道是 1805 年,德国法兰克福的勃席尼(Bozzini)制造的光学诊视器,它把蜡烛发射的光束引入体内,观察体内膀胱和直肠。不过,勃席尼并没有利用这台光学诊视器进行过人体内检查,真正首先利用光学器具观察人体内部的是法国外科医生德索米奥(Antoine Jean Desormeaux),他使用煤油灯作为光源,通过镜子折射光束观察膀胱里面的情况,并把这种器具称为"内窥镜",这个名称一直沿用到今天。到大概 1895 年,Rosenhein 又研制成功一种新式内窥镜,由 3 根管子呈同心圆状的设置,中心管为光学结构,第二层管腔内装上灯泡和水冷结构,外层壁上刻有刻度,反映内窥镜的进镜深度。1878 年,爱迪生发明了灯泡,特别是出现微型灯泡后,用它做照明光源使内窥镜又有了很大发展。1954 年,科学家发明了光导纤维技术,用它引导光束照亮体内,即使光纤弯曲也能够保证将光束从光纤的一端传到另一端,使得内窥镜性能又更上一层楼,保证了医生能够可靠地直接观察腔内的器官,特别是对胃内部的观察,从那时起医生就可以实时观察胃内的状况。光学仪器给人类的健康带来福音!

今天,我们在医院里会发现不少用来诊断疾病的光学仪器,比如我们熟悉的各种显微镜、胃窥镜、肠窥镜、X光机、眼睛裂隙镜等。凭着这些光学仪器和光学检测技术,大大提高了医生诊断疾病的能力,有把握地判断病人患了什么病以及致病的原因,让病人能够早日恢复健康。

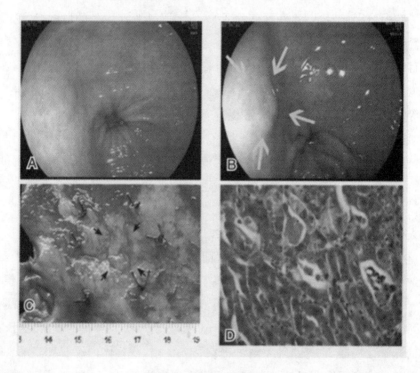

用内窥镜检查早期胃癌

光活检

疾病的症状总是在组织或体液分子成分方面发生变化之后发生的,因此,根据生物组织所特有的光学性质对组织进行分析,有可能更早、更精确地诊断各种疾病。与传统的组织活检和病理分析相对应,人们通常把这种方法简称为"光活检"。

光活检可以通过对组织中的反射光、透射光、散射光,或者是组织被激发光激发后所产生的荧光(包括自体荧光和药物荧光)进行实时检测或成像实现对不同组织体进行分析鉴别。与传统的手术活检相比较,光活检是一种非侵入式的组织病理分析方法。它能克服传统手术活检过程中可能引起的组织体生物化学性质的改变；与 X 射线、CT 和 MRI 等检查相比，它不仅能避免离子辐射，而且能实现病理的早期诊断。其次，手术活检取样具有很大的随机性，往往因为只能从所选择的部位上取出少量的组织体，所以并不一定能准确地反映出病灶组织的真实情况，而且在很大的程度上取决于医生的临床经验。与此相反，光活检不需要取出组织样品；同时，光活检的检测灵敏度很高，能够诊断出各种早期的组织病变，分析结果的准确性

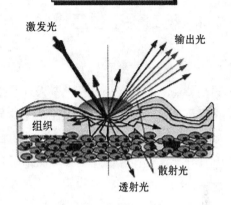

光活检的基本原理

与病变组织的大小无关。再者，传统手术活检取出组织样品之后，病理分析需要花费较长时间，病人需要等待较长时间才能得到检测结果，严重地限制了实时获得结果的要求，更为严重的是医生在施行手术过程中可能因为无法及时得到病理分析的反馈结果，不能有效地控制手术过程中对病灶的精确切除；光活检能为组织的病理分析提供实时、客观的结果。最后，在病理分析过程，根据已经建立的组织学进行比较判断，医生的主观性很大，特别是对于一些临床特殊的疑难病例，传统的病理分析就更加暴露出它的局限性。从根本上说，手术活检是将摘取出来的离体组织样品送到仪器上进行分析，而光活检是将检测系统的探头在人体体表或通过内窥镜的活检通道伸入到人体体腔内进行快速、准确的病理分析。

目前涉及光活检研究领域的研究方向大致可以分成两大类：组织光谱诊断和组织成像诊断。其中组织光谱诊断主要包括吸收（反射）光谱、近红外光谱、激光诱导荧光光谱、弹性散射光谱、拉曼散射光谱和时间分辨光谱等；而组织成像技术包含激光诱导荧光成像、荧光寿命成像、光断层析成像、光学相干层析成像、双（多）光子激发共焦显微术、偏振干涉成像、光断层摄影术、激光光声成像、时间分辨和非线性光学成像等。光活检技术从根本上摆脱了长期以来依靠医生目视观察经验进行诊断和取样活检的传统组织病理学诊断方法，依据人体不同组织所特有的光学特性，实时鉴别和诊断出被检组织所处的不同生理状态，包括正常组织、良性病变组织、早期癌变组织、动脉粥样硬化组织的功能状态等，从而实现组织病理的早期诊

断,这在临床医学应用中具有重大意义和实用价值。

2.4 构筑快乐生活

我们的日常生活和工作也与光辐射息息相关,我们时时刻刻都接触到光,利用到光。清早起来打开电视机看天气预报和新闻报道,或者打开手机接收信息,我们在屏幕上看到的信息和画面便是光给显示出来的。驾驶汽车上班的路上,该直行,或者可以拐弯,或者需要停下来,这是由交通信号灯发射的光信号告诉的。在办公室打开计算机接收信息或者发出信息,能够在屏幕上看到这些信息内容,也是光辐射的作用。到超市购买物品在结账时,条形码能够告诉您的账目,也是光辐射做的事。晚上在电影院看电影,或者在家里看光碟,也靠光辐射带给我们信息。没有光,我们的生活失去情趣,工作和学习也会处处不方便。

视觉艺术享受

第一次世界大战结束之后,人们对造型艺术充满了创新精神,在光学艺术的造型领域出现了一些新的突破。

在19世纪60年代出现了利用光学现象制作的纯艺术作品,出现了新的光学艺术领域,不仅使用了一些习惯性常用的材料,如木头、石头、金属,而且使用了各种人工光源,比如霓虹灯、荧光灯管等作为配件,开辟了一种新式造型艺术。利用灯光创造出立体形象和动态,制造视觉上多层次的错觉,使室内的氛围产生多彩多姿的变化。所形成的图像与动感也给现代艺术家的创作增加了丰富的构思素材,形成了人们对新时代艺术标志化的认识,并刻意去追求。造型艺术增加了新的手段,即"图像艺术"。

由灯光和音乐互相配合而创造的综合艺术在现代表演艺术和环境艺术中十分流行,利用光束使得画面中由"静"到"动"、由"单一"到"构成组合"。如现代摇滚歌星表演时,利用灯光照明的明暗、色彩、强度,使整个舞台颜色瞬息万变,从而使歌迷们陶醉于一种

激光三维内雕刻

快节奏梦幻般的超现实世界。又如,灯光和音乐配合还用于音乐喷泉、露天广场、歌舞厅、溜冰场以及商业建筑等环境艺术气氛的渲染,设计师运用计算机控制灯光和音乐编制的程序,使音乐的节奏同步配合灯光的强弱和摇曳,从而获得声、光、色的综合艺术效果。

广场激光景观

　　舞台灯光的灯具除普通照明灯具以外,专门设计的特种灯具有适用于舞台表演的追光灯、回光灯、天幕泛光灯、旋转灯、光束灯、流星灯等,每一种灯可营造不同艺术气氛。当今主宰舞台灯光照明的主人是灯光设计师,他们在控制室通过调光系统,指挥控制着整个舞台的灯光照明,灯光时明时暗、时强时弱、时冷时暖,光色似水乳交融变幻无穷,创造了热烈欢快、光辉灿烂、富丽堂皇、高贵典雅、甜美温馨、悲惨寂寞、神秘科幻、浪漫刺激等各种时空效应和情调气氛。采用不同照明方式,人和物就会产生明暗界面和阴影层次的变化,并在视觉上赋予立体感。如果改变光源的光谱成分、光通量、光线强弱、投射位置和方向就会产生色调、明暗、浓淡、虚实、轮廓界面的各种变化,这是运用光照艺术渲染环境艺术气氛、烘托人物性格的重要手段。比如取顶光直射照明,那么人脸将给人以冷漠、严肃、阴森的感

舞台灯光

觉；如果取斜上方半侧光照明，那么人脸轮廓分明，给人以性格外向、精明能干的感觉；如果取多光源散光照明，那么将给人以性格随和、心情愉快的感觉；如果取向上直射照明，那么会给人以恐怖、凶残、愤怒的感觉。由于舞台灯光具有强烈的气氛烘托场景渲染的艺术感染力，因此它与舞台布景音响一样，已经成为戏剧、电影、舞蹈、音乐、时装表演等表演艺术的舞台环境艺术不可分割的部分。

能唱能演的唱片

照相机发明后，壮丽的山河可以记录保留下来，好友会面的美好时光可以保存。如果也有类似照相机那样的东西，能够把声音记录下来那又该多好！1877 年美国大发明家爱迪生发明留声机，终于实现了人类这个梦想。

100 多年来，爱迪生发明的留声机有过许多改进，起先用发条的力量驱动唱片旋转，后来改用电动机驱动唱片旋转；唱片也有改进，发展了密纹唱片，一张巴掌般大小的唱片，可以播放半小时以上的节目。但是，有一样东西始终没有改变，那就是唱针，无论给唱片录制节目，还是让唱片播放节目，都沿用当年爱迪生使用的那种唱针，一根磨尖的钢针或者红宝石针。唱片旋转时，唱针与唱片之间产生机械摩擦，时间长了，唱片上那些记录声音的槽纹便受到损伤，唱片不得不报废了；其次，唱片与唱针之间的摩擦声，混在美妙的歌声中，如同一块碧玉掺进了杂质，平添了几分惋惜。现在，利用光束作唱针，取代过去的机械唱针，制造的新型唱片——激光唱片，上面的问题被解决了。

激光有很好的相干性，利用光学系统可以把它聚焦成尺寸比普通针尖还小的光点，利用它给唱片灌音，记录声音的槽纹会更细小、密度更密，或者说，单位面积上能够灌进更多的信息。播放时光束与唱片之间不再有机械摩擦，亦即不再给播放添杂音，播放的音乐优美动听；又因为唱针与唱片之间没有了摩擦，播放过程中记录信息的槽纹也就不会遭受损伤，只要制造唱片的材料性能稳定，唱片的有效使用时间就很长。1978 年，荷兰菲利普公司首先研制成功这种新型激光唱片，直径 12 cm、厚度 1.2 mm 的唱片，可以播放 75 min 的音乐节目。这种唱片一问世便受到大家的欢迎，1983 年首次公开发行，当年便销售 125 万张，1986 年上升到 1 亿张。

爱迪生发明的唱片只能记录和播放声音，现在采用激光制造的唱片，能够兼有声音和图像，播放唱片与播放电视节目一个样，这种唱片给我们的生活增添了不少乐趣。

结缘电视

俗话说，欲穷千里目，更上一层楼，要看见远的东西，需要站得更高一些。如果不站高，而且还不出门，能不能在家也能够看到外界的景物和人的活动，还能够看见远方的人和物？这个梦想今天是实现了，科学家发明的电视技术，给人类带来了视觉革命，使世界开始变小。千里之外、万里之外的一草一木、风土人情、各地发生的事和活动、剧场上演的节目、体育场举行的比赛，电视技术都能把这些"搬到"你的眼前，仿佛这一切就发生在我们身边，正所谓是足不出户，也能知天下事。或许会问，电视怎么跟光扯上关系？其实电视也是光学技术应用的一个方面，电视技术能够有那份本领，光辐射功不可没。首先，我们能够看见人和物，或者看见他们的图像，那是靠光辐射给眼睛产生视觉；其次，电视图像的产生和传送也靠光辐射。

贝尔发明的电话，利用电磁波传送声音，让彼此相隔很远的朋友能够说上话。于是科学家就设想，假如能够利用电磁波传送人、物的图像，那么我们便可以远距离"见面"。这个设想很不错，但要能够这么做，首先要解决的一件事是如何才能实现把景物和人的图像往远处传送。细心的科学家发现，当用放大镜仔细看报纸上的图片的时候，发现图片是由一系列明、暗程度不同的小圆点排列组合成的，这些圆形点现在把它们称"像素"。如果把人体或者景物的形象"分解"成一系列"像素"，把它们逐一依次传送到远处后再重新把它们组合起来，在远处便可以复原出人或者景物的形象，也就是实现远距离观看的梦想了。1924 年苏格兰人约翰·洛吉·贝尔德（John Logie Baird）根据这个道理首先进行了景物形象传送实验。他家境贫寒，没钱购置实验器材，只得就地取材。他用马粪纸做一只四周按螺旋形打上一个个小孔的圆盘，把它紧贴在一只从旧货摊觅来的茶叶箱子上，这箱子由一台旧马达带动旋转，这种装置现在称为"扫描圆盘"。圆盘后面放有被灯光照亮的景物。当圆盘旋转起来时它便对此景物形象进行顺序扫描，透过小孔将出现一个个亮光点和暗点。然后在远处采用一个相同的扫描圆盘同步旋转，这些光点和暗点依次汇合在一起，真的重新组装出原先的景物形象。在这一年，贝尔德成功地把一朵"十字花"传送到 3 m 远的屏幕上。显然，这个办法传送的图像质量会是很差的，而且图像忽隐忽现、十分不稳定，圆盘上的小孔如果大，传送的光点尺寸自然很大，组装出来的图像的画面就很粗糙，图像模糊不清；要想提高图像细部的清晰度，必须增加小孔数目，相应地小孔的尺寸就得变小，能透过小孔的光束强度便很微弱，组装出来的图像亮度很低,明暗变化不明显,图像同样不清晰。但是,它证实了图像传送的可行性。

约翰·洛吉·贝尔德(John Logie Baird)　　　　贝尔德和他制作的电视摄像机

　　能够让传送的图像质量清晰、稳定,而且又能够远距离传送是得力于发现一项新型光电效应。1873 年,科学家发现硒元素化合物有一种新型光电效应特性,在充足阳光的照射下能够产生电流,其强度随照射的太阳光强度而增强,而一旦遮住太阳光,电流便也随之消失,这个现象让科学家终于找到了传送景物图像的新办法。利用这个光电效应,把景物形成的"光像素"信号转换成"电像素"信号,然后利用电磁波信号传送技术进行传送,在信号接收端接收后再将电信号转换成光信号,我们便可以看到被传送的景物。再利用人的"视觉暂留"特性,我们就可以看到活动的景象。

　　让电视真正实用,还需要解决图像的接收和显示问题,德国科学家布劳恩(Karl Ferdinand Braun)对此做出了重大的贡献。1897 年,布劳恩发明了一种带荧光屏的阴极射线管,当电子束射击到荧光屏上会发出亮光,这种阴极射线管又被称为"布劳恩管"。利用布劳恩管这种装置可以把电流的强弱变化转换成光的明暗变化,使接收的图像显示在荧光屏上了。数年后科学家又对布劳恩管进行了改进,加上了能控制电子束扫描顺序的磁力偏转线圈。这样,从扫描圆盘那里获取到的由光信号转换成的电信号后,通过在布劳恩管中的荧光屏上按顺序扫描,即可迅速地还原成图像。

　　从此，电视技术获得迅速发展，1935 年 3 月，德国柏林的实验电视台试播电视节目。翌年 8 月，奥林匹克运动会在柏林举行，该台又播映过实况节目，观众达 15 万人。1936 年 11 月 2 日，英国广播公司在伦敦市郊的亚历山大宫建成了世界上第一座电视台，播送电视节目。1939 年 4 月 30 日，美国无线电公司通过帝国大厦屋顶的发射机，传送了罗斯福总统在世界博览会上致开幕词和纽约市市长带领群众游行的电视节目，成千上万的人拥入曼哈顿百货商店排队观看这个新鲜场面。

　　随着社会文明的发展，人们并不满足于显示的黑白图像，因为大自然本身是彩色世界，希望电视屏上能够显示彩色图像。1927 年，英国的贝尔德和美国的贝尔研究所开始进行彩色电视技术研究。在介绍他们的研究工作之前，我们先说一下光辐射三原色原理。前面我们介绍过，牛顿利用三棱镜做的实验发现，白色的太阳光是由红色、橙色、黄色、绿色、蓝色、靛色、紫色这 7 种色光组成的。其实，并不一定需要 7 种色光混合才显示白色，如果用红、绿、蓝这 3 种色光，按一定比例混合起来也能获得白色光，通常把红、绿、蓝这 3 种色光称为"三原色"。这 3 种色光中的任意两种混合，可以分别获得黄色光、品红色光和青色光。根据这个道理就可以做成彩色电视。英国人贝尔德所采用的方法是：在扫描圆盘上打 3 列涡形小孔，并在每列涡形小孔上分别装上三原色滤色镜，使每列孔只允许一种颜色光通过。当圆盘转动时，依次将彩色信号发送给接收方，接收方的接收设备将接收到的三原色光信号按序连续地在电视显示屏上混合，我们的眼睛便感觉到是一幅完整的彩色图像。贝尔研究所采用的方法是，同时从彩色图像中分解提取出三原色，将其直接传送给接收方，再由接收方的接收设备以相应的步骤将三原色复合，还原成彩色图像。经过坚持不懈的努力，在 1938 年终于研制成功彩色电视系统。1949 年，美国广播公司下属的一个研究小组发明了阴罩管，该管管屏的内壁上涂敷有无数红、绿、蓝色的荧光小点，3 种颜色经过各自的阴极射线管向屏幕发射电子束，撞击各自对应的色点，形成彩色图像，实现了彩色电视技术的全电子化。1954 年

现代电视导播控制中心

彩色电视试播成功。

电视给我们带来了新闻、经济、科技以及文化等各个方面的信息和知识，是人们接收信息的重要途径，享受娱乐生活的重要渠道。然而，当我们坐在电视机前，欣赏精彩的电视节目时，我们是否想过，光束在电视技术中的足迹？

构建温馨生活空间

我们大部分生活时间是在室内度过的，室内空间的环境对我们生活质量有重要作用，良好的空间环境起到对工作效率的助推作用，当人们进入工作状态就希望有一个与之适应的环境。光辐射能够照亮我们的生活空间，还能给空间营造不同的氛围环境，制造我们想要得到的环境感受。光辐射能够为我们构建一个温馨的生活和工作环境。

我们知道，没有光辐射就没有明暗和色彩感觉，也看不到一切。光辐射不仅是人视觉物体形状、空间、色彩的生理需要，而且是美化环境必不可少的物质条件。利用光束可以构成空间，又能改变空间；既能美化空间，又能破坏空间。光辐射不仅照亮了各种空间，而且能营造不同的空间意境情调和气氛。同样的空间，如果采用不同的照明方式、不同的照明位置和照明角度方向、不同的灯具造型、不同的光照强度和色彩，可以获得多种多样的视觉空间效应：有时明亮宽敞、有时晦暗压抑、

光辐射布置温馨的生活空间

有时温馨舒适、有时烦躁不安、有时喜庆欢快、有时阴森恐怖、有时温暖热情、有时寒冷冷淡、有时富有浪漫情调、有时神秘莫测等，光照的魅力可谓变幻莫测。所以，在现代建筑领域中，设计师在做室内设计时，更多的思考是如何去处理"光"的环境、光与造型及空间、光与色彩、光与表面材质等方面的关系。

室内灯光是一种文化。不同区域的居民，有不同的灯光文化。不同区域的居民，对灯光的敏感程度也有不同。有些区域的居民侧重于灯光的照明功能，而有些区域的居民则注重灯光的情调效果。例如，寒带地区的居民对光线的感知特别敏感，因此对室内的光线设置有很

高的要求。而热带地区的居民则常常对光线不够敏感,对室内的光线设置也没有很高的要求。对某些寒带地区的居民来说,室内灯光不但是为了照明,而且是为了调节一种气氛和情调,如温暖、浪漫、温馨、柔和、静谧或热烈等。与之形成对照,某些热带地区的居民则往往把室内灯光仅仅看做是照明,灯光的光线既不需要进行任何的调节、缓冲和处理,也不需要体现什么情调和气氛,他们对灯光使用效果的评价标准也很简单,那就是——够不够亮堂,其反面则是"昏暗"或"刺眼"。

嫩肤美容

局部炎症造成了皮肤损伤,而蛋白质的流失或者功能失常让皮肤失去弹性。环境中各种刺激因素也会引起皮肤的微型炎症,比如污染物和紫外线,而微型炎症会阻碍皮肤局部的血液和淋巴液的循环,造成皮肤胶原的流失,让皮肤变薄、失去弹性。20 世纪 80 年代末开发了一种美容新技术,称"光子嫩肤术"。这项技术对预防老化的作用大于对年轻化的作用,为了有持续好的效果,每年做一到两次的治疗是很有必要的。

皮肤在强脉冲光辐射照射下,改善多种皮肤瑕疵,如毛细血管扩张、细小皱纹、皮肤红斑、色素改变和毛孔粗大等,达到增强皮肤弹性以及显著改变面部皮肤状况等美容效果。组织学分析方法表明光子嫩肤使真皮乳状层中的胶原质纤维排列更为紧密、真皮与表皮的结合处及表皮基底层中的黑色素减少。

光子嫩肤术所用的光辐射是波长在 $500\sim1\,200$ nm 的宽带辐射,光辐射的脉冲宽度小于皮肤组织的热弛豫时间,这样可以使皮肤组织吸收光辐射产生的热能相对集中于被照射的组织内,不损伤表皮层和其他正常组织。皮肤组织的热弛豫时间为

$$\tau = \frac{l^2}{4\alpha}$$

式中,l 为被照射目标靶组织大小,α 为组织的热扩散系数。在光子嫩肤手术中使用的光辐射脉冲总脉宽在几毫秒到几十毫秒,可使用单个光脉冲或多个光脉冲。使用多个光脉冲时,脉冲间的时间间隔必须足以保证皮肤表皮和正常组织温度降至常温附近。

为了能够让被照射的组织受到的热作用达到最大,又避免因表皮层黑色素吸收光辐射而产生热损伤,并减少术后的疼痛感及水肿,做光子嫩肤手术时需要有选择地冷却皮肤表层。皮肤冷却的方式有接触冷却、制冷剂喷雾冷却和强风冷却等。

接触冷却通常采用像蓝宝石那种具有高热导率的材料作为冷却介质,并且其温度被系统控制在一个恒定的温度(−10∼4 ℃),但是在实际操作中,皮肤与冷却片之间的热阻抗不可避免地削弱了接触冷却的效率,而且其冷却的空间选择性不佳。制冷剂喷雾冷却法是一种具有较好空间选择性的冷却方式,它所使用的制冷剂是四氟乙烷(R−134a)。四氟乙烷在大气压下的沸点是−26 ℃,它是目前美国食品药品管理局批准的可用于医学治疗的制冷剂。这种制冷剂不易燃烧、无毒且不污染环境,它是一种氟利昂的替代品。通常液态的制冷剂被雾化成细微的颗粒并喷向皮肤表面。温度低至−30 ℃的强风也是皮肤冷却的一种方式。但由于空气冷却的传热系数非常小,其冷却效率却非常低。最终结果只能是所作用区域皮肤整体冷却,而缺乏冷却所必需的良好的空间选择性。

还有一种光子美容术,称为 E 光技术,它是光辐射和射频组合的美容技术。在光辐射强度较低的情况下强化被照射组织对射频能量的吸收,这可以避免由于照射的光辐射强度过强的热作用可能引起的副反应,并且提高了顾客舒适度感觉。传统光子嫩肤手术设备治疗深度只达皮下 4 mm,而采用这种 E 光技术则可达皮下 15 mm,治疗范围大幅度提高。

2.5　拓展眼睛视力

我们眼睛的视力所及的范围很有限,站到平原的高台上,视力所及范围也只不过是方园 50 km 左右。怎样扩展我们的视力范围,不仅能够把这个地球上每个角落的一山一水尽收眼底,还希望能够窥见远离我们千万亿公里的宇宙深处的情景,那儿的恒星、行星世界的风貌,它们的诞生、成长和衰亡历程以及它们之间发生的碰撞和吞并事件。经过几代人的不断努力,发明、发展的各类望远镜,人类的这个愿望实现了。

光学望远镜

在 17 世纪初,荷兰研磨光学玻璃片的技术已经相当高,能够制造质量很好的曲面玻璃器件,利用它们可以制作矫正视力用的老花眼镜和近视眼镜,1594 年,一位居住在荷兰小镇米德尔堡的眼镜店主人李普希(Has Lippershey)还制造更奇妙的"玩具"。一天,他在检查磨制出来透镜的质量,把一块凸透镜和一块凹透镜排在一起进行观看时看到一件奇怪的事，发现在远处的教堂塔尖好像变大拉近了。于是他做了一只金属长形圆筒，一端装一只凸透镜，在另外一端装一只凹透镜，做成一只"玩具"，用它可以看清远处物体的景物。

李普希制作出能够把远处景物拉近观看的"玩具"，这个消息很快便传遍这个小镇，人们纷纷到他的眼镜店来一饱眼福。他立即意识到制造这种"玩具"会赚到钱，于是便向荷兰国会提出申请专利。1908 年 10 月份，国会审议李普希的申请，审议时要求他给他的"玩具"起一个正规的名称，并要求他对"玩具"做改进，做成能够同时用两只眼睛观看。李普希遵照当局的要求，给这个玩具起了一个名称"窥

李普希（Has Lippershey）

镜"，后来称"望远镜"，并制造了一只经过改进做成的"双筒望远镜"送交国会，国会也发给了他一笔奖金。李普希制作的望远镜在当时荷兰与西班牙发生的战争中还真的起了作用，荷兰舰队的战舰上备有了他的望远镜，能在敌舰发现他们之前就先行发现敌舰的动向，从而使荷兰舰队取得了战争的主动权，获得了胜利。1609 年荷兰与西班牙的战争结束，荷兰政府认为望远镜很简单，于是便把它解密。发明望远镜的消息很快也就在欧洲各国流传开了，当时居住在意大利威尼斯的科学家伽利略（Galileo）也有所闻，不久他从在巴黎的朋友来信中也证实了荷兰人发明望远镜的事。"利用它能够窥见远处肉眼看不见的东西。这难道不正是我们要寻找的千里眼吗？"

伽利略是 1564 年 2 月 15 日出生于意大利西海岸比萨城一个破落的贵族之家。17 岁那年，他进了著名的比萨大学，按照父亲的意愿，他当了医科学生。不过，他的兴趣不在医学，寻找机会学习别的科目。1589 年夏天，他的机会来了，他经贵族盖特保图侯爵的推荐进入了帕多瓦大学，帕多瓦是意大利北部一个学术空气浓厚的小城，在这里他接触到了数学、物理和天文学等新科学。1592 年，28 岁的伽利略被任命为帕多瓦大学的数学、科学和天文学教授。之后，他便在佛罗伦萨的宫廷里继续进行科学研究，特别是天文观测。在当他得知望远镜这件事之后，知道这是会很有用的东西，于是立即自己动手研制。先是研磨凸透镜和凹透镜，然后又

制作了一个精巧的、可以滑动的双层金属管,把一块稍大一点的凸透镜安在管子的一端,另一端安上小一点的凹透镜,制成了一台望远镜,他在1609年制造的望远镜,人称它是世界第一台望远镜。他做的第一只望远镜只能把远处物体的图像放大3倍。一个月之后,他制作的第二台望远镜可以放大8倍,随后他又制作了能放大30倍的望远镜,他制造的望远镜有两架现在还收藏在意大利佛罗伦萨科学博物馆。

伽利略(Galileo)

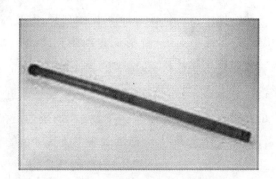

伽利略1609年发明的望远镜

初探天外世界

伽利略先是用望远镜在窗前观看远处的教堂,这教堂真的仿佛就近在眼前,能够清晰地看见钟楼上的十字架,甚至连一只在十字架上落脚的鸽子也看得非常清楚。他又登上威尼斯的最高钟楼,眺望远在港外的那些船只,都能看得很清楚,要是不用那只望远镜,即使眺望两个小时也看不清它们。随后他又在夜间用望远镜眺望晴朗天空,看看美丽的月亮。过去人们都一直以为月亮是个表面光滑的天体,还像太阳那样子发光的。但当伽利略透过望远镜观看月亮时,看到的情景却大不一样,它的表面并非往日想象的平坦如镜,而是高低不平,也和我们生活的地球一样,有高峻的山脉,有火山口的裂痕,还也有低凹的洼地(当时伽利略称它是"海")。他还从月亮上亮的和暗的部分移动情况,发现月亮自身并不发光,它的光亮是从太阳那里得来的。伽利略又把望远镜对准横贯天穹的银河观看，也发现了与往日传说大不相同的新情况。以前人们一直认为银河是地球上的水蒸气凝成的白雾，希腊哲学家、逻辑学家和科学家亚里士多德（Aristotle）就是这样认为的。这回伽利略用望远镜看到的那条"银河"，它根本不是什么云雾，而是千千万万颗星星的大集体。伽利略又观察了天空中的斑斑云彩——即通常所说的星团，发现星团原来也是很多星体的大集体。对着木星观察，发现木星附近有 4 个光点，它们在木星两侧夜复一夜来回移动，始终保持离木星不远，而且总是大致在一条直线上。伽利略断定，这 4 个小光点是木星的"卫星"。他通过这些观测，确信哥白尼（Copernicus）在 16 世纪初提出的"日心学说"的正确性，即太阳是宇宙中心，地球绕自转轴自转，并同五大行星一起绕太阳公转，月亮则是绕着地球旋转。而亚里士多德等提倡的"地心说"，一切天体星球是绕地球运转的思想是错误的，这 4 个先前不知的天体不是在绕木星转了吗？伽利略利用望远镜观测天体，改写了几千年来天文学家单靠肉眼观察天体的历史，开创了天文学研究新时期，改变了整个人类的发展进程，也证实了人类有能力观察和了解我们居住的这个世界，也有能力观察和了解天外世界，认识整个宇宙世界。伽利略给人类带来了文明进步，可没有想到的是却是给他带来了灾难。伽利略用望远镜揭开宇宙的秘密，特别是他给"日心学说"做出证明，否定了主宰人们多年的"地心说"，显然这是与基督教义大相径庭，不可避免的大大触怒了当时的罗马教廷。因为在他们看来，太阳是围绕地球运转的，上帝创造太阳的目的就是让它照亮地球，施恩于人类，这是永恒不变的真理。罗马教廷当然绝不会容忍伽利略的"异端邪说"，先是对伽利略发出措辞严厉的警告，继而把他召到罗马进行审讯。1633 年，罗马教廷宗教裁判所审判伽利略，并处罚他 8 年软禁。长期的软禁生活极大地损害了伽利略的健康。1638 年，伽利略双目失明，4 年后与世长辞。

当然，罗马教廷对伽利略的迫害是制止不了人们利用望远镜对天体的观测研究，相反，越来越多的科学家加入到望远镜的研制和天体观测的研究行列，制造出了性能更先进、观测天体能力更强大的望远镜。1610 年，德国天文学家约翰内斯·开普勒从朋友那里得到一架伽利略望远镜，他充分意识到这种器具的重要作用，先是对它进行了细致的研究，接着便提出了对伽利略望远镜的改进，设计了一种新式望远镜：保留长焦距透镜作物镜，将目镜换成短焦距的凸透镜。这样安排的光路会使从目镜射出的光线是汇聚的，由此可以获得较大的视野和更大的适眼距，能够获得更高的放大倍率,这种望远镜现在被称为"开普勒望远镜"。17世纪以后,人们制作的折射望远镜基本上是属于开普勒结构的望远镜。不过,开普勒在当时受工作条件的限制没有制造出他所设计的望远镜,同是德国的科学家沙伊纳(Scheiner)大概在1611年制作出了这种望远镜,后来他还遵照开普勒的建议制造了有第三个凸透镜的望远镜,将使用两个凸透镜做的望远镜形成的倒像变成了正像。沙伊纳做了8台望远镜,分别用它们观察太阳,无论用哪一台都能看到相同形状的太阳黑子。因此,他澄清了当时认为黑子可能是望远镜透镜上的尘埃引起的错觉,证明了黑子确实是太阳表面真实存在的。

光学反射望远镜

上面谈的伽利略望远镜或者开普勒望远镜,它们都是利用透镜进行成像的,而透镜的成像本领是来自光的折射现象,因此,这类望远镜又称"折射望远镜"。随着观测天体的不断深入,人们发现折射望远镜产生在远处的天体星球图像总有些模糊,成略微扩展的圆斑;此外,在图像周围还有一圈蓝色或紫色的晕痕,也使得我们见到的星体图像不够清晰,甚至还会造成误判天体现象,常常出现用同样一台望远镜,观察同一个天体,观察的结果会有差异。比如英国皇家天文学家内维尔·马斯基林((Nevll Maskelyne)有一个助手,他观察天体的结果和马斯基林就总有一点不一样,于是马斯基林认为他这个助手工作不得力,就辞退了他。其实,他的助手并没有什么过错,而是他们使用的天文望远镜本身存在像差造成的。要保证在望远镜中看远处的物体有清晰的形象,最要紧的事便是其物镜一定要把从该物体上任何一点来的光都能够聚集到同一个焦点上来,如果做不到的话,即便从物体上不同地方来的光线是聚集到彼此距离稍微有偏差的不同焦点上,物体看起来也会模糊不清。可是,尽管透镜加工得非常完美,单个透镜也做不到把远处物体上所有发来的光线集中在同一个焦点上,这是透镜光学性质的固有缺陷,按光学上用的语言,透镜存在"球差"。此外,还出现物体图像中心部分是清晰,边缘部分则模糊不清,甚至带有彩色等问题,而且望远镜口径愈大,这种弊病愈严重。望远镜出现的这些"毛病"勾起了英国年轻科学家伊萨克·牛顿回忆起他在1666年做的一个实验,即前面介绍过的太阳光分色实验。牛顿对眼下望远镜看到的图像边缘出现彩色以及图像模糊不清,断定那是因为玻璃材料对太阳光或者星光"分解"的结果。不同颜色的光有不同的折射率,因此,透镜对不同颜色光的焦点位置将是不同的,红色光的焦点离物镜最远,而紫色光离得最近,这个现象称为"色差",正是色差造成了望远镜成的星体图像边缘"染上"彩色和产生模糊。为了克服望远镜存在的这些缺陷,科学家花了不少心血。先是采用了减小球面凸透镜表面弯曲度的方法,即采用长焦距透镜做望远镜的物镜,让从星体来的全部光线经过透镜后尽可能在远离透镜的地方会聚在一起。但这么一来,物镜与目镜之间的距离便被拉得比较长,使得望远镜的镜筒做得又细又长,远远看去像个细长的怪物。1665 年著名的荷兰天文学家惠更斯制作的物镜口径为 5 cm 的望远镜,其镜筒长度竟有 3.6 m!他在 1665 年做的另外一台望远镜,镜筒长度还接近 41 m。意大利天文学家卡西尼(Gian Domennico Cassini)制造的望远镜,长度达 41.5 m,波兰天文学家约翰·赫韦留斯(Johannes Hevelius)制作的望远镜长度达 46 m;英国天文学家詹姆斯·布拉德雷(James Bradley)制作的望远镜长度更长,达 65 m,长度这么长的望远镜使用起来很不方便。还有一些科学家则尝试从制造透镜的材料着手,寻找制造消除色差透镜的办法。

不过,牛顿对这些做法是比较悲观的,他认为透镜的色差是永远避免不了的。因为玻璃材料对不同颜色的折射率不相同,这是光的基本特性所决定了的。但是有些科学家并不认同牛顿的这个观点,认定会找到办法制造出没有色差的透镜,这便引发了在 1747 年发生的一场关于透镜色差能否消除问题的争论。首个持不同意见的是英国法学家和数学家切斯特·穆尔·霍尔(Chester Moor Hall),他根据对人眼睛的研究,因为眼睛也是一个成像系统,确信可以制作出消色差的透镜。他进行了各种不同类型玻璃的实验,试图使用两种折射率不同的玻璃制造出达到消除色差的透镜。经过分析研究,他选定火石玻璃和冕牌玻璃做透镜,把折射率大的火石玻璃做成凹透镜,折射率小的冕牌玻璃做成凸透镜,然后把凹透镜的凹面与凸透镜的凸面拼合在一起,组成一块复合透镜。经过分析和测定,这只组合透镜对多种颜色的光线具有相同的焦距,它的色差在很大程度上被消除了,他发明了消色差透镜。1733 年,他利用自己发明的消色差透镜制作了口径 6.5 cm、焦距 50 cm 的望远镜,性能果然不错。不过,霍尔对自己的发明保密,没有对外公开。另外一位著名持不同意见的科学家是英国约翰·多朗德(John Dollond),他通过研究玻璃和水的折射和色散,建立了消色差透镜的理论基础,认为采用不同折射率的玻璃材料制造的组合透镜,会达到消除色差的要求,并认为采用冕牌玻璃和火石玻璃就可以制造出消色差透镜。1757 年,多朗德利用冕牌玻璃做的凸透镜和用火石玻璃做的凹透镜组合起来,果然得到了消色差透镜。实验结果最终证实牛顿的观点是错了的,大科学家有时也会犯糊涂。随后,在1765年,约翰·多朗德的儿子彼得·多朗德(Peter Dollond)又发明了质量更好的消色差透镜,他把两块冕牌玻璃凸透镜和一块火石玻璃双面凹透镜合在一起,制成三合消色差透镜,这就是迄今依然使用的消色差透镜。消色差透镜的成功,使得折射望远镜迎来"柳暗花明又一村",给这种望远镜的发展带来生机。从此,消色差折射望远镜完全取代了长镜身望远镜。但是,由于技术方面的限制,很难铸造较大的火石玻璃,在消色差望远镜的初期,最多只能磨制出口径10 cm的透镜。口径超过10 cm的透镜难免存在气泡、条纹等缺陷,导致观察到的星体出现形状扭曲等现象。这么看来,要制造出质量好、口径又大的望远镜还得另寻出路。

人们很早就知道一定面形的反射镜,它也可以把平行光线会聚在一起而成像,而且这种反射镜是不存在色差问题,因为根据光的反射原理,所有光线的反射角都等于入射角,光反射之后不会分散。因此,科学家决定利用反射镜制造一种新型的、令人满意的望远镜,即反射望远镜。最早提出制作反射望远镜的是英国数学家和天文学家詹姆斯·格里高里(James Gregory),他在1663年出版的《光学的进程》这本书中,首先提出了使用两个凹面反射镜制造反射望远镜的设计:利用两块凹面反射镜,一面作主镜,一面作副镜,其中口径较大的凹面镜作为主镜,在它的中心钻有一个圆孔。来自天体的光线进入镜筒射在主镜上,经过主镜反射后会聚至焦点处。在镜筒内主镜焦点上放置口径较小的副镜,经这块凹面副镜反射后形成的发散光束,进入观测者的视野。不过,格里高里提出的反射望远镜,对使用的反射镜镜面要求较高,在当时的技术条件下是比较难制造出来的,所以格里高里始终没能造出一架可以供实际使用的反射望远镜。

首先能够真正制造可供实际使用的反射望远镜的是牛顿。1668年,牛顿亲自动手在 铜、锡、砷合金材料上磨制了一块凹球面镜,口径为2.5 cm,在长度15 cm长的金属筒末端安装这块反射镜,作为望远镜的物镜,来自天体的平行光束投射到物镜上,经过反射后会聚到焦点处,它就是天体星球的像。怎样观看这个像?还需要想点办法。我们知道,在折射望远镜中的物镜是一块透镜,或许多透镜的组合,它安置在镜筒的上端,将星光折射到接近镜筒下端的焦点上,在这儿形成天体星球的像,我们在望远镜下方的目镜处很方便进行观察。在反射望远镜中,物镜是一凹镜,它安置在镜筒最下端,而它的焦点是在接近镜筒的上端,要观察天体星球的像,就必须从望远镜的上方朝反射镜看。这么一来，如果他俯在镜筒上看，他便要看到在镜中自己的影子，他的头和肩都会遮去大部分射进望远镜的星球光辐射。因此需要设法把焦点移动到镜筒的外面去，才能好好地观察天体。牛顿的做法是在镜筒中接近镜筒顶端焦点的地方斜放一面小平面反射镜，它的反射面正好和望远镜的主轴成 45°角。这样的安排使得从望远镜物镜形成的会聚光束，便可以向旁边反射到镜筒外边，在这儿用平常的目镜就可以观看由物镜形成的星体图像了。也就是说，牛顿式反射望远镜的观测口是在镜筒上端左边附近，观测者用目镜看去的方向与他所观测的星体成直角。这种反射式望远镜的镜筒可以做得比折射望远镜短小许多，所以牛顿制作的那台反射望远镜，其外形短粗矮胖，不过，它的放大倍数倒不小，有 40 多倍，利用它已经能清楚地看到木星的卫星、金星的盈亏等。牛顿制造第一架反射望远镜虽然不想公开宣传，但演示出来的优秀性能很快便引起了人们的关注。后来牛顿又制作了第二架反射望远镜，物镜口径为 5 cm，在 1672 年 1 月 11 日他送给了皇家学会，目前这架反射望远镜还保存在皇家学会的图书馆里。

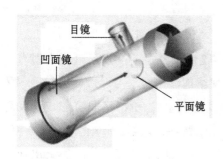

牛顿反射望远镜的原理图

牛顿制造的第一台反射望远镜

　　牛顿发明的反射望远镜虽然消除了色差，但是受到两方面因素的制约，因而起初在性能上并没有超越折射望远镜，此后经过大约 40 年时间的研究改进，才获得了发展优势。反射望远镜起初使用的是球面反射镜，靠近反射镜中心附近的光线与靠近反射镜边缘的光线，它们的反射焦点并不完全重合，即依然存在折射望远镜中出现的那种"球差"现象。直到 1721 年，英国数学家和发明家约翰·哈德利 (John Hadley)通过自学掌握了用镜青铜磨制反射镜的技艺，并和他的两个兄弟成功磨制出抛物面反射镜，制造的反射望远镜才有了起色，他们制造的格里高里式反射望远镜,口径15 cm,球差极小,成像质量可以与惠更斯设计的、长度达37.5 m的折射望远镜媲美,而哈德利这台望远镜的长度却只有1.8 m。根据抛物面的几何光学特性,平行于物镜光轴的光线将被精确地会聚在焦点上。采用抛物面反射镜作望远镜的主镜后,既消除了球差,也消除了色差,使得反射望远镜在光学性能上全面超过了折射望远镜。

另外一个制约因素是制作反射镜的技术。起先采用金属制造反射镜,铸镜用的青铜材料容易腐蚀失去光泽,使得光学反射率下降,因而不得不定期对反射镜进行抛光,这需要耗费大量财力和时间。有些金属材料的耐腐蚀性比较好,但其重量比青铜材料重,而且价格昂贵。玻璃的重量比较轻,价格低廉,也耐腐蚀,而且能够抛得很光洁,又比金属容易研磨成形。在早期的反射望远镜也曾设想使用在玻璃后面贴一个金属背板的反射镜,但这种反射镜用在望远镜上遇到困难,因为光线在金属背板上反射之前和之后都要通过一定厚度的玻璃,这会使得所成图像变得模糊。1856年,德国化学家尤斯图斯·冯·李比希(Justus von Liebig)利用新发现的一种化学反应,实现了在玻璃表面覆盖一个薄薄的银层,发明了新的制镜方法:将银蒸气镀到玻璃上,再经轻轻抛光后就可以获得很高反射率。在稍晚些时候,德国物理学家卡尔·奥古斯特·冯·斯坦黑尔(Carl August von Steinheil)使用这种工艺制作了质量相当好的反射镜。法国物理学家雷昂·傅科(Jean Bernard Leon Foucault)又发明了测量镜面形状的更好方法,他的方法虽与早期研磨反射镜者使用的检测方法相类似,但测量精度高了许多,使得能够研磨出与设计面形精确一致的反射镜面更有了保证。这便使得人们能够获得重量轻、价格又便宜的玻璃反射镜,而且它比金属反射镜还有更高的反射率。尽管银层仍然会因氧化而变黑,导致反射率下降,但在玻璃面上重新镀银远比重新抛光金属镜面容易。随后又出现一种新技术,能够在研磨抛光好的玻璃表面镀铝制造反射镜。铝膜比银膜能更长时间保持光泽,而且不容易损坏脱落。镀金属层的玻璃反射镜因此逐步取代金属反射镜制造望远镜。在1868年,结束了使用金属反射镜时代,在这一年研制了最后一架采用镜青铜反射镜的大型望远镜。玻璃反射镜的成功,清除了制造大口径反射望远镜最后一个障碍,发展巨型反射望远镜的时代终于到来。

把望远镜做大

望远镜的"视力"强弱与它的口径有关,口径增大,其观察目标的视力就增强。因为就实质来说,望远镜只不过是扩大了人眼睛收集光辐射的面积,望远镜口径增大了,收集光辐射的面积也就扩大,眼睛的视力就能够延长得更长,能够看清楚更远的物体,看见更暗更远的天外星体,甚至能够看到更早期的宇宙世界。人眼的瞳孔只有 $6\sim7$ mm,以伽利略起初制作的望远镜来说,它的口径是 4.2 cm,相应的聚光面积大约是 55 cm^2,它把眼睛收集光辐射的面积增大了大约 36 倍。这意味着,用肉眼看远在 3 600 m 处的物体,通过望远镜来看的话,它就仿佛是近在 100 m 处。天文学家根据这个道理,为了探测到更多的天体世界奥秘,开展制造大口径望远镜。1655 年著名的荷兰天文学家克里斯蒂安·惠更斯制作了一架口径比伽利略和沙依纳制造的望远镜都大的望远镜,其口径为 5 cm,放大倍数大约为 50 倍。他利用这台望远镜观察当时人们所知道的最远行星土星。伽利略在 1610 年曾经用他制造的望远镜观测过这个星体,那时他模模糊糊地看到土星两旁有一个附属物,按照他先前对木星观测的经验,这个附属物会不会是土星的卫星?然而,从望远镜看到的这个附属物是在一天比一天变小,过了 2 年后它竟然消失了。4 年后,即在 1616 年又见到这个附属物重新出现,土星的这个附属物究竟是何物?惠更斯也想弄明白这到底是怎么回事。他用自己制作的那台大口径望远镜对土星做仔细观测,终于发现伽利略当年发现土星上的那个附属物是土星的一层又薄又平的光环!这是人类第一次发现太阳系行星有光环。以后随着光学制造技术的提高,到 19 世纪末人们有能力制造出更大口径的折射望远镜了,在 1885 年到 1897 年期间建成了 8 架口径 70 cm 以上的折射望远镜,其中最有代表性的是 1886 年建成的、口径 91 cm 的里克望远镜,1897 年建成的、口径 102 cm 的叶凯士(Yerkes)望远镜,放置在座落于美国威斯康星州威廉斯湾的叶凯士天文台,是迄今为止世界上最大的折射望远镜,在此后的这一百年中再也没有出现口径比它更大的折射望远镜了,这主要是因为从技术上无法铸造出大块完美无缺的玻璃供制造望远镜的物镜。制造望远镜物镜的玻璃对其质量的要求很严格,玻璃内不能有气泡、沙粒等杂质。同时,大块玻璃透镜本身的重量大,比如那台叶凯士望远镜,它的透镜本身重量约 230 kg,镜筒长 19.2 m、质量约 6 t,整台望远镜重达 18 t。重力会使大尺寸透镜的变形非常明显,难以产生明锐的焦点,以致成像质量低下。限制发展大口径折射望远镜还有另外一个重要因素:难以克服的球差和色差,或者说难以获得高质量的图像,这是透镜本身存在的严重缺陷。

叶凯士望远镜

叶凯士天文台

　　反射望远镜的发明,为制造更大口径望远镜创造了条件。1908 年,著名天文学家乔治·埃勒里·海耳(George Ellery Hale)请名望颇高的美国光学家、望远镜制造家和天文学家乔治·威利斯·里奇(George Willis Ritchey)为他制造一块口径为 1.5 m 的反射镜,成功制造一架 1.5 m 口径的反射望远镜并投入观测。1917年,海耳得到美国洛杉矶商人约翰·胡克(John D. Hooker)的资助,建了一架 2.5 m口径的反射望远镜,它称为胡克望远镜,安装在美国加利福尼亚威尔逊山顶上的威尔逊山天文台,并于 1918 年开始用于常规天文学研究工作。1923 年,海耳又在美国帕洛玛山选取了一个新台址,决定在那里建造一架 5 m 口径的反射望远镜,1948 年,这架举世瞩目的大望远镜建成并举行了落成典礼,有大约 1 000 人参加了落成典礼仪式。

　　到 1975 年,大型反射望远镜又有了新发展,前苏联建成一台口径 6 m 反射望远镜,超过了 30 年来一直称为"世界之最"、坐落在美国帕洛马山天文台那台 5 m 口径的反射望远镜。20 世纪 90 年代,天文学家又先后建造了多架巨型反射望远镜,口径为 8 m 左右,其中凯克望远镜口径最大,达 10 m。每台望远镜有 8 层楼高,重 300 t,天文观测精度可达到纳米量级。这两台望远镜是以投资者凯克(William Myron Keck)的名字命名的,有凯克 I 和凯克 II 两个完全一样的望远镜,坐落于夏威夷莫纳克亚山顶,海拔 4 200 m。这两台望远镜的反射镜不是单块反射镜,而是由 36 块镜面六角形反射镜拼接构成,每块镜面口径均为 1.8 m,厚度为

10 cm,通过主动光学支撑系统使镜面保持极高的精度。1993 年,凯克 I 望远镜投入科学观测使用,1996 年凯克 II 望远镜投入使用。把多块反射镜拼接在一起构建巨型反射望远镜的优点是:口径可以做得大,而镜筒能够做得短;还有重量轻,造价低。前苏联建成的那台口径 6 m 的反射望远镜,其重量达 800 t,相比之下那台口径 10 m 的凯克望远镜的重

目前世界最大的凯克反射望远镜

量就轻得多了,才 300 t。进入 21 世纪以来,人们依旧孜孜不倦地致力于建造更大口径的望远镜,计划建造 100 m 口径的望远镜。

环视宇宙

我们抬头观望夜空,天上布满了一个个亮点。利用望远镜观看,发现那些亮点原来是一个个星球,用分辨率高一些的望远镜观看,还可以看到它们的"面容"。太空"部署"星球的范围有多大? 这些星球的"面容"细节又如何? 我们都希望知道。俗话说站得高,看得远,于是科学家设想站到地球上空去瞭望,视野开阔了,能够看到的范围会更远、更大。况且地球周围包着一层厚厚的大气层,大气不停息地扰动,引起从天体来的光束发生不规则的折射,导致我们看到的星球是在颤抖着的。这种情况在使用望远镜观看时还更严重,结果是我们虽然加大望远镜的放大倍数,但同时也按同等比例加大图像中的模糊程度,往往让我们无法看清它们的真正"面容"。此外地球大气层不仅阻挡着我们洞察更远一些的星球,甚至还会让我们"看走眼"。曾经发生过这样一件事。1877 年火星大冲是观察火星的好时机,于是意大利天文学家吉奥万尼·斯基帕雷利(Giovanni Schiaparelli)不失时机地使用望远镜对火星进行观察,他透过望远镜看到火星面上有不少交错的网络线条,但看不清楚这些网络线条是些什么,于是他发挥了想象力,认为这些线条就是连接海与海之间的"水道"。此后到 1896 年,美国天文学家罗维尔(Percival Lowell)在他私人建的天文台上也进行观测火星,他对斯基帕雷利发现火星上的那些"水道"又做了进一步的说明,认为它们应该是人造"运河",是火星人建的灌溉系统,引火星极冠每年溶化的水灌溉农作物。虽然他对

自己的这个推论是否正确还拿不准，但他发布火星上有人造运河的消息后立即引起了轰动。很显然，如果火星上有运河，那么它们应该是火星人开凿的，由此可以推断火星上有人，而且能够开凿如此巨大的水利工程，足见他们还是有极高智慧的人群。一时间有关火星人的各种传说和争论也纷至沓来，还出版了多种描写火星人和火星人世界的科幻书籍。后来，一些科学家在天气特别好，大气抖动很小的地方使用质量更好的望远镜对火星进行仔细观测，却没有发现在火星上有运河，也没有看到什么火星人。直到 1965 年 7 月，美国发射的"水手"4 号行星探测器在飞经火星时拍摄的照片，才让事情真相大白，火星上那些条条实质上是一些大大小小的环形山，并非农田水利灌溉网！虽然这只是人类对火星认识的一个插曲，但是，大气层的确困扰着天文学家对天外世界的准确观测。显然，寻找到一个空气宁静或者没有大气的地方进行观测太空星球，会得到它们清晰的"面容"图像。把望远镜搬到大气层外去观测就是一种好的选择，放置在太空的望远镜人们称它"太空望远镜"。在地球大气层外，那儿几乎没有一点空气，完全避免了大气干扰带来对探测的影响。同时，那里也几乎没有了地球的重力，安放在那里的望远镜将不出现受重力的影响而产生的畸变，可以大大提高观测能力和分辨本领；而且站得高，看得远，还更能够看清宇宙深处的情况。

哈勃太空望远镜

第一架太空望远镜是以天文学家爱德文·哈勃的名字命名的"哈勃太空望远镜(Hubble Space Telescope, HST)"，由美国国家航空航天局和欧洲航天局合作，在 1990 年 4 月 24 日由美国发现号航天飞机送上太空，在地球大气层外缘离地面

哈勃太空望远镜

约600 km的轨道上运行。这台望远镜整体呈圆柱形,总长12.8 m,镜筒直径4.28 m,主镜直径2.4 m,总重量11.6 t,焦距57.6 m。前端是望远镜部分,后半部是辅助器械。观测波长从紫外的120 nm到红外的1200 nm,造价15亿美元。

拍摄到的最早宇宙照片

哈勃太空望远镜的"眼力"相当好,能够看清楚1 000 km之外尺寸3 cm的物体,能够看见一个离开地球大约260亿光年的星球(光年是天文学上用来计量距离的单位,1光年就是光波传播1年时间走过的距离,大约是9万亿 km)。哈勃太空望远镜的确不负众望,为人类了解宇宙世界立下了许多功劳。它给太空中的2.5万个天体拍摄了50多万张照片,当中有些记录了千载难逢的慧一木相撞过程,记录了恒星形成的不同过程,记录了星系之间"搏斗"以及相互吞并的残酷场面,也记录下宇宙物质被黑洞吞噬时发出的"幽灵之光"美景。科学家通过分析哈勃望远镜拍摄的照片,给我们证实了主要星系中央都存在黑洞,确认了宇宙中存在暗能量。从分析拍摄到的照片,科学家获得了多项发现,比如发现了宇宙诞生早期的"原始星系",发现了各种类星系形成规律似乎一致、发现了年轻恒星周围孕育行星的尘埃盘、证明宇宙正加速膨胀;照片也帮助科学家测定了宇宙年龄和了解宇宙诞生早期恒星形成过程中重元素的组成。哈勃太空望远镜送来的这些宇宙深处信息,既让人类大开眼界,也深化了对宇宙世界的认识。

哈勃太空望远镜为人类做出了杰出贡献,而它自己也曾三次"患病"。一次是在1993年患了"近视症",按原设计它应该能够看清距离140亿光年的星系,但它实际只能看清40亿光年的星系。为了治疗好它的"近视"症,美国航天局在当年12月派了7名宇航员乘坐航天飞机"奋进"号进入太空,对哈勃太空望远镜进行修复工作,给它佩戴了"近视眼镜",那是一组矫正透镜。第二次"患"的是视力不佳症。

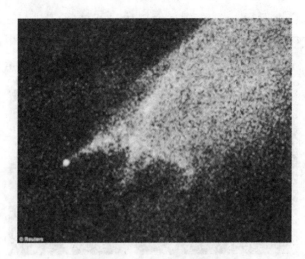

拍摄到的两个小行星碰撞照片

按设计要求它应该能够看清发射紫外线、红外线的物体，但实际上它在这两个波段的视觉能力出现下降。在 1997 年又一次安排给哈勃太空望远镜做手术，宇航员在太空给它更换了近红外照相机、多目标分光仪和图像摄谱仪等。第三次是"疲劳"症。它在太空劳碌了近 20 年，已经疲劳不堪，许多零件也频频发生故障。于是科学家给哈勃太空望远镜做大手术，进行升级改造，升级后它的观测灵敏度提高大约 100 倍，图像清晰度提高 4 倍，能够观察到宇宙中最古老和最黯淡的星云。

其他太空望远镜

除了哈勃太空望远镜之外，科学家还先后发射了多台太空望远镜。1991 年 4 月美国发射第二架空间望远镜，叫做康普顿伽马射线太空望远镜（The Compton Gamma Ray Observatory），它重达 17 t，由"亚特兰蒂斯"号航天飞机发射升空。它主要用来观测宇宙中的高能射线，寻找高能伽马射线，它是电磁光谱中能量最高的光子。它发回信息已经向科学家展示了宇宙中高能伽马射线脉冲爆发的分布情况。

1999 年 7 月 23 日发射钱德拉 X 射线太空望远镜（Chandra X-ray Observatory），它由美国哥伦比亚号航天飞机送上太空。它的主要任务是帮助天文学家搜寻宇宙中的黑洞和暗物质，它拍摄到只有 340 年历史的超新星残骸"仙后座 A"，揭示了发生高能爆发的恒星有可能是宇宙射线的重要来源。宇宙射线是不断轰击地球的高能粒子。

1999 年 12 月欧洲发射牛顿 X 射线太空望远镜(XMM-Newton, Europe's X-ray Observatory),它观测到迄今在遥远宇宙中最大的星系团,证明了一种称为暗能量的神秘力量的存在。据说,暗能量加速了宇宙的膨胀速度。

2003 年发射的斯皮策太空望远镜(The Spitzer Observatory),它主要探测星系、新形成的行星系及形成恒星的区域。

2008 年 7 月发射费米伽马射线太空望远镜(The Fermi Gamma-ray Observatory),它主要探测宇宙中的黑洞,了解宇宙的最极端环境中我们闻所未闻的暗物质。黑洞是太空中最有名气的旋涡,它吞噬其周围的一切东西。但是,当黑洞吞噬恒星时,它们会以近乎光速的速度向外喷涌释放伽马射线的气体。这台天文望远镜能揭开伽马射线脉冲和暗物质的来源,有助于进一步了解宇宙中最极端的环境。

2009 年 3 月 6 日发射"开普勒"太空望远镜(Kepler Observatory),命名是为了纪念德国天文学家约翰内斯·开普勒,他提出了著名的行星运动三定律。这台望远镜是专门用于搜寻太阳系外类地行星(类地行星是指类似于地球的行星)。它将对天鹅座和天琴座中大约 10 万个恒星系统展开观测,以寻找类地行星和生命存在的迹象。天文学家认为这些行星上可能有生命,或者说是第二个地球世界,因而有研究意义。

2009 年 5 月 14 日欧洲航天局发射"赫歇尔"太空望远镜(Herschel Observatory),它以英国天文学家威廉·赫歇尔的名字命名,是一台大型远红外线望远镜。镜面直径比美宇航局"哈勃"太空望远镜大,对波长较长的光线探测极为敏感,使命是研究恒星和星系的形成以及在宇宙时期的发展变化目标。

还有计划在 2013 年发射的詹姆斯·韦伯太空望远镜(The James Webb Observatory),它被看做是哈勃望远镜的"接班人"。它将利用其 7 倍于哈勃太空望远镜的聚光能力对太空展开探索,可能观测到宇宙最早形成的恒星和星系,提供从恒星、星系、行星形成到太阳系演变等一切事情的线索。

2.6　构建"地球村"

今天,我们彼此虽然相隔千山万水,天涯海角各在一方,但我们却能够时时刻刻互相交谈、看到彼此的面容;对方那儿发生了什么事,不仅能够听到,还能够目睹，仿佛彼此不是天各一方，而是生活在同一条街、同一个村庄。这是用上的光"信使"给我们创造的。

快速传送信息至关重要

人类的生活、生产过程中需要彼此交流信息，哪怕是问候一声平安。然而，在过去，彼此交换信息不容易，或者说通信技术很落后，且不说彼此相隔不远不能说上话，就是写封信也需要隔一些时候才能到对方手里，有急事要告诉对方也只能干着急。1492年，西班牙皇后伊莎贝拉派哥伦布出海航行探险，一去就杳无音信，因为漂泊在海上的哥伦布没有办法给皇后传递信息，这可让皇后非常焦急，不知道哥伦布有没有遇到什么麻烦，是生还是死。一直过了半年才等来消息，而且是一个非同寻常的消息：哥伦布发现了新大陆！要是在今天，哥伦布可以与皇后随时通话，告诉皇后他们航行的状况，当哥伦布登上新大陆时，皇后马上便知道这个惊人的好消息，而且还可以看到新大陆的实景，目睹这块新土地的风貌；不仅是皇后，整个西班牙国土，乃至全世界都会知道这件事，可以目睹新大陆风光！

不仅生活、生产活动需要良好的通信技术，国防建设、抵御敌人入侵更需要良好的通信技术。距今2500多年前，我国著名的军事著作《孙子兵法》中就指出，"先知者胜"，如果在战场上指挥官能够及时了解、掌握敌人的军事部署，取胜的机会就很大。在过去，我国通信技术落后，战败的教训不少。在清朝时代的一次中法战争

烽火台以可见的烟气和
光亮向各方报警

中，清军打了胜仗，获胜的消息由专人快马加鞭上报朝廷，而法军则使用电报向他们本部上报消息，谎报他们获得了胜利。马跑得再快，也赶不过电磁波，法国根据自己首先获"胜利"的消息，逼迫清朝政府签订赔偿协定。等到信使赶到京城，赔偿协定已经签字，明明是自己打了胜仗，反而被索战败赔偿，听来是"天方夜谭"，却是实实在在的事。

烽火台

光波传播速度非常快，每秒30万km，可以说世界上没有什么物体能够有如此高的速度，没有人能够跑得这么快，因此，利用光波作为信使，传递信息是即时到达，我国在古代便用上了它。比

如我国古代在边境上建的烽火台,一旦发现有敌人入侵立即点燃烟火,烟火传递信息的速度非常快,只要观察人员机警、燃点烟火动作迅速,敌人入侵的消息就能够迅速传开,瞬间便可以传递到军事中枢部门。为了增加传递的信息量,后来又做了改进,通过变更烟火颜色,表达不同种类的信息。近代一些夜间航行的轮船或者军舰,彼此也有采用闪动灯光交换信息。

光电话

人们很早就梦想有朝一日把声音传送到更远的地方去,1876 年,人们终于完成了这个梦想,这一年发明的电话,可以让在远方的朋友彼此能够谈话。过了 4 年,即在 1880 年,美国发明家贝尔(Bell-Alexander Graham)又设计并试验一种新电话——利用太阳光传话。他用一块反射镜把太阳光反射到一只话筒的膜片上,当对着话筒说话时膜片发生振动,振动强弱随说话声音高低而变,从这膜片反射的太阳光也相应地发生强弱变化。用光学元件把从膜片反射出来的太阳光会聚后再用反射镜反射到远方,在那里采用光学系统收集此光信号,并将它会聚在听筒的光电池上,将光信号转变为电信号,驱动听筒上的膜片振动,还原出声音,便可以听到对方的说话声。贝尔设计的这种电话称为"光电话",1881 年贝尔在英国《自然》杂志上发表文章介绍他们最早使用"光电话"的通话实验。这只光电话的通话距离不长,最远也只达到 213 m,其原因主要有两个,一个是光源不合适,无论是太阳光,或者普通灯光,它们的光频率并不是单一的,而且频率也都不稳定,从通信技术上看,这些光都是带有"噪声"的光。另外一个原因是光在大气中传送受气象条件很大限制,比如受大气中大分子产生的散射和吸收以及大气中的尘粒散射等,使得光信号强度衰减很快,特别是在遇到下雨、下雪、阴天、下雾等情况,光信号衰减更严重,有效通信距离不会长。

尽管如此,光电话的设计思路新颖,预示着一个新通信时代的开始,所以,贝尔的这个发明又一次轰动世界。光波的频率比普通电磁波高,能够获得更大的通信能力。科学家的研究发现,通信能力与使用的电磁波频率有关,使用的频率高,能够使用的通信频带宽度便宽,相应的通信能力就高,可以同时传送的信息就多,或者说通信容量就大。这如同马路越宽,可通行的车道就多,可通行的车辆数目也越多。比如短波通信,其使用的电磁波频率是 3～30 MHz,总频带宽度是 27 MHz;微波通信使用的电磁波频率是 300～300 000 MHz,可用频带宽度接近 3×10^5 MHz,大约是短波通信的 1 万倍,光波的频率更高,大约为 6×10^8 MHz,频带宽度大约又比微波通信宽千倍。所以,科学家看好光波通信,继续探讨研究光通信技术,也逐步取得了一些进展。1930~1932年间,在日本东京的日本电报公司与每日新闻社之间实现了3.6 km的光电话通信,不过,在大雾、大雨天气里通信效果很差。在第二次世界大战期间,光电话使用的光波长由可见光转向红外波段。发展红外线光电话,因为红外线肉眼看不见,更有利于保密,而且波长长的光波在大气中传播过程中受到大气中的尘粒和大气分子的散射损耗相对也小一些,有利于延长有效通信距离。

随后随着光源制造技术的发展,人们制造出了强度高、单色性又好的光源,比如发光二极管(简称LED)、半导体激光器(简称LD),阻碍光通信一个主要障碍被排除了,有效通信距离获得了很大延长,还制成了语言信道试验性通信系统。但是,在推广应用时依然遇到困难,这就是前面谈到过的光信号在大气传播过程中,受大气的影响很大,不仅信号损耗大,造成通信距离不长,而且遇到恶劣天气还会中断通信。要想能够远距离而且能够全天候通信,必须解决好通信线路的问题。

信息沿波导传送

为了避免大气对传送信息的影响,人类积极寻找理想光传输介质。经过不懈的努力,人们发现了透明度很高的石英玻璃丝可以作为传光的介质。1955年,当时在英国伦敦英国学院工作的卡帕尼博士,发明了用玻璃制作的细丝,叫做光学纤维,简称光纤。它是用两种对光的折射率不同的玻璃制成的,折射率高的玻璃做成中心束线,折射率低的玻璃包在中心束线外面形成包层。

玻璃本性很脆,容易折断、不能弯曲,用玻璃丝作为光信号传输介质,它能够经受得住各种弯折的考验吗?科学家经过研究发现,玻璃拉成细丝后它的本性发生了变化,不再是原先那种容易折断、不能弯曲的性质,而是变成如同头发丝那样柔软的了。光本来是直线传播的,而通信线路总有拐弯的情况,在遇到这种情况时光信号会不会脱离线路?科学家认为不管光纤怎样弯曲,光信号始终会"粘着"光纤线路,不会脱离出来,根据的是"丁达尔现象"。1870年,英国物理科学家丁达尔((John. Tyndall)在一次实验中发现,一股水流从玻璃容器的侧壁自由流出,一细光束沿水平方向从容器出水口对侧射入水流,这束光不是穿出这股水流,而是顺着水流朝下弯着传播。如果用荧光水溶液做实验,则可以看到光束沿着往下流的溶液传播的曲折路径。

为什么直线传播的光束会"粘着"水流弯曲地传播？科学家经过分析，那是发生了光学全反射的结果，光从折射率高的介质往折射率低的介质传播，当光束的入射角大于某个数值时，光束便会从这两种介质的交界面全部反射回去，不再往前传播进入到对方介质，两者的交界面仿佛变成了反射率为 100% 的反射镜。光纤芯的折射率比包层的高，光束以大于某个角度从光纤的一端进入光纤芯之后，在光纤芯内不断发生全反射，不会从光纤壁逸出，而是沿两层玻璃的界面连续反射前进，从另一端射出。携带着信息的光信号沿着光纤传送，就不再受大气变化的影响，保证全天候通信畅通。

不过，起初制造的光纤其光学损耗很大，每公里长度损耗大约 2 000 dB，应用在医学上还算可以，用光纤束组成内窥镜，观察人体肠胃内的疾病，协助医生及时作出确切的判断。医疗使用的光纤长度很短，只有 1 m 左右，但再长一点由于光学损耗大，观察起来就不清晰了。显然用来做通信线路就不合适了，通信线路长度不能短，起码也得几公里，光信号沿光纤传送这么长距离后其能量便几乎损失尽了。光纤能不能用来做光通信线路，关键是怎样降低光纤的光学损耗，英籍华裔科学家高锟(Kao . C. K)博士从 1963 年便开始研究这个问题。他的研究发现，无机玻璃在近红外光谱区有很低光学损耗，同时指出了光通信使用这个光谱区的激光器是适合的。其次，他又发现玻璃中的杂质过渡金属离子在近红外区有强吸收带，是玻璃光纤光学损耗的主要来源，铁、铜、镍、铬和钴都是出现在玻璃的杂质。如果把玻璃内的这些杂质浓度降低，光学损耗会成比例下降。只要解决好玻璃纯度和成分等问题，就能够利用玻璃制作出低能量损耗率的光学纤维，如果光纤的能量损耗率达到每公里 20 dB，制造由光纤构成的实际通信线路便有可能实现。高锟同时又分析了光纤的光学吸收、散射、弯曲等因素，确信被包覆的石英基玻璃光纤有可能满足对低光学损耗的要求，成为光通信信号传输波导。高锟将自己的发现和研究分析结果写成"光频介质表面光波导"论文。开创性地提出光纤在通信上应用的基本原理，描述了长程及高信息量光通信所需绝缘性光纤的结构和材料特性。这篇论文在 1966 年 7 月公开发表后，立即引起了社会广泛注意，英国邮政局研究站负责人 J. Brays 迅速为该局采取行动开展这项工作。在该局的带动下世界主要国家的邮电部门(包括贝尔公司)都积极投入尝试。要求光学损耗达到 20 dB，估计光纤内那些杂质离子的浓度需要低于百万分之一，这样高的纯度要求，利用传统提纯技术

高锟(Kao.C.K)博士

是难以做到的,也因此起初不少人怀疑光纤是否能做通信线路。不过,在各方共同努力下,采用化学蒸气沉淀技术终于获得了高纯度玻璃,制造的光纤光学损耗不断下降,到1970年美国康宁公司制造出的光纤的光学损耗已经从原先每功率几千分贝,下降到只有20 dB,光信号在这种光纤内传播1 km后还留下大约10%的能量。1972年,康宁公司制造的光纤损耗进一步降低到每公里4 dB。1973年,美国贝尔实验室制造光学损耗更低的光纤,每公里只有2.5 dB,1974年降低到每公里1.1 dB。到1976年,低光学损耗光纤刷新纪录,日本电报电话公司将光纤损耗降低到每公里0.47 dB,光波在里面传播1 km后其能量只损失大约

4.5%,还留下95.5%,比在微波通信中使用的同轴电缆的能量损耗率还低得多,完全可以用来作为光通信的线路。鉴于高锟在"有关光在纤维中的传输以用于光学通信方面"取得的突破性成就,他获得了2009年度诺贝尔物理学奖。

光纤本身是用玻璃材料制成,表面出现损伤时容易折断;同时,光纤很细,直径一般在100~200 μm。因此,作通信线路的不是单根光纤,而是许多根光纤集合在一起,外加保护套制成的光缆。

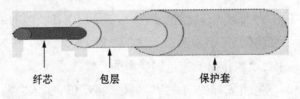

纤芯　　　　包层　　　　保护套

光缆的结构示意图

光纤和光源技术进步,使得光通信获得快速发展。1976年,美国在亚特兰大进行了世界上第一个实用光纤通信系统的现场实验,信息传输速率为每秒44.7 Mbit,传输距离约10 km。此后,光纤通信获得迅速发展,如今同一个城市内,不同城市之间,不同国家之间大多数都用光纤通信。在同一个城市的人、在不同城市的人、在不同国家的人之间通话、交流信息,如同是在同一个村子里一样迅速、一样方便。我们地球上的人如同是住在一个"村庄"里。

同步数字体系高速率光纤通信系统

2.7 物质成分分析

生产、科学研究往往需要对使用的原材料物质成分以及其含量做分析,同样的,也需要对产品和研制出来的样品做成分以及含量分析。做这类分析的办法有好多种,其中就以光学方法,具体一点说光谱方法最为重要,摆在面前的物质含些什么成分? 它们各自的含量有多少? 哪怕它是极微小的含量,利用它们发射的光辐射光谱或者吸收光谱,都能够测试出来。即使是我们手触及不到的物质,比如在天外世界的、炙热钢水中的,或者微观世界的统统也都能够办到。

光谱

前面我们介绍过牛顿用三棱镜发现太阳光含有七种颜色的实验,1672 年,他在伦敦皇家学会上发表论文"光和色的新理论"中,将这种彩虹色带命名为"光谱"。太阳光的分解现象引起了一些科学家的兴趣,并纷纷开展类似的实验,寻找各种光源的光谱。为了能够定量地记录光源发射某种颜色光的位置,科学家们对牛顿的实验装置做了改进,在三棱镜前加一个狭缝,使太阳光先通过这个狭缝后再通过棱镜,然后用透镜把透过棱镜的光辐射会聚起来,在透镜的焦平面上观察光谱,这时候会看到一系列的狭缝像,每个像是一条细的亮线,并把它们称为"谱线"。在不同位置上的谱线,它们的颜色

连续光谱

各不相同。但也有一些光源,比如炽热的固体发射的光辐射,它们的光谱图上出现的不是线状的谱线,而是一片从红色到紫色的彩色带,这种光谱称为"连续光谱",太阳的光谱就是这一类。

1802年,英国物理学家沃拉斯顿(W. H. Wollaston,1766~1828)利用前面介绍的光谱实验装置重复牛顿当年做的太阳光分解实验,这回他发现太阳光不仅被分解成当年牛顿所观察到的那种七色连续光带,而且在其上面还出现一些暗的线条,他最初认为或许这些暗线是太阳光中缺少的色光位置,并把它们称为太阳光中各种色彩的"天然界线"。后来想想又觉得这是不可能的,因为太阳光的彩带是连续的,也就是说各种色光之间的变化是连续、逐渐过渡的,色光彼此之间不应该有线条分隔或划分,何况有些暗线还是出现在同一种色光内。在不得要领的情况下,他只好把这些暗线的出现归咎于所用棱镜的缺陷。不过,沃拉斯顿的实验观察报告当时没引起人们的注意,知道这件事的人也很少。

12年之后,即在1814年,德国物理学家夫琅和费(J. von Fraunhofer)对光谱实验装置又做了一点改进,在棱镜的出射面安装一架小望远镜以及能够精确测量光线偏折角度的器件,做成一台称为分光仪的装置。夫琅和费点燃了一盏油灯,让灯光通过狭缝进入棱镜,他发现在暗黑的背景上,有一条条象狭缝形状的明亮线条,在油灯的光谱中有一对靠得很近的黄色谱线相当明显。夫琅和费拿走油灯,换上酒精灯重新观察,同样见到那对明亮的黄色谱线,而且也在同一个位置上。接着他又拿走酒精灯,换上蜡烛做实验观察,结果这对黄色亮谱线依然存在,也还是在老位置上。

夫琅和费又转而观察太阳光的光谱。他用一面镜子把太阳光反射进入狭缝,这次他发现太阳光的光谱和油灯、酒精灯以及蜡烛的光谱截然不同,见到的不是一条条明亮的光谱线,而是在红、橙、黄、绿、青、蓝、紫的连续彩色带上有无数条暗线,在1814~1817年这几年时间里,夫琅和费先后一共数出五百多条暗线,其中有的颜色较浓、较黑,有的则较为暗淡。夫琅和费一一记录了这些谱线的位置,并从红色一端到紫色端,依次用A,B,C,D等字母来命名其中那些最醒目的暗线。有一天,夫琅和费将他的分光仪作一器二用,把分光仪入口处分成两半,上半部让太阳光进入,下半部让燃烧的食盐火焰光入射,这便得到了上下两幅平行的光谱。他发现食盐火焰的光谱中那两条很靠近的明亮黄线(它们即今日我们所称的著名钠-D双线)恰巧与太阳光谱中他标示为D的两条暗线在同一位置上,这意味着什么? 他

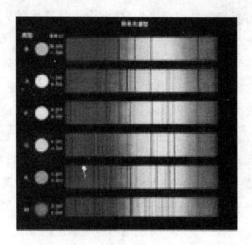

太阳光谱中的夫琅和费暗线

知道其中一定蕴藏有重大的玄机,只是还不知道答案在哪里?

为什么油灯、酒精灯和蜡烛发射的光是明亮的光谱线,而太阳的光谱却是在连续彩色背景上有无数条暗线?为什么前者的光谱中有一对黄色明亮的线,而太阳的光谱则正巧在同一位置上变成一对暗线?这些问题,夫琅和费在当时无法作出解答。

40多年后,德国科学家本生(R. W. Bunsen, 1811~1899)与基尔霍夫(G. R. Kirchhoff)打算解开夫琅和费的实验谜底,他们用石灰光源替代太阳光重新做夫琅

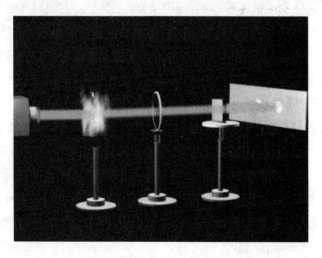

本生和基尔霍夫的吸收光谱实验示意图

和费先前的实验。石灰光源是用氢、氧气体混合燃烧产生的火焰加热石灰棒产生光辐射的,它产生的也是连续光谱,并且与太阳光谱很相近。但是,基尔霍夫和本生在实验中没有观察到夫琅和费所说的那些暗线。但是,当转而观察太阳光时则又观察到许多暗线,这又是个奇怪的现象。为了弄清这到底是怎么回事,基尔霍夫和本生对实验装置再做一些变动,在石灰光源与分光镜之间加一只撒进食盐的火焰光源,让石灰光源发射的光束先通过火焰然后进入分光镜,这回他们看到的光谱又出现新景象:在光谱图上黄色区域有两条非常醒目的暗谱线! 这样看来,光谱图上的暗谱线并非光源中各种颜色的天然界线,而是被火焰中某些物质"截留"了某些颜色光辐射之后造成的,火焰中的食盐把黄色光辐射给"截留"了,于是在这里便出现暗线,按照现在的光谱学术语,暗线是物质对通过的光辐射发生选择性光学吸收的结果。

基尔霍夫和本生根据实验结果,终于揭开了太阳光中出现暗线的秘密:太阳本身是一个炽热的火球,在这个火球的周围空间形成一层太阳大气,太阳光在通过这层大气时有部分颜色的光辐射被吸收了,在地球上接收到的光谱图上便留下了一些暗线。

元素特征光谱线

德国化学马格拉夫(A. S. Marggraf,1709～1782) 在 1762 年发现,当把植物碱(比如碳酸钾)转化出来的各种盐类(即钾盐)放进本生灯燃烧时都会把火焰染成紫色,而从天然的苏打碱(即碳酸钠)转化出来的各种盐类(即钠盐)放进火焰时都会把火焰染成黄色。于是设想用这种方法来鉴别钠盐和钾盐。接着科学家很快就发现,不只钠盐和钾盐有特殊的焰色,许多金属盐类在燃烧时也都会产生特殊的焰色,如铜盐的焰色是翠绿色的、钡盐的焰色是草绿色的、钙盐的焰色是橘红色的、而锶盐和锂盐一样都是鲜红色的。把含锂、锶、钡等不同元素的盐类放在火焰上燃烧,火焰随即产生各种不同的颜色,于是便设想根据火焰的颜色来判别不同的元素,进行物质成分分析,并开发出一种叫做"焰色实验"的定性物质分析法,以一根白金棒沾少许金属盐类溶液或粉末,放进本生灯火焰上加热燃烧,由燃烧产生的火焰颜色判断所含金属元素种类。可是,当他把几种元素按不同比例混合后再放在本生灯火焰上燃烧时,含量较多的元素其火焰颜色十分醒目,而含量较少元素其火焰颜色却不见了,看来光凭火焰颜色还无法真正做到判断物质成分。

英国的物理学家泰尔包特(W. H. F. Talbot,1800～1877)在1825年制造了一种可以研究焰色光谱的仪器,他将灯芯浸在各种不同盐类的溶液中,晒干后放进本生灯燃烧,观察其火焰的光谱,发现各种金属盐类的火焰光谱都有几条不连续的亮线,各出现在其对应的色光区内,同时他又注意到,锶盐和锂盐尽管焰色几乎完全相同,但呈现的光谱却迥然不同。一些科学家接着做的火焰光谱实验也发现类似的情况,比如把一颗纯食盐(即 NaCl)撒进本生灯的火焰中,此刻火焰立即由原先的浅蓝色变成明亮的橙黄色,在分光镜观察其光谱时,发现在黑色的本底上有两条黄色亮线。把碳酸钠(又称苏打)、硫酸镍、硝酸钠等含有钠元素的盐类依次撒进火焰中,在分光镜里看到它们的光谱都一样:在黑色背景上两条黄色亮线。分别把含有钾、锂、锶、钡等不同元素的盐类放进本生灯上燃烧,火焰的颜色不再是黄色,变成了其他不同的颜色,在分光镜里看到的光谱线颜色和位置也不一样。比如放进钾盐时,火焰是淡紫色的,看到的光谱是一条紫色亮线和一条红色亮线;放进锂盐时看到的光谱是一条红色亮线和一条较暗的橙色亮线;含锶盐类的光谱是一条蓝色亮线和九条暗红色线。总之,含不同元素的盐类燃烧时将产生颜色各不相同的亮光谱线。把几种盐类混合在一起放在火焰上燃烧,发现这些盐类的光谱线依然同时呈现,彼此并不互相影响。这显示元素的光谱线会始终保持"本色不变",不管它在什么化合物中,或者处在各种混合物中,它们的光谱线都"出席",而且谱线颜色也不变。

1852年,瑞典的物理学家埃格斯特朗(A. J. Angstrom 1814－1874)发表了一篇论文,列出一系列物质的光谱,并正式指出每一种元素都有它们的特定光谱,它是每种元素的特征标志,正像人类的指纹一样。各种金属元素所发射的光谱线数目、强度和在光谱图上的位置都不一样。这预示着,我们可以根据元素的光谱特征,反过来判断物质中含有哪些元素,还可由各元素谱线的相对强度来判断混合物中各种元素的相对含量,这便是光谱分析技术。只要记录下物质的光谱,然后对照各种元素的光谱,便可以知道物质的成分及它们的含量了。为了纪念埃格斯特朗对光谱学方面的贡献,科学上以他的姓氏命名一个长度单位"埃"(亿分之一厘米),它是过去光波长常用的单位。

惊人的分析灵敏度

本生和他的好朋友、物理学家基尔霍夫合作进行实验,考察利用光谱技术能够察觉最少元素含量有多少,即光谱技术的探测灵敏度有多高。他们进行类似于上面介绍的实验。他们发现,一丁点食盐放进火焰,在分光镜中便看到钠元素的特征光谱线。本生估计过,他放进火焰去的那一丁点盐内钠元素的含量大概是在三百万分之一毫克左右,换句话说,利用光谱技术可以发现小到只有三百万分之一毫克的物质,这个数量有多大? 假如在一杯水里溶解 1g 食盐,然后把这杯盐水倒进一只 5 L 容量的水缸里,加满水进行稀释,再从这个水缸里取出一杯水,倒进一只 50 L 的大桶,加满水后从里面取一滴水,这滴水里的食盐含量大概是三百万分之一毫克。这么微小的含量,使用最精密的天平都无法称得出来。光谱技术能够"称"物质含量如此灵敏,不能不让人们惊奇!

随着科学技术和生产的发展,人类对微量物质探测的要求越来越高,要求光谱技术的探测灵敏度远不是三百万分之一毫克,而是希望能够达到百亿分之一克,甚至是探测到原子重量的灵敏度。现在采用激光技术能够将光谱探测灵敏度提高到了可以探测几个原子的重量,比如美国科学家肖洛领导的研究小组在 1975 年用激光饱和吸收光谱术,探测到钠蒸气浓度低至每立方厘米内 100 个原子的含量,测量灵敏度比传统光谱技术又提高了百万倍。

探知天外世界物质成分

在地球上有样品供我们做化学分析,能够让我们知道它们的成分,至于在天外世界,比如太阳上有些什么物质,太阳系各个行星、银河系各个星球,我们无法从那儿获得供进行化学分析的样品,要想知道它们那里会有些什么物质的确犯难。所以,在 1842 年,唯心主义者孔德便断言"无论什么时候,在任何情况下,我们都不能够研究出天体的化学成分来"。难道我们就真的没有办法知道天外世界有些什么吗? 就在孔德发出那个断言之后不到 20 年,科学家利用光谱这个工具,探知了太阳以及许多其他星球的物质成分。

其实,早在 19 世纪 50 年代初,科学家们便猜想过太阳光谱中出现的那些暗线(即夫琅和费暗线)可能不是别的,正是太阳某些物质成分的标记。本生与基尔霍夫认为高温的太阳表面原会发出含有各种频率的连续光谱,然而紧贴着太阳表面的大气层,因为温度比太阳光球的温度低,其中所含的蒸气成分,会依其化学元素特性而选择吸收其特征波长的辐射,所以太阳光谱中的各条夫琅和费暗线都是其大气成分元素吸收部分太阳光波长所造成的。本生和基尔霍夫根据石灰光透射过钠蒸气的光谱图上出现的暗线位置与太阳光谱中的夫琅和费暗线 D 重合,也与钠灯光谱中那两条亮谱线位置重合的事实,认为这意味着太阳上有钠元素。接着,他们又对比铁元素的光谱和太阳光谱,发现铁元素光谱中有一些光谱线位置也与太阳光谱中的夫琅和费暗线重合,据此,本生和基尔霍夫又认定太阳有铁元素。在 1859 年本生和基尔霍夫宣布,太阳大气层中含有钠、铁、钙、镍和氢,其中含量最高的则是氢。他们的发现立刻轰动整个科学界,光凭一台简单的分光镜居然能在地球上检定出一亿五千万公里外的太阳的化学物质组成,真是太神奇了! 利用这个办法,科学家先后查出太阳有 92 种元素,其中含量比较多的有氢、氦、氧、碳、氮、镁、镍、硅、硫、铁、钙等 11 种。

同样的,科学家通过分析从离开我们遥远星球来的光辐射光谱,也知道了它们的物质成分。它们的主要成分是氢气,也就是说,天外星体基本上是一只氢气球,此外,也还有少量的钙、钠、钾、钛和铁等元素。此外,利用光谱还知道这些天体的"年龄"、曾经发生过的变迁,它们的运动状态以及"体温"等。在古代,人们凭直觉把天上的星球划分成行星和恒星两大类,行星是运动着的,而恒星是不动的,地球、金星、水星、木星等是行星,太阳等则是我们熟悉的恒星。恒星真的是一动也不动吗? 利用接收到它们的光谱,现在也查明了真相:恒星也在运动。利用光谱技术是很容易做出这种判断的,如果它们真的是静止不动,那么接收到它们的光谱就和我们在地球上相应元素的光谱没有什么差别,而实际上得到的光谱是有差别的,有时波长朝紫外波段的方向移动,有时向红外波段方向移动,根据多普勒效应,表明它们是在做旋转运动,因而出现一些时候朝我们运动,相应地此时我们接收的光辐射波长便向紫外方向移动;一些时候背向我们运动,相应地接收到的光辐射波长向红外方向移动。

宇宙在膨胀

根据星球的光谱,我们也可以推算出它们离我们有多远,它是在向着我们走来还是在远离我们而去。

天上的各个星球离我们很远,采用我们通常使用的长度单位米或者公里来表示,数字太大,记录和记忆都不方便,所以在量度星球的距离时通常使用一个特殊的单位——光年,一光年的距离就是光波在一年时间里传播的距离。光波在真空中的传播速度是每秒 3×10^5 km,一年时间里的总传播距离是 94 600 亿 km。现在已知太空中的星球离开我们近的是几光年,远的是几百亿光年,这么远的距离我们是怎样知道的?

1917年,美国天文学家斯莱弗拍摄了15个星球的光谱,他惊奇地发现,其中有13个星球的光谱图上,从光谱线的间隔和排列次序来看,它们与氢、氦或者镁元素的光谱相类似,但是,光谱线的位置却是整体地向长波的一端平移了一段距离,也就是说,这些星球上属于氢、氦、镁元素原本在紫外波段的谱线,在我们这个地球上测量时则变成是在可见光波段或者是在红外波段。此后,许多科学家进行类似的观测,都见到斯莱弗所发现的现象,这就是天文学上著名的"红移"现象,通常以谱线波长的相对移动量$(\lambda-\lambda_0)/\lambda_0$表示红移的大小,并称红移度。这里的$\lambda$是测量星球元素的光谱线波长,$\lambda_0$是在地球上同一元素的光谱线波长。为什么会出现红移?科学家认为这是多普勒效应的反映。1842年,科学家多普勒指出,当波源,比如声源、光源,向着测量者运动时测量到的频率增高,而当波源离开测量者运动时,测量到的频率降低。所以,星球的光谱出现红移现象,表明了星球是在离开我们作后退运动,或者说宇宙在膨胀。

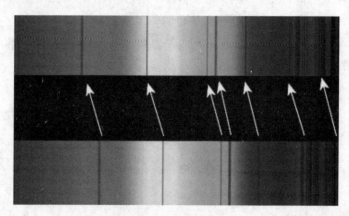

光谱线的红移(上图是遥远的星系在可见光波段的光谱,与下面太阳光谱图比较,可以看见谱线朝红色的方向移动,即波长增加)

到20世纪20年代,天文学家哈勃根据某些星球的红移度以及它们离开我们的距离等资料,总结出一条重要规律:星球离开我们越远,其光谱的红移度越大,两者之间成正比例关系。这个规律后来称为哈勃定理。根据这个定理,测量出星球的光谱红移度,便可以知道该星球目前离开我们的距离。做这项测量时,通常选择属于钙离子波长396.8 nm和393.4 nm这两条谱线作为分析对象。

发现新元素

目前我们已经确定并命名的元素有 109 种,其中有二十来个是在 1937 年以后科学家在实验室中以人工方法制造出来的,真正在地球上天然存在的只有 88 种,而这些天然元素的发现过程真是多姿多彩、五花八门,光谱技术则是发现新元素的重要技术。

本生和基尔霍夫先后研究了几百种不同物质的光谱,并且熟记了各种元素的光谱线位置,只要物质在光谱图上某个位置上有谱线出现,他就能够回答该物质中含有哪种元素。可是有一天,他遇到了难题,在辨认一种从瑞典杜克亥姆(Durkheim)地方的矿泉水的光谱时,在属于钾元素、钠元素和锂元素的光谱线之中有两条浅蓝色的谱线,它们不属于钠元素的,也不属于钾元素和锂元素的;锶元素是有蓝色谱线的,但只有一条蓝色谱线,而现在是有两条,同时,锶元素还有其他几条谱线的,但在这里都没有出现。这两条陌生的谱线究竟是属于什么元素的呢?在已经制定的光谱图上竟然找不到它们的归宿。最后他断定,此种矿泉水中一定是含有一种还没有"露面"的元素,并把这种未知的元素称作"Cesium 元素",中文称"铯",按照拉丁文的含义,铯就是天蓝色的意思。为了找到这种新元素,本生先后处理了 40 t 矿泉水,提炼出 7 g 铯盐。本生在提纯铯盐过程中又有新发现,发现另外一种新元素——铷元素,它的光谱线呈红色,按拉丁文"铷"就是红色的意思。

利用光谱技术发现新元素的消息传遍世界,许多科学家也纷纷使用分光镜加入寻找新元素的行列。1861 年,英国科学家克鲁克斯做沉淀在制造硫酸铅室底部的淤泥光谱时,发现一条陌生的绿色光谱线,由此而发现一种重金属元素铊。两年后,德国科学家赖希(Ferdinard Reich)和莱克斯(Hieronymus Theodor. Richter)把一种含闪锌矿的矿石的硫与砷等杂质去除后,得到一种草黄色的沉淀物,当将这种沉淀物放进本生灯焰上燃烧时,从分光镜中看见了一条陌生的靛青色亮线,起先以为它是本生先前发现的铯元素的一条新谱线,但经详细比对,它与铯的两条蓝色亮谱线并不重合。经再三实验与考察,终于确认那是一种新元素的谱线,他们这种新元素命名为铟(拉丁文铟的意思是蓝青色)。随后两人又以化学还原法,成功地制得了纯净的金属铟。

5 年后,大概是 1868 年 10 月,法国天文学家让森(P. Janssen,1824~1907)和英国皇家物理天文台台长洛克伊尔(J. N. Lockyer, 1836~1920)分别向巴黎科学院提出报告,称在太阳光谱中又发现了新谱线。这两人都是研究太阳黑子与日珥的专家,在当年 8 月的一次日全食时,观察到日珥光谱中在平日属于钠 D 线附近出现另外一条明亮的黄色谱线(波长 587.6 nm),让森把它称为"D-3 线",以区别于钠的 D-1 与 D-2 双线,而洛克伊尔坚持那应该是一种未知元素的谱线,但找遍各个实验室记录的元素光谱,没有哪种元素发射这个波长的谱线,所以他就认为这是属于太阳上的一种元素,并把它称为"氦",按拉丁文的意思就是"太阳上的"。可是科学家门捷列夫 1869 年已经为元素列出了完美的排行榜,即著名的元素周期表,各已知元素都有各自的归属,在表上已经没有空位可以再安排一种新元素了。一般科学家也觉得在没有其他佐证之下,光凭一条陌生的谱线就创造一个新元素,似乎有点牵强,因此都认为观察到那条新谱线只是某已知元素在异常环境下变相发射的光辐射。但洛克伊尔也是光谱学专家,他始终认定那一定是一种太阳上所独有的简单元素的谱线,它很可能是一般的正常元素在太阳内部的极高温度与极高压力下分裂形成的新元素,地球上因为没有那种高温高压的条件,无法形成,所以才会不存在。

1784 年卡文迪什曾经发表过一篇题目为《关于空气的实验》的论文。这篇论文的结论是:"空气中除了氧气和氮气之外,还含有一种不与氧气化合的气体,但其含量很少。"1894 年,英国剑桥大学的物理学家瑞利(J. W. SRayleigh,1842～1919)与伦敦大学的化学家雷姆塞(W. Ramsay,1852～1916)重复当年卡文迪什的实验,把一定体积的空气里面那些氧、氮、水蒸气、碳酸气等一一提取走后,果然发现还存有一点点气体,测量留下来的这点气体,其元素原子量比空气中的氮气重,而且留下的这种气体还有个奇怪"脾气",它不与别的物质发生化学反应。莱姆塞用分光镜观察了这种气体的光谱图,发现有橙色和绿色的光谱线,但这两条光谱线都不属于任何已知元素的原子光谱线。莱姆塞由此判断,存留的气体是一种新的化学元素气体,并给这种新元素起名为"氩",按照希腊文的意思是懒惰、迟钝,表示新发现是一种"惰性"的气体元素。由于发现一种新化学元素,瑞利获得了 1904 年诺贝尔物理奖,而莱姆塞则获同年的诺贝尔化学奖。从空气中发现的气体氩,它的性质跟所有已知元素也完全两样,在元素周期表上也无法归属于哪一族,也就是说它可能需自成一族,或者说周期表可能还有一整族元素都还没被发现。第二年,即 1895 年,他俩分析从非晶铀矿所释放的气体的光谱时,竟看见了 27 年前在太阳光谱中的所发现的那条 D-3 谱线!原来先前科学家洛克伊尔所极力主张的、称为

"氦"的元素真的存在,而且不是太阳上才有,地球上也能找得到。氦元素被发现的消息传出后,最高兴的莫过于洛克伊尔爵士了,也幸好他活得够长寿,能在垂暮之年亲眼目睹早年他的见解得到证实,享受到胜利的果实。

接着在 1898 年莱姆塞又与英国化学家特拉弗斯(Morris William Travers)合作在低温、高气压条件下,利用蒸发液态空气的办法又先后发现氖、氪、氙等惰性气体元素,在镭发射的气体中发现氡元素。至此,共发现了 6 种惰性气体化学元素,所以,莱姆塞建议在元素周期表上将惰性气体化学元素单列为一族,并被排在元素周期表中最右一行。

揭开原子内部世界结构

电子的发现意味着任何元素的原子内部都有电子,因为在通常状态下原子是电中性的,因此它里面一定有与电子电荷量相当的正电荷。那么,在原子内部这些正、负电荷是怎样分布的? 1903 年,汤姆逊提出一种原子结构模型。他认为原子的正电荷和质量是均匀地分布在直径大约 0.1 nm 的球体内,电子则撒在这个球体内,就像在一只蛋糕上分布着的一粒一粒葡萄干一样。所以,汤姆逊的原子结构模型被打趣地称为"葡萄干蛋糕模型"。汤姆逊研究过电子在原子内可能的均衡分布情况,并推论可以预期原子的一些性质具有周期性,定性地与观测的结果符合。

但是,从电学基本知识很难理解汤姆逊提出的原子结构模型,正电荷与负电荷彼此相互吸引的,它们怎么会不走到一起,而能够相互独立胶合到一块呢? 卢瑟福根据 α 粒子(带正电荷的氦原子核)的散射实验结果,在 1912 年提出一个原子有核结构的新模型:原子的质量和电荷集中在原子内部很小的一个"核"上,这个原子核的质量占了原子质量的绝大部分,但它的体积只有整个原子体积的亿万分之一左右。原子其余大部分空间是真空的,电子在这个空间围绕着原子核不停地做旋转运动,就像行星绕着太阳转动一样。所以,卢瑟福的原子模型又称为"原子的行星模型"。卢瑟福还把氢原子核命名为"质子",即它是携带原子质量的带电粒子,其他元素的原子核的质量大约是这个质子质量的整数倍。但这个模型不久便又遇到新挑战:因为绕着原子核旋转运动的电子有向心加速度,根据经典的电磁场理论,凡是做加速度运动的电荷都要产生电磁波辐射,因此,绕着原子核不断旋转的电子将不断向周围发射电磁波,这么一来,电子的能量就不断地减少,最后,电子将落到原子核上,这意味着原子是不稳定的,而事实上原子是十分稳定的。此外,因为电子的能量连续地减少,电子所辐射的电磁波频率也应该是连续变化的,相应得到的原子发射光谱应该是连续谱,但我们实际得到的原子光谱是线状光谱,而不是连续谱。显然卢瑟福的原子模型与实际的原子结构也并不符合。

1913年,丹麦物理学家玻尔在卢瑟福的原子模型基础上,结合普朗克的量子论思想,提出一个新原子结构模型,叫做玻尔原子模型。玻尔认为,电子绕原子核旋转运动的轨道不是任意的,而是只能在那些满足量子化条件的一些特定轨道上运动。电子在这些特定的轨道上运动时具有一定的能量,并且是不向周围辐射能量,电子的这种运动状态称为"定态"。由于电子的运动轨道是不连续的,所以电子在原子里面所能拥有的能量也是不连续的,这些不连续的能量值称为原子的"能级",其中能量值最低的称"基态能级",其余的统称"激发态能级"。在原子物理学上通常将原子内部的各个能级用一条条水平直线表示,最下面的水平线表示基态能级,在它上面的各条水平线代表激发态能级。电子只能以跃迁的方式从一个能级跳到另外一个能级,而且只有原子在发生这种跃迁时才能与外界发生能量交换。如果原子从基态能级跃迁到激发态能级或者从能量较低能级跃迁到能量较高的能级,原子需要从外界吸收能量;如果电子是从激发态能级跃迁到基态能级或者能量较低的激发态能级,那么原子就向外界释放出能量,即产生光辐射,发射出来的光辐射频率 ν 根据量子论为

$$\nu=(E_2-E_1)/h,$$

式中,E_2 和 E_1 代表原子的两个能级的能量,E_2 代表的能级居于能级 E_1 上方,即能量 E_2 大于能量 E_1,h 是普朗克常数。再根据光辐射频率与光波长的关系:$\lambda=c/\nu$(c 为光速)进行换算,就可以得到原子发射的光辐射波长 λ。

玻尔的原子模型可以比较圆满地解释原子发射的不是连续光谱而是线状光谱,因为原子内部的电子能够拥有的能量是不连续的,电子从一个能级跃迁到另外一个能级,前后的能量变化是不连续的,所以产生的光辐射频率(或者波长)也就不是连续的,相应的光谱图也就是线状谱的了。

科学家使用了分辨率比较高的光谱仪拍摄原子的光辐射光谱时,又发现一些光谱线出现分裂,原先是一根谱线现在变成了几根靠近在一起的谱线,它称为"光谱的精细结构"。因为这些谱线彼此靠得近,在使用的光谱仪器分辨能力比较低时没有能力把它们分开,就像我们在没有用望远镜看远方景物时,相互靠近的几个物体我们辨别不出,把它们当成是一体的一样。根据光谱线发生分裂这个情况,科学

家很快就明白原子内的那些电子除了绕原子核运动之外,自己本身还在做自旋运动,原子核也做自旋运动,情况就有点像我们的地球一边绕太阳转动,一边自己又做自转运动,而太阳本身也有作自旋运动的情况。

了解分子结构

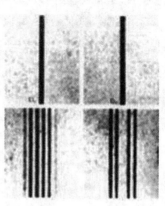

光谱线发生的分裂

分子发射的光谱与原子发射的光谱不一样,它的光谱分布在整个紫外到红外波段,而且呈现一个个光谱带,利用光谱分辨率高一些的光谱仪拍摄的光谱图,可以看到每一个光谱带是包含许多光谱线,因为它们靠得很近,看起来像连成一片。根据分子的光谱特征科学家了解到分子有 3 种运动状态:一是电子的运动;二是构成分子的原子之间的振动运动;三是这个分子的转动运动,各种运动状态对应着各种不同的能级,这些能级之间的跃迁反映在不同区域的光谱结构上,分别产生 3 种类型光谱:转动光谱、振动光谱和电子光谱。分子中的电子在不同能级上的跃迁产生电子光谱,电子跃迁常伴随能量变化较小的振动、转动能级跃迁,表现为带状光谱。与属于同一电子能态、不同振动能级之间跃迁对应的是振动光谱,这部分光谱处在红外波段并称为红外光谱;振动能级跃迁伴随着转动能级跃迁,所以振动光谱也有较多较密的谱线,称为振—转光谱。纯粹由分子转动能级之间跃迁产生的光谱称为转动光谱,这部分光谱一般位于波长较长的远红外波段和微波波段,称为远红外光谱或微波谱。起先以为分子的这 3 种运动是彼此独立的,后来采用分辨率高的光谱仪拍摄得到的分子光谱图上,发现其中的光谱线也出现原子光谱中那种"精细结构",对此,科学家也就明白了,分子做的这 3 种运动不是彼此独立进行,每种运动状态发生点变化,也同时影响其他两种运动状态。当然,要详细研究它们之间的影响情况,需要有很高光谱分辨率技术才能够办到,估计需要的光谱分辨率是 $10^6 \sim 10^8$;假如还想知道分子的电子运动与原子核的自旋运动之间有什么关联,要求的光谱分辨率还要更高,需要 $10^9 \sim 10^{11}$ 才行。正在发展的高分辨率光谱技术,将可能详细了解到这些情况。

了解物质结构

分子的光谱除了让我们了解分子的结构之外,也能让我们知道一些物质的结

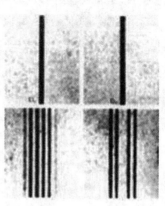

构。下面我们介绍分子光谱中的拉曼光谱在这方面应用的几个例子。

1923年,斯迈克尔(A. Semekal)等著名物理学家就预言了单色光被物质散射时可能有频率发生改变的散射光,印度物理学家拉曼(C. V. Raman)1928年在实验室中发现了这种散射,并以拉曼的名字命名为拉曼散射,相应的散射光谱亦称为拉曼光谱。拉曼光谱在有机化学研究分析中是用来作结构鉴定和分子相互作用的主要手段,它与红外光谱互为补充,可以鉴别特殊的结构特征或特征基团。拉曼光谱位移的大小、强度及拉曼谱峰形状是鉴定化学键、官能团的重要依据。利用拉曼光谱的偏振特性,还可以作为分子异构体判断的依据。在无机化合物中金属离子和配位体间的共价键常具有拉曼活性,由此拉曼光谱可提供有关配位化合物的组成、结构和稳定性等信息。另外,许多无机化合物具有多种晶型结构,它们具有不同的拉曼活性,因此用拉曼光谱能测定和鉴别红外光谱无法完成的无机化合物的晶型结构。

拉曼光谱技术可以准确地鉴定宝石内部的包裹体,提供宝石的成因及产地信息,并且可以有效、快速、无损和准确地鉴定宝石的类别——天然宝石、人工合成宝石和优化处理宝石。天然鸡血石和仿造鸡血石的拉曼光谱有本质的区别,前者主要是地开石和辰砂的拉曼光谱,后者主要是有机物的拉曼光谱,利用拉曼光谱可以区别两者。

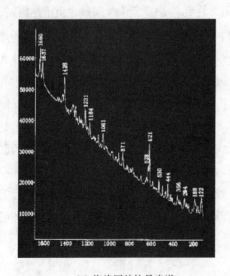 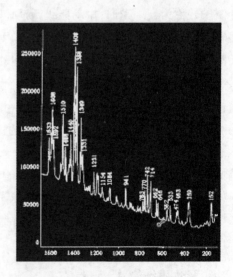

（a）海洛因的拉曼光谱　　　　　　（b）奶粉、洗衣粉的拉曼光谱

用拉曼光谱鉴别毒品和白色粉末

利用拉曼光谱可以鉴别毒品和某些白色粉末。常见海洛因拉曼光谱有相当丰富的拉曼特征位移峰,每个谱峰的信噪比较高,而且激光拉曼光谱具有微区分析功能,即需要的分析样品很微量,因此即使在其他白色粉末状物质,如奶粉、洗衣粉内混合微量毒品也能够对其进行识别。

2.8　构建物理基本单位

时间和长度是基本计量单位,"秒"是时间的基本单位,"米"是长度的基本单位。随着生产和科学技术的发展,对时间和长度计量的准确性要求也越来越高,同样对它们的基本单位准确性也提出更高要求,现在认为准确性最高的是采用光波长定义的基本单位。

时间"秒"

1 s 时间是一个抽象的概念,它没有一个固有的形状,也没有与生俱来的衡量标准,它是在人类生产实践中逐渐形成的。古希腊人借助于沙钟或水钟把日出和日落之间的时间分为 12 份,把每一份为一个小时。但是,工业革命中发明的摆钟显示出白天和黑夜的时间,甚至一个中午到下一个中午的时间(太阳两次当顶的时间)在一年之中是变化的。

后来天文学家们用虚设的"世界太阳"来代替真正的太阳,它以均匀的角速度沿黄道运动,并且每年在固定的一天恰好与真正的太阳重合。1835 年,人们规定世界太阳两次当顶之间的时间间隔是一个世界日,世界日的 1/86 400 定义为一个世界秒,这个国际时间标准一直沿用到 1956 年。世界时间实质上是在利用地球的自转进行计时,地球自转的周期在世界时间中是 23 h 56 min 3.455 s。在 20 世纪,天文学家发现天文台的时钟所显示的世界时间与作轨道运动的天体服从的时间不一致,时间在变慢,地球自转的周期每年增 8 μs。地球自转变慢的主要原因是潮汐摩擦,潮汐的凸出部分并不正对着月亮,因为海水的摩擦而发生偏向东方。月亮对潮汐施加了一个引力,这个引力有一朝西的水平分量,导致地球向东自转的减慢。地球背面还有另一个潮汐波,但它离月亮远一些,月亮对它的影响也就弱些。据现代精密计时显示,地球的自转在时间尺度上还表现出不规则性,在最后一个冰河时代,大量的冰雪堆积在陆地、山上,特别是在两极地区冰河期之后,积雪逐渐溶化并流入海洋，使赤道的海平面也升高了。这就增加了地球的转动惯量并使其自转减慢。地球的公转周期比自转周期稳定得多，因此，在1956年10月，国际天文协会等决定以地球的公转（年）代替其自转（天）来作为时间标准单位的基准，1 s时间定义为从1900年1月1日0时整起算的回归年的1/31 556 925.974 7，按此定义的时间"秒"，复现秒的准确度提高到1×10^{-9}。

由光辐射定义时间秒

由地球公转年定义的时间秒通常是由长时间的天文观测来确定的，观测精度较低，同样无法满足科学技术飞速发展的要求。到20世纪，科学家发现石英晶体的振荡频率非常稳定，利用分频电路将石英晶体很高的振荡频率逐步降低，最后到每秒一次，然后用同步马达带动时针走动，或者用数字电路显示，由这个办法制成的石英钟，其计时准确度比机械钟高许多，可以达到几十年误差只有1 s。后来人们又发现，一些原子里面的电子围绕原子核旋转的周期也是非常稳定的，比如铯原子的电子每秒旋转9 192 631 770周，误差不到千分之一周。于是在1967年召开的世界第13届国际计量大会上，通过了1 s的新定义：1 s时间是铯原子基态的两个超精细能级跃迁所对应的光辐射9 192 631 770个周期的持续时间。由这个办法来规定时间基准，复现秒的准确度已超过1×10^{-13}，制造出来的原子钟计时准确度一下子就提高到1000万年误差1 s。再往上提高它的计时准确度遇到一个困难，那就是原子的不停运动，造成接收到的辐射频率总是有些不确定量。在物理学上有一条叫做海森堡测不准关系的著名定律，它告诉我们，测量微观粒子的能量总是存在一个不确定量，这倒不是由于使用的仪器性能不好的原因，而是微观粒子的特性所造成的。出现的这个不确定量与测量所花的时间间隔有关，两者的乘积一定不大于一个常数（这个常数是$h/4\pi$，h为普朗克常数）。用δE代表测量能量的误差，δt代表测量时间间隔，海森堡指出：

$$\delta E \times \delta t \geqslant h/4\pi$$

从上式可以看出，要让测量能量的不确定量小，亦即要想得到准确的频率，需要尽量延长测量时间间隔。但是，原子不停运动，只允许我们瞬间进行测量，因此，这也就限制了我们获得的频率准确性，或者说，原子钟的计时准确度受到了限制。现在一种称为"原子喷泉原子钟"的装置，通过采用激光控制原子的运动，减低原子的运动速度，提高了计时准确度，计时准确度比先前又提高了千倍。1991年法国巴黎天文台利用原子喷泉研制的原子钟，准确度可达到 5×10^{-16}，进一步发展准确度有望优于 10^{-17}，大约是计时 30 亿年只误差 1 s。

长度单位米

长度基准是保证量值准确和实现互换性的基础，长度"米"是基本物理量之一。在 1791 年，法国科学家认为地球的大小是不变的，于是开始测量地球子午线，并提出把地球子午线的四千分之一的长度定为 1 m，并用铂制成了截面为 4 mm×25.3 mm、"X"形的标准米尺，这根标准米尺就成了世界最早的米原器。

米原器（复制品）

1889 年 9 月 20 日，第一届国际计量大会根据瑞士制造的米原器，给"米"的定义是在温度 0℃时，巴黎国际计量局的截面为 X 形的铂铱合金尺两端刻线记号间的距离。这是国际计量局第一次给长度"米"下的定义，但因受刻线的宽度影响，这个米原器的长度精度只达 0.2 μm。由于刻画工艺，比较测量误差等原因，米原器的不确定度在 10^{-7} 量级。这样一件实物必然受环境气候变化的影响，很难满足精密零件的长度测量要求。

光的波长用于长度基准

美国科学家迈克尔逊用光的干涉原理制成了第一台光学干涉仪，现称为迈克尔逊干涉仪。1893 年，迈克尔逊用镉光源发射波长为 643.8 nm 的红色光在干涉仪形成的干涉条纹的倍数与米原器的长度进行了相互比对，其准确度达到了当时米原器可能复现的最高准确度，这是最早将光波长与当时的长度基准米原器进行比对的实验。20 世纪 60 年代，由于提纯同位素技术的发展，发现 Kr-86 同位素发射的光辐射单色性最好，具备了取代米原器的条件。于是 1960 年第 11 届国际计量大会上决定，采用氪的同位素氪－86 在真空发射的橙黄光辐射、波长 605.7 nm 作为长度标准，长度"1 m"是这个波长的 1650763.73 倍，同时宣布废除 1889 年确定的米定义和国际基准米尺，即米原器。这样定义的长度"米"，在规定的物理条件下，在任何地点都可以复现，所以也称为自然基准，其复现精确度可达二亿五千万分之一。1965 年，国际天文联合会确认氪同位素 Kr-86 发射的光辐射波长用于定义长度米,汞元素 Hg-198、镉元素 Cd-114 以及氪元素 Kr-86 另外 4 条光波长也可作为长度标准,其不确定度约为 2.7×10^{-8}。

采用以原子发射的光波长来确定长度单位比原先采用以铂铱合金制造的米原器上两刻线的距离来确定长度单位要优越得多。首先,原子发射单色光波长是物质本身的属性,是不变的自然属性,能够保证长度量值高度稳定;而对于铂铱合金制造的米原器,虽铂铱合金材料很稳定,但根据国际权度局在检定中所获得的材料来看,还是有一定的变化。其次原子发射的光波波长有极高的复制精度与传递精度,氪同位素 Kr-86 发射的橙黄色谱线波长在一定条件下复制精度可达 10^{-9}(相对误差)。其次,它的量值可以用"光干涉方法"既精密又方便地传递下去,对于良好的干涉测量仪器传递精度可达到 10^{-8},而米原器由于受两条刻线质量的限制,用显微镜校正总存在偏差,在最良好的情况下,它的复制精度与传递精度都不超过 10^{-7}。第三,在自然界中氪同位素 Kr-86 原子是永不会消失的,亦即这个长度基准永不会毁灭,保存与维护也很方便。而米原器随时随地都有可能遭受损坏和毁灭的危险,因此需特殊的保存和维护,万一遇到米原器被毁坏,将会失去基准的准确性。

激光有更好的单色性,常用的氦-氖激光其输出的激光谱线宽度比 Kr-86 灯发射的光谱线窄 10 万倍以上,而且亮度又高,是理想的"光尺"子。于是 1983 年第 17 届国际计量大会又将长度"米"做第三次定义:"米是光在真空中 1/299 792 458 s 时间间隔内行程的长度"。因为光速在真空中是永远不变的,因而长度基准米就更精确了。而且激光器输出的光波频率能做得非常稳定,以相同制作工艺制造的同种激光器,在相同的工作条件下运转,各激光器输出的光波频率可以做到准确一致,所以利用激光可以得到长度稳定、复现精度非常高的长度基准。

合二为一

先前的时间和长度两个基本单位是分别独立定义的,彼此之间不存在依存关系,前者用铯原子能级跃迁发射的光频率定义作为"秒"单位,后者则是用氪同位素 Kr-86 原子发射的橙黄色谱线的波长定义为"米"单位。"米"的第三次定义使原来是相互独立的两个基本单位如今彼此有了联系,因为光频率 ν(用秒单位进行测量)和光在真空中的波长 λ(用米单位进行测量)的乘积得到的真空中光速 c($c = \nu\lambda$)是一个导出单位(速度单位)。由于真空中光速 c 是基本物理常数,物理学上认为它是一个恒定不变的量,可以通过约定将它的值采用为一个国际公认的约定值,据此便可以由光频率(即由时间单位)推算真空波长 λ(即长度单位),或者是反过来,这样一来长度单位与时间单位彼此就不再是独立的了。而光频率是可以直接测量的,比如在 1999 年发明的采用飞秒光频标直接测量频率的技术,只需将一台飞秒激光器锁定到准确的微波频标上,就可以准确测量出从可见光至近红外波段激光频标的频率值。这么一来用 $\lambda=c/\nu$ 进行复现米定义时,其不确定度完全由频率 ν 决定。因为光频标准频率测量的不确定度可望不断减小,米定义的复现准确度就能逐步提高。在 1983 年长度"米"重新定义时,国际米定义咨询委员会(CCDM)推荐的 5 条光谱线,其频率测量不确定度分别为 10^{-11}、10^{-10} 和 10^{-9} 量级。在 1992 年第八届 CCDM 会议上,推荐的光谱线增至 8 条,其频率测量不确定度分别提高到 10^{-12}、10^{-11} 和 10^{-10} 量级;1997 年第九届 CCDM 会议上,推荐的光谱线又增至 12 条,其频率测量不确定度分别提高到 10^{-13}、10^{-12} 和 10^{-11} 量级;2003 年国际度量衡委员会(CIPM)推荐的光谱线增至 13 条,其频率测量的最小不确定度达到了 10^{-14} 量级。同时,也可以增加更有前途的新的频标作为新的推荐标准。

我国科学家采用了包括独创的碘吸收 4 倍光学程倍增法在 45 cm 碘室长度上实现了 1.8 m 长的光学吸收效果,进而提高了信噪比,压缩了吸收谱线宽度;在激光器单块晶体上加上真空密封罩,隔绝了外界环境的干扰,解决了气压抖动的突跳;采用对电光调制器主动反馈温度控制的方法,消除了激光通过后产生的附加噪声对频率稳定的影响等多项新技术,研制出来的 532 nm 固体激光频率标准装置,激光频率锁定后可长时间连续稳定工作:1s 取样的激光频率稳定度优于 3×10^{-14},超过目前国际上已报道的最好结果;千秒取样的激光频率稳定度 4×10^{-15},达到了目前国际上已报道的最好结果;万秒激光频率稳定度 5×10^{-15},为国际上首次报道的最好结果;4 周内多次测量重新锁定后的标准频差小于 35 Hz,频率稳定度相当于 6×10^{-14}。形象地说,如果用这种高稳定度激光波长作为尺子来测量地球到月球之间的距离,测量误差将小于一根头发丝的直径。

第3章 追求理想光源

光辐射与人类的生存和生活休戚相关,人类需要光辐射,需要研究光辐射。光辐射由光源产生,人类制造和利用光源的历史,几乎是与人类本身的历史一样漫长。为了满足生产和社会发展需要,人类不断创新制造光源技术,力求得到更理想的光源。

3.1 光源的主要特性

表征光源性能的主要参数有亮度、单色性、相干性和色温。

光源的亮度

起先,人们是根据眼睛感觉的明、暗来判断光源的发光是强或者弱,当我们直接对着光源看时,常常说"亮得真刺眼",意思是说光源亮度很高。不过,这只是人眼睛的感觉,不同的人对光强弱的感觉会不一样,凭感觉来判断光源的发光强弱缺乏科学性。随着生产的发展和科学技术的进步,特别是天文观测技术和人工照明技术的发展,需要对光源的发光强弱做定量测量。在光辐射测量中,常用的几何量就是立体角。任一光源发射的光能量都是集合在它周围的一定空间内,因此,在进行有关光辐射的讨论和计算时,与平面角度相似,把整个空间以某一点为中心划分成若干立体角。假定△A 是半径为 R 的球面一部分,△A 的边缘各点对球心 O 连线所包围的那部分空间叫"立体角",数值为部分球面面积△A 与球半径 R 的平方之比,即立体角 Ω 为

$$\Omega = \triangle A / R^2$$

对于一个给定顶点 O 和一个随意方向上的微小面积 ds ,它们对应的立体角 $d\Omega$ 为

$$d\Omega = \frac{ds\cos\theta}{R^2}$$

式中,θ 为 ds 与其投影面积的夹角,光源的亮度就定义为光源单位发光面积上,向某一个方向的单位立体角内发射的光通量,其物理表达式为

$$L = d^2\varphi / (d\Omega ds\cos\theta)$$

式中的 φ 为光通量 。考虑到光通量与光源的发光功率 P 的关系:

$$P = d\varphi / d\Omega$$

光源的亮度又可以写为

$$L = dP / (ds\cos\theta)$$

即在给定方向上的光亮度也就是该方向上单位投影面积上的发光强度。沿与发光面垂直方向的亮度可以简化为

$$L = p / s\Omega$$

这样定义的亮度通常又称"定向亮度,其量纲是"瓦/(厘米^2·球面度)",在照明工程中亮度的单位是熙提。

光源的单色性

视觉是光辐射刺激眼睛视神经产生的。我们感觉到的不同颜色,是不同波长的光辐射对视网膜上视质细胞作用不同的反映。比如波长在 $0.75\sim0.63$ μm 的光波引起红色的感觉;波长在 $0.60\sim0.57$ μm 的光波引起黄色感觉;波长在 $0.45\sim0.43$ μm 的光波引起紫色感觉等。发射引起我们产生单种颜色感觉光辐射的光源,通常称单色光源。从理论上说,每个波长的光波对应于某单种颜色感觉,但在实际上由于各种原因,我们不大可能获得发射单一光波长(或者单一频率)的光源,里面总是包含一个波长范围,这个波长范围(或者频率范围)称"光谱线宽度",包含的光波波长范围越小、光谱线宽度越窄,就认为这种光辐射的单色性越好。在激光器没有发明之前,单色性比较好的光源主要有氦灯、氖灯、氪灯,其中以同位素氪—86 做的气体放电灯单色性最好。现在,激光器的单色性最好,它的单色性比氪—86 气体放电灯还要高 10 万倍。

光源的相干性

这是光源特性的另外一个重要物理量,它表示光源发射的单一频率光波相位之间的固定关系,光源发射的光辐射传输特性、聚焦特性以及单色性都与它有密切关系。光源的相干性具体表现是发射的光束叠加时会产生干涉现象,分时间相干性和空间相干性。时间相干性是源于光源发射光辐射过程的断续性,表示在空间某点的两列光波的时间关联性。我们知道,光波是处于激发态的原子或者分子发生能级跃迁时发射的,原子被激发到激发态之后停留在那里的时间很短(一般大约 $10^{-7} \sim 10^{-8}$ s),这意味着每个原子是脉冲式发射光辐射,而且发射的光脉冲宽度很窄。在激发态的原子完成发射光辐射后失去能量,返回能量较低的能态或者基态,等待一定时间之后被再次激发到激发态,发生下一次的光辐射发射行动。原子在各次发射的光波,它们的相位不可能保持相同,因而通过空间同一个地点的两列光波,它们的相位差将是随着时间变化着。假如在某个时段内它们的相位差平均值很小,或者至多只等于 1 rad,那么它们叠加时还可以产生干涉现象,即认为它们还是相干的,相应地这段时间便称为"相干时间",在数值上可以由光辐射的光谱线宽度计算。假定光辐射的频率宽度是 $\Delta \upsilon$,那么其相干时间 τ 为

$$\tau = 1/\Delta \upsilon$$

或者以发射的光辐射包含波长范围 $\Delta \lambda$ 表示,相干时间 τ 为

$$\tau = \lambda^2/(\Delta \lambda c)$$

式中,c 为光波在真空中的传播速度。上面两个式子显示,相干时间长的光辐射,它的光谱线宽度窄,或者说它的单色性好。迈克尔逊干涉仪显示的是光源在不同时刻发射的光束产生的干涉条纹,所以利用它可以显示光源的时间相干性。

空间相干性是源于光源不同部位发光的相关性,表示某一时刻通过空间两点的光波的空间关联性。包含波长范围 $\Delta \lambda$ 的光辐射,在空间距离 ΔL 两点的光波,它们的相位差平均值为 $(\Delta \lambda/\lambda^2) \Delta L$,如果此相位差平均值很小,或者至多只等于 1 rad,那么这两个光波相叠加时还可以产生干涉现象,相应的空间距离 ΔL 便称为"空间相干长度"。这里再次显示,相干长度长的光辐射,其单色性也好。上面介绍的杨氏干涉实验,它显示的是光源上不同发光点在同一时刻发射的光辐射产生的干涉条纹,因此,杨氏实验是研究光的空间相干性的装置。

光源的色温

色温是光源的重要指标,一定的色光具有一定的相对能量-频率分布(光谱能量分布):当黑体连续加热,温度不断升高时,其相对光谱能量分布的峰值位置将向短波方向移动,发射的光辐射由起初的红外辐射逐步地变成可见光。根据能量守恒定律:物体吸收的能量越多,它被加热时发射光辐射的本领也愈大。如果一个物体能够在任何温度下都全部吸收任何波长的辐射,这样的物体称为"绝对黑体"。绝对黑体的吸收本领是一切物体中最大的,它被加热时的辐射本领也最大。

黑体的辐射发射本领只与温度有关。一般来说,一个黑体若被加热,其表面按单位面积辐射的光谱能量大小及其按频率的分布完全决定于它的温度。因此我们把任一光源发出的光辐射颜色与黑体加热到一定温度下发出的光辐射颜色相比较,描述该光源的光色度。所以色温可以定义为:光源的光色度与某一温度下的绝对黑体的光色度相同时对应的绝对黑体温度。因此,色温是以温度的数值来表示光源颜色的特征。在人工光源中,只有白炽灯灯丝通电加热与黑体加热的情况相似,对白炽灯以外的其他人工光源的色度不一定准确地与黑体加热时的色度相同。所以只能用光源的色度与最相接近的黑体的色度的温度来确定光源的色温,这样确定的色温叫相对色温。

色温用绝对温度"K"表示,绝对温度等于摄氏温度加 273。正午的太阳光具有的色温为 6 500 K,就是说黑体加热到 6 500 K 时发出的光颜色与正午的太阳光颜色相同,其他如白炽灯色温约为 2 600 K。

3.2 自然光源

自然界中最大的和最重要的自然光源是太阳,对于人类来说,宇宙中无数星球中没有一个能够比得上太阳重要。没有太阳,便没有人类居住的地球。地球时刻接收来自太阳的光和热,我们这个世界才有活力,花开果熟,生物生生不息。如果没有太阳光,我们这个世界便沉沦在永恒的黑暗之中,温度将降低到摄氏零下 270 ℃,变成一个冷寂、毫无生气、人类无法生存的世界。

人类生产和生活所需要的能源,除了原子能等少数能源之外,归根结底都源于太阳光能量。原始时代的森林、微生物和动物的遗骸等被埋在地下,经历了漫长的地质变迁,形成了煤和石油,而这些森林、微生物和动物的生长是离不开太阳光的。所以,煤和石油实质上是远古时代储存在地下的太阳能。

太阳光

太阳每时每刻向地球发送光和热,地面上与太阳光垂直的一平方厘米面积每分钟获得的太阳光能量是 8.16 J。从太阳看地球的角直径大约是 1/11 000 rad,意思是从太阳看地球的立体角大约是 1/140 000 000 球面度。因此,地球获得的能量是太阳辐射能量的 20 亿分之一。由这个数值可以推算出太阳每秒钟发射的光辐射能量,或者说发射的光功率达 3.826×10^{27} J/s,太阳表面 1 cm^2 面积发射的光功率为 6.284×10^3 J/s。从热力学理论可以知道,对于完全不透明物体,每平方厘米面积发射的光功率越大,表明它的温度越高。太

太阳照亮大地

阳的辐射光谱与温度 5 800 K 的黑体非常接近,由此可以推算出太阳表面的温度达 5 800 K,在这样高的温度下,各种物质都变成等离子体,因此太阳其实是一个高热等离子体气体团。

太阳发射的光辐射通过大气,一部分到达地面,称为直接太阳光辐射,另一部分为大气分子、大气中的微尘、水气等吸收、散射和反射。被散射的太阳光辐射一部分返回宇宙空间,另一部分到达地面,到达地面的这部分称为散射太阳光辐射。到达地面的散射太阳光辐射和直接太阳光辐射之和称为总太阳光辐射。太阳光辐射通过大气后,其强度和光谱能量分布都发生变化,到达地面的太阳光辐射能量比大气层上界小得多,在太阳光谱上能量分布在紫外光谱波段的几乎绝迹,在可见光谱区减少大约 40%,而在红外光谱区的多达 60%。

太阳发光的秘密

太阳表面 1 cm^2 面积发射的光功率为 6.284×10^3 J/s,又根据天文学家的研究结果,太阳这只光源已经"点亮"了 100 多亿年,那么,太阳为什么会发射如此高的光辐射能量?又为什么能够点亮这么长时间?起初,人们从日常生活中烧煤产生热的现象,提出太阳是一座大煤山。可是,根据煤的燃烧值推算,它燃烧时产生的

温度无论如何也是达不到 5 800 K;其次,根据煤的燃烧状况,"太阳煤山"顶多也只不过可以持续燃烧 3 000 年左右,或者说,"太阳煤山"早就熄灭,我们今天也不会再见到太阳了。那么,太阳究竟是靠着什么在发光、发热? 科学家们经过长期的研究分析,到 20 世纪 30 年代终于找到了答案。

1933 年世界第一台加速器成功运转后,科学家发现用被加速到高速飞行的氘原子核(氘是氢的同位素,氘原子核由一个质子和一个中子组成,通常用大写英文字母 D 表示)轰击氘靶或者氚靶(氚也是氢的同位素,其原子核由一个质子和 2 个中子组成,通常用大写英文字母 T 表示)时,观察到如下的原子核反应:

(1) $D+D \rightarrow {}^3He+n+5.12 \times 10^{-12}$ J

　　　　$\rightarrow T+p+6.21 \times 10^{-13}$ J

(2) $D+T \rightarrow {}^4He+n+2.82 \times 10^{-12}$ J

在上面的原子核反应式中,n 代表中子,p 代表质子,${}^3He$ 和 ${}^4He$ 分别代表原子核中含有不同数量中子的氦原子核。如果所有的氘原子核都按(1)式进行核聚变反应,1 g 氘原子核将产生 3500 亿 J 能量,相当于 12 000 t 标准煤燃烧产生的能量。如果按反应式(2)那种方式进行,让一个氘原子核与一个氚原子核发生核聚变反应,释放的能量还更大。太阳是一个炽热的气体等离子体球,它的主要成分是氢,而太阳内部的温度高达几千万度,在这种高温条件下,氢原子核发生核聚变反应,每 4 个氢原子核聚变成一个氦原子核,并同时释放出巨大的光能和热能。现在基本弄清楚了,太阳是靠着核聚变反应发热和发光的。核聚变反应产生的能量巨大,而且这种核燃料又是非常"耐烧"。根据科学家的估算,太阳上拥有的核原料还可以足够让它继续发光、发热 100 亿年!

3.3 人造光源

地球是不停地绕着太阳旋转运动的,同时也绕着自己的轴自转运动,因此,在地面上不同的区域会接受到不同强度的太阳光辐射,在同一个地方不同的时刻接受到的太阳光辐射强度也不一样。在每天早上见到太阳,白天能够获得灿烂的太阳光,而在日落后进入夜间就没有接收到太阳光,周围一片黑暗。为了在太阳落下后能够驱散黑暗,继续工作生活,人们开始自己制造光源。

火光源

人类制造和利用光源的历史几乎是与人类的发展史一样漫长。在北京周口店的考古发掘中,发现了四、五十万年前北京猿人用火时留下的灰烬堆积物,这说明猿人已经懂得从自然界的失火中引来火种,并使之不断燃烧发光,保持在黑夜有光明。又经过大约三、四十万年,到了古人类时期,人类学会了用石块摩擦取火。又过了大约 10 万年,进一步学会了钻木取火。几万年来,人类一直靠摩擦取火种点燃物体获得照明的光辐射。初期用来点燃的物体是树皮、干草之类。后来发现沾有油脂的树皮、干草等物体更耐烧,而且发出的光也明亮一些,在这个基础上人类发明了油灯、蜡烛等照明光源。随着石油提炼技术和煤化技术的发展,又进一步利用从石油中提炼出来的煤油做成的煤油灯。当人们制造和利用煤气后,在 18、19 世纪中还流行过煤气灯。这种灯将煤气用管道通到喷嘴上,喷嘴上装有用钍、铈等难熔金属氧化物制成的纱罩,煤气被点燃后产生的高温使纱罩炽热发光,这种灯比煤油灯、油灯明亮得多。以上这些光源都是靠燃烧发光。

蜡烛　　　　　　　煤油灯　　　　　　　煤气灯

第一只电灯泡

大约是在 1807 年,英国大科学家法拉第的老师汉弗莱·戴维(Humphry Davy,1778 年 12 月 17 日出生于英国彭赞斯城附近的乡村,其父是一位木雕师)在一次化学实验中发现,当两根带电的炭棒接近到一定距离的时候,会发出极亮的弧光,萌发了利用电产生照明用的光源,随后便诞生了用碳极做的弧光灯。发电机出现后,弧光灯开始用于街道和广场的照明。不过,弧光灯太刺眼,又太费电,不适合家庭使用。英国物理学家和化学家约瑟夫·威尔逊·斯旺(Joseph Wilson Swan,1828 年 10 月 31 日出生于英国达勒姆的森德兰)随后利用电流通过碳丝时产生发光的道理,用一条碳化纸作灯丝,企图制造让电流通过它时发射光辐射的光源。大约在 1860 年,他在抽真空的玻璃泡里面装上碳化的细纸条,研制出了"碳丝电灯"。但是,因当时的真空技术还很差,灯泡中的残余空气使得灯丝很快被烧断,他制造的电灯泡因而未能获得实用。1878 年,美国大发明家托马斯·阿尔瓦·爱迪生(Thomas Alva Edison,1847 年 2 月 11 日

约瑟夫·威尔逊·斯旺
(Joseph Wilson Swan)

诞生于美国中西部的俄亥俄州的米兰小市镇。父亲是荷兰人的后裔,母亲曾当过小学教师,是苏格兰人的后裔)也开始研制电灯。因为任何物体都有热辐射现象,温度越高,热辐射强度越大。在温度低的时候辐射出红外线,当温度达到 500 ℃ 时产生暗红色的可见光;1 500 ℃ 时发出白炽光,利用电流加热灯丝到这个温度发光的电光源便称为白炽灯。爱迪生认为这种白炽灯省电,成本也低,只要解决了灯丝寿命问题,它的发展前景是非常光明的。于是他和他的助手们决定首先解决灯泡里面的真空度问题和灯丝的问题,制造灯丝的材料要耗电少、发光强、价格便宜且耐热。爱迪生他们先后试验了采用炭条、钌丝、铬丝、白金丝、石墨、亚麻、马鬃和

斯旺制作的碳丝电灯

各种金属等 1 600 多种材料做的灯丝进行实验,但一直未能得到满意的结果。正在大家都一筹莫展的时候,爱迪生忽然想到了"棉线",他把棉线放进坩埚里炭化,然后把炭化的棉线装入灯泡,并把灯泡里的空气尽量抽干净,达到较好的真空度,避免空气中的氧气把棉炭丝烧断。在 1879 年 10 月 21 日的傍晚,爱迪生和助手们小心地把棉炭丝装进了灯泡。一个德国籍的玻璃专家按照爱迪生的

吩咐,把灯泡里的空气抽到只剩下一个大气压的百万分之一,然后给玻璃泡封上口。爱迪生接通电流,他们日夜盼望的情景终于出现在眼前:灯泡发出了金色的亮光! 这只灯泡连续点亮了 45 h 以后,灯丝才被烧断而熄灭。这是人类第一盏有广泛实用价值的电灯。后来人们就把这一天定为电灯发明日。之后,爱迪生还一直致力于白炽灯的改进。为了提高灯泡的质量、延长灯泡的寿命,爱迪生想尽一切办法寻找适合制灯丝的材料。到 1880 年 5 月初,他试验过的植物纤维材料共约 6 000 种。在很长的一段时间里,爱迪生派遣了很多人前往世界各地寻找适合于制作灯丝的竹子,大约在 1908 年的 9 年间,日本竹一直是供应制作碳丝的主要原料。在往后采用钨丝做灯丝以后,灯泡寿命大大延长,甚至已超过 1 万小时,电灯终于取代了煤气灯。

随着科学技术的进步,这类电光源不断发展、不断出现新品种。1931 年发明低压钠灯、1936 年发明荧光灯和高压汞灯、1959 年发明卤钨灯、1964 年发明金属卤化物灯、1965 年发明高压钠灯、1973 年发明三基色荧光灯、1980 年发明紧凑型荧光灯、1991 年发明高频无极灯等。白炽灯的优点是价格低、线路简单、不需要辅助器件便可以直接点燃、可以在很宽的环境温度下工作、还近似点光源、便于进行良好的光学控制。

托马斯·阿尔瓦·爱迪生

爱迪生发明的世界首只电灯泡

但是,各种白炽灯都存在严重的缺点,首先是它的能量转换效率很低,它所消耗的电能中只有很小的部分,大约是 12%~18% 能够转化为光辐射,而其余大部分都是以热能的形式散失了。其次是白炽灯的使用寿命比较短,通常不会超过

1000 h。基于上述两个原因,世界各国打算逐步采用节能荧光照明设备,取代白炽灯。澳大利亚政府宣布2009年停止生产白炽灯,最晚在2010年逐步禁止使用传统的白炽灯。加拿大定于2012年开始禁止销售白炽灯,它是继澳洲后第二个宣布将禁用白炽灯的国家。欧盟从2009年9月1日至2012年12月31日,将分5个阶段分别淘汰100,75,60,40,25 W的白炽灯。其他国家也制定了禁止使用白炽灯的时间表。

气体放电光源

气体放电时可以产生光辐射,利用这个现象做成光源。在光源里面的发光物质可以是在通常状态下的气体,也可以是一些液体或者固体在一定温度时产生的蒸气。气体放电有几种形式,即辉光放电、弧光放电和高频放电,相应地也就有3种类型的电光源:辉光放电灯、弧光放电灯和高频放电灯。根据光源采用的发光物质类型,现在广泛使用的有汞灯、钠灯、金属卤化物灯和稀有气体灯(比如氙灯、氖灯、氦灯等)。气体放电管内的气压有使用低气压的,也有使用高气压的,并分别称为低气压放电光源、高气压放电光源和超高压放电光源。

在大楼外墙装的霓虹灯

使用最广泛的气体放电光源是荧光灯(又称日光灯),它分传统型和无极型两种。传统型荧光灯内的阴极装有灯丝,在它上面涂有电子发射材料三元碳酸盐(碳酸钡、碳酸锶和碳酸钙),俗称电子粉。灯管内壁涂有荧光粉,比如卤磷酸钙、稀土元素三基色荧光粉等。管内充有400~500 Pa压强的稀有气体(比如氩气)和少量的液态汞。灯接通电源后,在外接的起辉器和镇流器的配合下,阴极的灯丝发射的电子使管内的稀有气体电离,发生气体放电,并使管内温度升高,液态汞蒸发成汞蒸气。在电场作用下,汞原子又与稀有气体原子发生碰撞,发生更强烈的气体放电,同时汞原子不断从原始状态被激发成激发态,继而自发跃迁到基态,辐射出波长253.7 nm和185 nm的紫外线(主峰值波长是253.7 nm,约占全部辐射能的70%~80%;次峰值波长是185 nm,约占全部辐射能的10%)。这些紫外线射向涂

荧光灯

有荧光粉的管壁,荧光粉吸收紫外线的辐射后发出可见光。发射的光辐射颜色与所采用的荧光粉成分有关,因此,荧光灯可做成发射白色光和各种彩色光的光源。由于荧光灯所消耗的电能大部分用于产生紫外线,因此,荧光灯的发光效率远比白炽灯和卤钨灯高,是目前节能型电光源。

荧光灯存在的一个主要缺陷是发光闪烁,使用频率50 Hz 的交流电源时,荧光灯发射的光辐射每秒将发生100 次的明暗变化。由于人的眼睛有视觉暂留特性,这样速度的闪烁我们平时察觉不出,但长时间采用这种电灯照明对眼睛会产生一些损伤。目前电子式镇流器已经基本解决这个问题,电子式镇流器采用高频振荡反馈式镇流(高频开关切换式谐振电路限流),其输出的驱动电压频率已大大提高,荧光管的闪烁频率也相应提高,对人眼睛的影响已经大为减少。另外一个是对环境污染存在隐患。在家庭使用过程中,有可能遇到荧光灯管破碎的情况。因为荧光灯管内含有汞、荧光粉等有害化学物质。按规定,空气中汞含量最高允许浓度为 0.01 mg/m³,但一支荧光灯管中一般含有 0.5 mg 的汞,破碎时可使周围空气中的汞浓度达到 10～20 mg/m³。人在汞浓度 1～3 mg/m³ 的环境中,2～5 h 就可能出现头昏、咳嗽、发烧、呼吸困难、记忆力明显减退等症状。此外,如何处理废旧荧光灯管也是一个难题。报废后的各种荧光灯管如果未进行无害处理而到处乱扔、乱堆,显然会造成环境污染。如"集中处理"埋到地下,一支荧光灯管所含的汞就可能直接造成 180 t 地下水的污染。

无极荧光灯即无极灯,它没有传统光源的灯丝和电极,是利用电磁耦合的原理将电能量耦合到灯泡内。灯泡内充有适量的特种气体,高频能量使之电离或激发,激发后的原子从较高能级返回基态时发出紫外线,激发泡壳内壁的荧光粉产生可见光,它是现今最新型的节能光源,有寿命长、光效高、显色性好等优点。它的使用寿命长达 6 万小时以上,是白炽灯的 60 倍,节能灯的 12 倍,高压钠灯的 4 倍。发光效率可达 60 lm/W 以上,比白炽灯节能 70%以上,比高压汞灯、高压钠灯、金卤灯节能 50%以上。

场致发光光源

场致发光光源也叫固体发光灯,这是根据一些固体材料发生的场致发光现象制造的光源,是一种直接将电能转变成光辐射的光源,整个光源像一个平板电容,与上面谈的各种电光源一点也不相像。在两个紧靠的平板电极中,有一个是透明的导电膜电极,两电极之间夹有荧光粉发光层和介质层。在外加强电场的作用下,荧光粉发光层晶体中的电子被加速,达到较高能量,并与发光中心碰撞离化。当受激的发光中心退回到基态,或者电子与空穴复合时,高速电子释放出能量而发光。

1920年德国学者古登和波尔发现,给某些物质加上电压后会发光。1936年,法国学者G·德斯垂(G. Destriau)发现,掺有铜杂质的ZnS荧光粉在电场的作用下具有发光的功能。后来发现不少化合物半导体材料都有这种性质,如Ⅱ-Ⅵ族与Ⅲ-Ⅴ族的半导体化合物,将Ⅱ-Ⅵ族半导体材料制成的粉末、薄膜或者单晶,在电场的作用下都可以产生光辐射。1950年,E·C·佩恩(E. C. Payne)等解决了SnO_x透明导电膜电极和ZnS荧光粉发光层之间的有机黏结问题,制成了第一只实用的平面状交流粉末场致发光源。它像一块很薄的夹心"饼干",上面一层是表面涂透明导电膜的玻璃板,作为电灯的一个电极;下面一层是金属片,它既当电极,又可以反射光辐射;夹在它们中间的是一层由荧光粉和树脂或搪瓷混合成的荧光粉层,它的厚度很薄,不到1/10 mm,光辐射由这层材料发射的。目前使用的荧光粉主要是在高纯度硫化锌晶体粉末中,添加一定量的激活剂铜、银、金或锰制成。添加不同的激活剂、添加的比例不同,用它做出来的光源发射的光辐射颜色便不同。根据这个道理我们便可以得到发射蓝色光、绿色光、黄色光等光源。

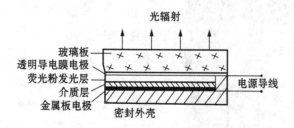

场致发光光源的结构

场致发光光源的发光亮度随激励电压的增加而迅速提高,随电压频率的提高呈线性增大,约到数千赫时,出现饱和趋势,甚至亮度下降。这种光源的突出优点是耗电少，每平方厘米约 1 mW；使用寿命长，可以用几万小时；光效高，理论光效可达到约 100 lm/W。不过，受制造工艺的限制目前得到的光效不高，最高只有 15 lm/W 左右。这种光源主要用作特殊环境的指示和照明，如影剧场、医院病房夜间照明，军事训练夜间环境模拟以及飞机、车辆等的仪表照明；还可以作为数字、图像、符号、文字的显示以及大屏幕电视，或者用于图像增强、存贮或转换。

半导体光源

半导体光源也称发光二极管，简称 LED 。1955 年，美国一家公司的工程师 鲁宾·布朗石泰(Rubin Braunstein)发现半导体材料砷化镓(GaAs)及其他半导体合金，在电场作用下产生红外辐射现象。1962 年，美国另外一家公司的工程师尼克·何伦亚克(Nick Holonyak Jr.)根据这个现象，研制出能够发射可见光辐射的半导体光源。此后经过几十年的发展，现在已经成为一类新型固体光源，它具有节能、环保和寿命长等显著优点。发射同样亮度光辐射条件下，它的耗电量仅为普通白炽灯的 1/10、节能灯的 1/2，使用寿命却可以比它们延长 100 倍，可达 10 万小时；启动时间短，仅有几十纳秒；结构牢固，作为一种实心全固体结构，能够经受较强的振动和冲击。普遍认为，这是继白炽灯、荧光灯、高压放电灯之后的第四代光源。

半导体光源的核心部分是由 P 型半导体和 N 型半导体组成的晶片，在 P 型半导体和 N 型半导体之间有一个过渡层，称为 P-N 结。在半导体 P-N 结两端加上正向电压时，P 区中的空穴会流向 N 区，而 N 区中的电子会流向 P 区。当空穴和电子相遇而产生复合，同时发射光辐射。

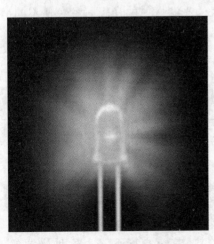

半导体光源

通常把半导体光源分为普通单色光源、高亮度光源、超高亮度光源等。制作普通单色半导体光源采用不同的半导体材料，有发射红色光的、琥珀色光的、橙色光的、黄色光的、绿色光的和蓝色光的。高亮度单色半导体光源和超高亮度单色半导体光源使用的半导体材料与普通单色光源的不同,所以它们的发光强度也不同。制造高亮度单色半导体光源使用的材料一般是砷铝化镓(GaAlAs)等,超高亮度单色光源使用的是磷铟砷化镓(GaAsInP)等半导体材料。

用于照明的半导体光源需要发射白色光。现在大部分发射白光半导体光源是采用发射较短波长光辐射的半导体光源,再用荧光剂把其部分或全部光辐射转化成一种或多种其他颜色的光(波长较长的光),当所发射的这些光混合起来后,看起来便像白光。做法目前有两种,一种做法是采用掺铈的钇-铝-镓(Ce^{3+}:YAG)作荧光剂,从半导体光源发出的部分蓝色光由荧光剂转换成光谱较宽的黄光(光谱中心约为 580 nm)。由于黄光能刺激人眼中的红光和绿光感光细胞,加上原有余下的蓝光刺激人眼中的蓝光感光细胞,看起来就像白色光。利用宽禁带半导体材料氮化镓(GaN)和铟氮化镓便可以制成发射蓝色光的半导体光源。

另外一种做法是在发射紫外光的半导体光源外面包两种荧光剂混合物,一种是发红光和蓝光的铈,另一种是发射绿光的掺铜和铝的硫化锌(ZnS)。由外层的荧光剂转换成的红、蓝、绿三色光,混合后就成了白光。

最新一种制造白光半导体光源的方法是不再采用荧光剂转换,做法是在硒化锌(ZnSe)基板上生长硒化锌层,通电时发射出蓝光,而基板会发黄光,它们混合起来便是白色光。

3.4　需要变革光源发光机制

电光源自 1879 年发明后便获得了迅速发展,如今各种形形色色、大大小小、五颜六色的电光源已经有 5 万多个品种,最小的灯泡比谷粒还小,功率只有零点几瓦,大的电灯灯管有几米长,发光功率几百千瓦。有色温很低的灯泡,比如远红外灯泡的色温只有 650 K;也有色温很高的灯泡,比如紫外线灯泡,它的色温就有几万度;有发射单种色光的灯泡,也有显色指数接近太阳光的灯泡。不过,尽管它们的种类繁多,但亮度和相干性都还与人类的要求有一定距离,研制高亮度、高相干性光源成为科学家们的新追求,并于 1960 年终于发明一种新光源,它就是激光器。

远距离光学探测需要高亮度光源

利用光的反射和成像原理可以测量距离,做成的光学测距机可以做到快速、准

光学测距机

确测量距离。炮兵部队都配备光学测距机,常用的是双目合像式的,它有两个物镜头,通过目镜观测,左眼和右眼看到的景象是不重合的;转动左右镜头,改变左右镜头的视线夹角,直到目镜中两眼看到的景象完全重合,这说明测距机的视线在目标的位置交叉,得到夹角的度数再用三角函数计算,便可以算出目标的距离。我国云南光学仪器厂在抗日战争时期生产了1万多台这种光学测距机,配合炮兵部队有力地打击、消灭敌人。显然,这种测距机的有效最大测量距离与光源亮度有关,受照明亮度的限制,它的最大测量距离大约只有30 km,能否测量再远目标的距离,甚至能测量与月球的距离?这需要亮度很高的光源。

雷达也是用于探测目标信息的设备。波长越短的电磁波,单位时间内能够传送的信息会越多;波长越短的电磁波,它的传播方向性也越好。光波的波长比微波短万倍,这就是说用光波在单位时间内能够传送比用微波多近万倍的信息,或者说可以用同样功率的电磁波将信息传送的有效距离延长近万倍。然而,在20世纪60年代前,光波雷达的探测距离却远小于微波雷达,其中主要原因是在光学范围使用的光源亮度不够高。

还有,探照灯的有效照明距离一般在1 km左右,无论是生产或者国防建设,都希望把照明距离提高到10 km,甚至更远,而妨碍达到这个目标的主要障碍是现有的光源亮度还不够高。

光武器需要高亮度光源

在古代,人们便设想用光束做武器。这种武器将有许多优点,比如其射击速度非常快,光的传播速度每秒3×10^5 km,光源一打开,光束便几乎是同时就射到了对方,以致对方还没有弄清射来的是什么东西时便已经被击倒。同时,因为光传播速度很快,任何物体都达不到它的飞行速度,因此,射击时无须将普通武器射击时那样需要设定提前量。我们知道,射箭或者打枪,射击静止目标和运动目标的做法不大一样,射击静止目标时只要瞄准目标一般准能击中目标,射击运动目标的话这样做便会失败,因为射出去的箭或者打出去的子弹到达目标需要花一些时间,而在这段时间里目标已经离开了它原先的位置,到了一个新的位置。正确的射击做法是瞄准目标前方某个位置,离开目标前方这段距离称"提前量"。提前量估计的准确性关系到射击目标的准确性,然而,实际上这个提前量是比较难估计准确的,因为目标的运动速度我们并不清楚,而且目标的运动方向往往也不断在改变,再则大气条件也影响子弹的飞行方向和飞行速度。用光来射击目标,这些问题都可以说不是问题,射击时无须设置提前

开枪射击需要提前量

量,瞄准目标射击便准能击中它,对于射击以高速运动的目标,光武器的优越性更明显;还有,光束质量几乎为零,所以射击时没有出现普通武器那种后冲力,同时连续多次射击几乎不会影响对目标的瞄准。所以,人们称这种使用光辐射做的武器又称"死光武器",拥有了它在战斗中准能消灭对方,夺取胜利。

用什么光源发出的光可以做武器? 人们首先想到了太阳,它是自然界亮度最高的光源,用透镜汇聚的太阳光可以点燃纸片,如果把反射镜或者透镜把太阳光聚

用凹面镜反射太阳光烧毁敌船

集起来射到对方,太阳光的能量准能烧毁对方,消灭对方。根据古代的相关记载,在公元前 213 年罗马大军围攻罗西西里岛城市叙拉古,古希腊哲学家、数学家和物理学家阿基米德曾经利用凹面镜的聚光作用,把太阳光集中起来照射入侵叙拉古的罗马战船,太阳光的能量引起战船发生燃烧,烧毁了不少罗马战船。按照 12 世纪东罗马帝国学者约翰·佐纳拉斯(John Zonaras)的记载,阿基米德焚毁罗马船只的场面是十分壮观的:"最终,他(指阿基米德)以一种不可思议的方式点燃了整支罗马舰队。通过把某种镜子斜向太阳,聚合了太阳的光线。由于镜子又厚实又光洁,聚合的光线点

燃了空气,引发了熊熊烈火,把所有的火焰导向了停泊在海中的敌船,将它们全部烧毁"。

又相传在 18 世纪一位法国人设计了一门用 168 块反射镜制成的"太阳光炮",反射镜的总反射面积达 5 m²。据说这门光炮"可以在几分钟内让 50 m 开外的木制目标起火燃烧。我国也有类似的传说,比如在唐代一位武器专家设计制造过一种"神镜武器",只要让它对着太阳光一照,对方便在顷刻被化为灰烬。

阿基米德用太阳光做武器击毁入侵战船的事是否真实,美国麻省理工学院及亚利桑那大学的研究人员进行了实验验证,其结论是:它多半只是个传说。首先进行实验的是麻省理工学院的小组,实验场所在旧金山海滨,他们组装了一面 300 m² 的巨型镜子,材质是青铜和玻璃。他们把一艘旧渔船放在离镜子 45 m 远的水上,试图用镜子反射阳光去点燃它,但没能成功。于是他们把渔船移近了一半的距离,这一次,聚焦的太阳光在船上燃起了一点小火,不过很快就熄灭了。之后,亚利桑那大学的小组也进行了类似实验,同样失败了。之所以失败,原因是太阳光的亮度不够高。事实上,只要算一算账便知道,用大面积反射镜照亮远方目标是有可能的,至于把它烧毁那是不可能的。消除了地球大气对太阳光的吸收减弱,地面上同太阳光垂直 1 m² 面积、在每分钟获得的太阳光能量大约是 1 350 J,就以法国人制造的那台太阳光炮来说,反射镜面积是 5 m²,它每秒时间汇聚到目标上的能量充其量也只有 6 750 J(这里还除掉了大气的吸收),这份能量大约相当于 0.54 g 木柴燃烧产生的能量,这么一点能量要烧毁对方目标又谈何容易? 如果能够有亮度比太阳光高千万倍的光源,这是会成真的。

科学技术研究需要高亮度光源

前面我们介绍过光束有压力,在科学研究中利用它可以做成某种"工具",协助科学家进行各种科学研究工作。

比如,在生物研究工作中经常需要对细胞进行各种操作,如"稳住"细胞对它进行仔细观察研究,测量其各种特性或者对其进行某些手术;或者移动细胞,对其进行空间各种组合,构造不同式样生物组织等工作。细胞的尺寸很小,细胞里面的器官尺寸就更小,对它们进行操作需要用很精细的工具。更重要的是细胞是生命活体,对它进行操作不能给它产生任何损伤,否则会影响它的发育、生长和生存。各种传统手术工具它们都是借助机械摩擦力"抓住"细胞进行操作的,必然同时给细胞带来机械损伤。我们需要一种可以控制细胞的"镊子"，光束的压力是最理想的"镊子"，不过，这需要亮度很高的光源，亮度不高的光束，产生的压力太低，无法起到"镊子"的作用。

在 20 世纪 50 年代初，科学家就知道利用原子可以做成一只计时准确的时钟。元素的同位素全体原子都是相同的，它们的基态与激发态的能量间隔也相同，而且它们的能态稳定，或者说，原子从激发态跃迁返回基态或者低能态发射的辐射频率是稳定的，如果用原子发射的辐射频率来控制时钟，会得到很高的计时精度。但是，由于原子不停的热运动对原子钟的计时精度会产生严重的影响。要让原子、分子安静下来，需要给它们施加压力，光束压力是最佳手段，不过，这么做，同样需要有高亮度的光源。

粒子加速器是我们挑战微粒世界的得力工具，借助于它让我们发现了许多"基本"粒子，包括重子、介子、轻子和各种共振态粒子，绝大部分新超铀元素也是通过粒子加速器发现的。粒子加速器还为我们合成了上千种人工放射性核素，这些东西在科学研究、生产建设和保障人们身体健康方面发挥着重大作用。但是，粒子加速器的尺寸很庞大，而且加速电中性粒子（比如原子）还显得力不从心。科学家知道利用光束的压力能够给粒子加速，但必须有亮度很高的光源。

精密计量需要相干性好的光源

现代科学技术研究和现代工业都需要精密测量。科学家很早就开始利用光波形成的干涉条纹进行各种检测和长度测量，并且是最为精密的计量检测技术，测量精度可以达到波长的 $1/100$，也就是说，如果采用可见光测量，测量精度可达 0.005 μm。但是，实际上能够达到的精度是低于这个数值的，主要原因是实际使用的光源其相干性比较差，用光学技术测量长度的精度，可测量的范围与光波的相干性密切相关。

如果两束光的强度相同，干涉条纹的可见度也就是光辐射的相干度。所以，光辐射的相干性好，才能得出清晰的干涉条纹，才可以实施有效的测量。其次，如果光辐射的相干性不好，意味着它的单色性不好，光辐射包含波长范围 $\Delta\lambda$ 的光波，那么，它们将各自形成一组干涉条纹。如果波长 $\lambda+\Delta\lambda$ 的第 j 级干涉条纹与波长 λ 的第 $j+1$ 级干涉条纹重叠，得到的干涉图也模糊不清，测量精度自然也低。波长宽度为 $\Delta\lambda$ 的光束限定了能够产生干涉条纹的最大光程差，如果利用干涉方法测量

光学干涉条纹

长度,那么也就限定了最大可测长度,这个最大可测长度也可以从下面的分析中得到。用平均波长为λ,谱线宽度为 Δλ 的光进行长度测量,这意味着在采用一系列长度不一的"光尺子"作量度,当中最长的尺子是 λ+Δλ/2,最短的是 λ−Δλ/2,最长的尺子和最短的尺子各测量一次,测量的长度相差 Δλ,第二次测量时累加的测量误差是 2Δλ……如果对物体进行量度到 n 次时,累加的测量误差已经达到波长 λ 的数值,亦即已经与"光尺子"本身的长度相同,再往下测量已经没有意义了。

在 20 世纪 60 年代前,能够产生波长宽度 Δλ 最窄的光源是使用氪−86 制造的气体电光源,它有单色性之冠的美称,有效测量长度是 46 cm。看来,要发展精密的光学干涉测量技术,使之更好适应高技术的发展需要,需要设法提高光源的相干性。

通信技术发展需要高相干性光源

社会发展了,需要交换的信息数量也增多,对通信技术提出的要求也在提高。科学家的研究发现,电磁波通信能力与使用的电磁波频带宽度有密切关系,频带宽度越宽,通信能力越强,能够同时传送的信息量越多。而通信频带宽度是与电磁波的频率有关,频率高的电磁波,其通信频带也宽。比如短波通信使用的电磁波频率是 3~30 MHz,总频带宽度是 27 MHz;超短波通信使用的电磁波频率是 30~300 MHz,总通信频带宽度是 270 MHz,是短波通信的 10 倍;微波通信使用的电磁波频率是 300~3 000 000 MHz,通信频带宽度接近 $3×10^5$ MHz,大约是短波通信的 1 万倍。一路电视信号占用的频带宽度大约 8 MHz,短波通信就只能同时传送几路电视信号,微波通信就可以传送几万路电视信号。如果要求进一步扩大通信能力,就得采用频率更高的电磁波,即需要采用光波了。所以,光波通信是通信技术发展的必然趋势。

光通信的出现比无线电通信还早。波波夫发送与接收第一封无线电报是在 1896 年,以发明电话而著名的贝尔,在 1876 年发明了电话之后,就想到利用光来传输电话信号。4 年以后,即在 1880 年,他利用太阳光作光源,大气为传输媒质,

用硒晶体作为光接收器件,成功地进行了光电话的
实验,通话距离最远达到了 213 m。当人对着话筒
讲话时,振动片随着话音振动,而使反射光的强弱
随着话音的强弱作相应的变化,从而使话音信息
"承载"在光波上(这个过程叫调制)。在接收端,装
有一个抛物面接收镜,它把经过大气传送过来的载
有话音信息的光波反射到硅光电池上,硅光电池将
光能转换成电流(这个过程叫解调)。电流送到听
筒,就可以听到从发送端送过来的声音了。1881
年,贝尔宣读了一篇题为《关于利用光线进行声音
的产生与复制》的论文,报道了他的光电话装置。

贝尔的光电话实验

在贝尔本人看来:在他的所有发明中,光电话是最伟大的。

　　利用光在大气中传送信息方便简单,所以人们研究光通信都是从这种方式开
始的。但是,在此后的 80 多年时间里,光波通信进展不大,甚至是几乎停顿了下
来,其主要原因之一是没有找到合适的光源。无论是太阳或者各种电光源,它们发
射的都不是单一波长的光辐射,而是包含许许多多的波长。我们知道,无线电通信
使用的是单一波长(单一频率)的电磁波,如果是含有多个彼此靠近的电磁波,就会
彼此发生干扰,从收音机里听到的广播声音就如同在集贸市场中那种嘈杂声,无法
听清楚播音员在说些什么,在电视屏幕上看到的将是多个画面重叠在一起的图像,
模糊一片。其次,光在大气中的传送要受到气象条件的很大限制,比如在遇到下
雨、下雪、阴天、下雾等情况就会看不远和看不清,这叫做大气的能见度降低,使信
号传输受到很大阻碍。因此,真要用光来通信,必须要解决两个最根本的问题:一
是必须有稳定的、低损耗的传输媒质(不能再用空气);另一个问题是必须要找到高
强度的、相干性好的光源。

出路在创新光源的发光机制

　　按照传统的技术概念,要想大幅度提高光源的亮度几乎是不可能的。按照拉
格朗日定理,利用任何一种成像的光学系统,在光源及光学系统周围具有相同折射
率介质的情况下,都不可能获得大于光源本身的亮度。光源亮度的限度因此也就
决定了探测的限度。

从光源的发光机制来看,发光是原子的能量状态从高能态跃迁到低能态发生的,可以设想最强的光源是由于全部原子处于高能态,而且几乎同时跃迁到低能态发射光。从前面关于光源亮度的式子我们得到启发,如果能够让光源集中它的全部辐射能量沿一定方向很小的角度内发射,就可以大幅度地提高该光源的亮度。比如,能够让光源将其光辐射能量集中在 0.01°的角度内发射,那么光源在这个方向的亮度就会获得亿倍的提高。如果我们能够改变光源的发光机制,让它不再往四面八方发射,而是集中在一个方向上、很小的角度内发射,在某种意义上来说,它将出现相当于化学能与原子能的对比。我们知道,1 kg 铀核燃料释放的核能量,比1 kg 标准煤燃烧产生的能量高 250 万倍;按照爱因斯坦的质—能关系,1 kg 物质转化为能量,其数量比 1 kg 标准煤燃烧释放的化学能大 24 亿倍。普通光源之所以往四面八方发光,而不是只朝一个方向发光,根本原因是光源内的各发光原子的发光行为没有受到制约,即它们主要是做自发辐射跃迁。假如它们是受到制约,同步地从高能态跃迁到低能态(做受激发射过程),情况就会发生重大改变。

微波激射器

爱因斯坦在 1917 年发表的"关于辐射的量子理论"的论文中提出的受激辐射概念,它将是打开"整顿"光源发光杂乱局面的钥匙,将使这些各自独立辐射的分子、原子受到约束,让它们都发射相同波长的电磁波,而且都是朝一个方向发射。

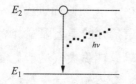

在能级 E_2 的原子自发跃迁到能级 E_1,并发射光子 $h\nu$

自发辐射

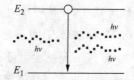

在能级 E_2 的原子受光子 $h\nu$ 的诱导跃迁到能级 E_1,并发射相同的光子 $h\nu$

受激辐射

爱因斯坦的辐射理论指出,处于激发态的分子、原子可以自行发射一个光子返回能量较低的能态或者基态,也可以在一个光子诱导下发射光辐射而返回能量较低的能态或者基态,后一个辐射行动有一个非常突出的特点:被诱导发射(或者称受激发射)出来的这个光子,它的频率、传播方向都是与做诱导发射行动的这个光子相同。显然,如果光源内的分子、原子都做受激发射,它们的发射行动便自然受到了约束,光源就可以一改往日朝四面八方发射光辐射的习惯,集中它的全部光辐射能量在某一个方向很小的角度内发射,大幅度地提高该光源的亮度和相干性。虽然爱因斯坦提出的受激辐射情景很诱人,但长期以来几乎没有什么人注意到这个受激发射过程的利用价值。一方面是在那个时代科学家的注意力主要集中在光谱技术,因为这种技术不仅对研究物质结构非常有用,在生产中也发挥了很好的作用。另一方面,在实际的光源中由受激发射产生的辐射强度实在太微弱,看不到它的实际应用价值,自然激发不起人们的注意力和研究它的热情了。

　　美国科学家查尔斯·汤斯(Charles Townes)决定尝试利用受激发射原理制造新型辐射源。要让辐射源中的分子、原子以受激发射为主,这必须让在高能级的分子或者原子受激发射的几率比做自发发射的几率大才能够办到,而要达到这个要求面临一个挑战是要求辐射源中处在激发态的分子、原子占多数。可是,根据热力学第二定律——著名的玻尔兹曼粒子分布定律(这是以奥地利物理学家玻尔兹曼(Boltzmann,Ludwing Eduard)命名的定律,它是统计力学的重要基础),分子或者原子按能量状态的分布为

$$N = N_0 \exp[-(E - E_0)/(kT)]$$

式中,N 为处在能量为 E 这个能级的分子或者原子的数目,N_0 为处于能量为 E_0 这个能级的粒子数目,K 为玻尔兹曼常数,T 为分子、原子的温度。假定能量 E 这个能级是激发态,能量 E_0 能级是基态,即能量 E 大于 E_0,显然,在分子、原子集体中处于基

查尔斯·汤斯(Charles Townes)

态或者较低能量状态的总是占大多数。我们可以在物理定律的框架下做各种事情,但是不可以做违背物理定律的事情的。所以,汤斯的设想不少人也就认为此路不通。不过,汤斯等则坚持认为那是可行的。他解释说,这条玻尔兹曼分布定律是假定了粒子系统处于热力学平衡状态下的,但这并不是必须遵守的条件,我们可以造一个不是处于热力学平衡状态的分子、原子系统,比如,通过某种方法获得大部分甚至全部是处于激发态分子组成的粒子系统,我们就可以不受玻尔兹曼粒子分布定律的约束了。这种特殊的分子、原子系统存在吗? 汤斯回想起在哥伦比亚大学的科学家拉比(I. IRabi)曾经用分子束和原子束做过的尝试,拉比利用偏转方法

氨分子微波激射器

把处于激发态的分子或者原子,与处于基态的或者在较低能量状态的粒子分离了开来,获得了一支富含激发态分子的分子束,并且给处于这种状态下的分子束一个新名称:"负温度"分子束。玻尔兹曼分布定律中的温度变成了"负数",处于激发态的分子数就比在低能态或者基态的多了。想到这些,汤斯认定他的设想是会实现的,并终于在1954年研制出氨分子激射器。汤斯选择氨分子做实验,氨分子有一个特性,就是在电场作用下,可以感应产生电偶极矩。氨的分子光谱早在1934年便有人用微波方法作了透彻研究,1946年又有人对其精细结构做了观察,汤斯根据这些光谱资料预见到氨分子中有一对能级可以实现受激辐射,跃迁频率为23 870 MHz。

向光学波段拓展

1954年4月汤斯研制成功了以受激发射过程为主的新型微波辐射源,并命名为"微波激射器",它发射波长为1.25 cm的微波。它发射的是单一频率的、相干性非常好的微波,当用它作放大器使用时,探测灵敏度比先前使用的各种放大器高100~1000倍,噪声水平特别低。在放大器技术中,通常用"噪声温度"表征放大器噪声特性,以前认为性能很好的放大器,它们在微波范围的噪声温度一般是1000~2000 K,而这种微波激射器的噪声温度则小于2 K,这相当于其探测灵敏度能够探测出大约10个量子的能量。其次,微波激射器的振荡频率非常稳定,因为它的振荡频率稳定性是决定于原子能级的稳定性,只要选择一对合适的能级,让这对能级的能量对各种外界宏观条件变化不敏感,便可以实现发射的微波频率不随环境条件变化。

微波激射器的成功给人们研制高亮度、高相干性和单色性光源指出了方向,一些科学家考虑制造光学波段的激射器。其实,早在1951年苏联科学家法布里坎特曾向苏联邮电部提交一份专利申请书,题目叫:"电磁波辐射(紫外光、可见光、红外光和无线电)放大的一种方法",提出使用其他方法和辅助光辐射让在激发态能级上的原子,或者其他粒子系统的粒子数浓度增大,并超过在热力学平衡状态时的浓度,当光辐射通过这种非热力学平衡系统时将被放大。不过这项申请直到 1959 年才得到批准和公开发表。在美国,1956 年狄克(R. H. Dicke)提出一个新概念,叫"超辐射"(Superradiance),还提出"光弹"(Optical Bomb)的设想:通过某种方式建立能级粒子数布居反转(简称粒子数反转)的原子系统,通过合作(相干)自发辐射将产生极强的光辐射,且全部光辐射能量集中在衍射角 λ/D 内(D 是粒子系统的孔径,λ 是光波长)。不过,这项申请书也到 1957 年才获批准。

　　1957 年 9 月,汤斯提出光学波段激射器(简称光激射器)的设想。他认为从原理上说光学激射器与微波激射器是没有差别的,是可以实现的,当然,实现的条件将会比微波激射器苛刻一些。1958 年汤斯与同在贝尔实验室的研究员肖洛(Arthur Schawlow)合作,对光学激射器进行细致研究分析,把研究结果撰写成论文投稿在美国出版的"物理学评论"(The Phys. Rev.)杂志,并在该刊 1958 年 12 月份发表。该论文论证了光学激射器的可行性,光学激射器的设计原理,给出了光学振荡条件以及理论计算结果。论文指出,光学激射器所需要的能级粒子数反转密度 Δn 其实并没有先前想象的那么高。至于那只共振腔,因为光波的波长一般是比宏观物体小,在微波激射器使用的共振腔此时不再适用,需要重新设计,使用另外一种形式的共振腔,论文也给出了光学激射器可适用的共振腔。论文还对这种光学激射器的用途作了一番预测。

　　为了交流微波激射器技术,推动这种技术向光学波段发展,美国海军研究局发起召开一次国际量子共振技术学术讨论会,邀请一些美国主要研究机构的科学家组成组织委员会。会议由汤斯主持,主题是"量子电子学——共振现象",1959 年 9 月在伦敦召开,这是第一届国际量子电子学会议,并被誉为激光国际性权威会议。这次会议虽然主要议题是微波波谱技术,但对光学激射器的讨论也非常活跃,提交关于获得能级粒子数布居反转设想的论文就有数十份,比如肖洛和汤斯提出的光辐射抽运钾蒸气方案;贝尔实验室的贾万(Javan, A)提出的放电抽运气体方案,梅曼(T. M. maiman)等提出的黑体辐射光源抽运荧光晶体方案;前苏联列别捷夫物理研究所的巴索夫的电脉冲

肖洛(Arthur Schawlow)

抽运半导体的方案等。这次会议催生了光学激射器。

需要补充介绍的是美国的另外一位科学家古尔德（R. G. Gould），他在 1957 年 11 月也独立地提出了光学激射器的设想。古尔德 1920 年出生于美国纽约的曼哈顿，后来到耶鲁大学研读光谱学，并获硕士学位，进哥伦比亚大学读博士研究生，在诺贝尔奖得主库什（P. Kusch）教授指导下做铊原子束共振实验，起初他用热学或放电方法激发铊原子，后来得知光学抽运方法，并用这个办法能够把 5% 的铊原子激发到亚稳态，促使他对光抽运方法发生了浓厚兴趣，同时产生用光抽运方法实现能级粒子数布居反转，制造光学激射器的想法，还设计了用法布里—珀罗干涉仪镜片做成共振腔。他的想法和汤斯、肖洛可以说是异曲同工，他在笔记本上写下了自己的想法和计算，并为光学激射器起了一个名字叫"LASER"，它是取自英文"Light Amplification by Stimulated Emission of Radiation"（靠辐射受激发射的光放大）的首字母构成的新名词。1957 年 10 月，他在家里接到汤斯的电话，询问有关铊灯的知识，从而得知汤斯正在进行类似的研究工作，预感到将会发生一场发明权之争。于是他连忙请一位公证人将自己的笔记签封，以备日后申辩。这个笔记本的前 9 页载有古尔德的初步设计和计算，还包括"LASER"的定义。可惜的是他并没有发表他的理论以及其他一些原因使得他没能参与光学激射器的研制工作。为激光器的发明权他打了 30 年官司，最后他终于被承认为激光的发明者之一，在 1991 年被列入美国发明家名人堂。

3.5　激光器问世

肖洛和汤斯的"红外与光学量子放大器"论文发表后，几个实验室的科学家便着手研制激光器。经过两年时间的努力，在 1960 年 7 月美国科学家梅曼（T. Maiman）得到初步成功结果，微波激射器向光学波段拓展的设想获得实现，激光器问世。

梅曼研制成功世界第一台激光器

美国科学家梅曼于 1927 年 7 月 11 日出生在加利福尼亚州洛杉矶，是一位电气工程师的儿子，靠着修理电器读完大学。1949 年，他从科罗拉多大学毕业后到斯坦福大学攻读研究生，并于 1955 年获得博士学位。在休斯公司的研究实验室工作时,他对汤斯和肖洛提出的光学激射器产生兴趣,给自己立下了研制这种装置的课题。他选择红宝石晶体作发射激光的材料,用闪光灯的光辐射抽运晶体中的铬离子到激发态,并建立能级粒子数布居反转。红宝石晶体是在刚玉中掺进少量铬离子(Cr^{+3})做成的,梅曼选择这种红宝石晶体材料作他的第一台激光器工作物质,一方面是他做过红宝石微波激射器,他到休斯公司刚开始的工作任务就是建造一台小型的红宝石微波激射器,对这种晶体材料的光学性能、其能级结构都有些了解;其次,他认为,选择固体材料做激射器比较好,从实用的角度看,固体材料坚实、不容易损坏;同时,固体粒子数密度高,单位体积能够产生激射的粒子也多,意味着用固体材料做的激射器其体积可以做得小。至于红宝石材料是不是最优秀的激光工作物质,梅曼没有深入想过,他是打算

梅曼(T. Maiman)

他的器件做成功之后再找些材料专家一道研究,寻找其他一些更好的材料。但是,从文献的报道结果看,梅曼的激光工作物质选择并不被看好。文献报道的数据显示,红宝石的量子效率(即每吸收一个光子后产生的荧光光子能量比值)很低,只有百分之几,这表示用这种材料做成的激射器,它的能量转换效率将很低,花大量的抽运能量只换来能量很少的一点激射光,能量着实太浪费,会使这种器件的使用价值不高。还有一些专家则直言红宝石晶体不适合用来做激光器,理由是它的受激发射跃迁终止能级是基态,与基态之间建立能级粒子数布居反转状态是十分困难的,即使能够获得能级粒子数布居反转,需要的抽运功率也十分高强,实际上做不到。文献上的报道以及一些专家的评论,梅曼并不回避,但他想的是,红宝石晶体真的就那么糟糕吗? 他深入分析并对比了不同文献报道的实验结果,发现不同的论文作者报道红宝石晶体的量子效率数据相差很大,究竟红宝石晶体的量子效率是多少? 反正做这项测量工作并不复杂,于是梅曼决定自己动手做实验测定。测量结果让梅曼大为振奋:量子效率并不低,一般都可以达到 70%,掺进的铬离子浓度如果适当还可以达到 90%! 梅曼想,连像量子效率这么简单的实验测量数据都搞得不准确,对红宝石晶体的其他评论也就不一定公正了。于是梅曼决定对红宝石晶体获得激射的条件进行分析研究。

　　梅曼根据自己所掌握红宝石晶体的光学数据和光谱数据,对其建立能级粒子

数布居反转状态的条件进行计算,得出产生能级粒子数布居反转状态需要的抽运光辐射通量密度大约为 500 W/cm²。红宝石晶体有两个吸收带,一个的波长中心在 550 nm 附近(绿光带),另外一个的波长中心在 410 nm 附近(紫光带),吸收带宽大约 100 nm。暂时只考虑绿色光带,产生中心波长在 550 nm、光辐射通量密度达到 500 W/cm² 这个数值的黑体辐射光源,其对应的色温是 5 250 K,这个要求看来并不苛刻。梅曼回想起在学校读书时教科书上介绍过,氙灯的色温可以高达 8 000 K。这么一来,使用氙灯发射的光辐射就准能在红宝石晶体建立起能级粒子数布居反转状态。其次,在高功率光辐射抽运下以及随之产生的受激辐射,晶体会出现散热的问题。所以,采用脉冲光源抽运比较合适。在光脉冲宽度比晶体的荧光寿命短时,对脉冲光源的要求是它的能量密度,需要的能量密度估计大约是 1.67 J/cm²。梅曼从美国通用电气公司(General Electric)光源产品目录上查到,其中 FT-506 型石英氙灯合适做他的激光器抽运光源,这种氙灯的发光效率为 40 lm/W,灯的光谱效率为 0.064,辐射面积为 25 cm²。根据对能量密度的要求以及氙灯的有关参数,大约需要给氙灯输入 650 J 电能量。至此,梅曼对采用红宝石晶体做成光激射器信心十足。

1960 年 5 月份,梅曼在实验中发现,从红宝石晶体端面观察测量晶体的荧光寿命,在镀银膜前是 3.4×10^{-3} s,镀了银膜后增长到 3.8×10^{-3} s。用示波器拍摄了一系列随着增强抽运氙灯的发光强度、红宝石的 R 谱线的光强衰减曲线的照片,发现在抽运光强度比较低时,衰减是以时间常数 3.8×10^{-3} s 的简单指数衰减,在抽运光强度比较高时,荧光强度衰减明显偏离单纯指数衰减,起初表现有极快的衰减常数,当抽运光强度增强到最大时,衰减常数减少为 0.6×10^{-3} s。梅曼根据红宝石晶体出现的这个荧光发光特性,认为他的实验结果已经显示,在红宝石晶体中获得了能级粒子数布居反转状态。另外,梅曼通过拍摄得到的荧光光谱图,又认为在红宝石晶体中发生了受激发射。根据一是 R_1 这条谱线的谱线宽度由原先的 0.4 nm 变窄到了小于 0.1 nm,而 R_2 这条谱线的宽度则只是稍微变窄一点,由 0.3 nm 变窄到 0.27 nm;依据二是谱线 R_1 与谱线 R_2 的峰值强度比发生明显变化,由原先的 2:1 变化到 50:1。谱线宽度发生的 25 倍变窄以及强度的 25 倍巨变,这是源于在谱线 R_1 发生了受激发射。

接着到 1960 年 7 月份,梅曼收到三根光学品质更好的红宝石晶体棒,又做进一步的实验。这回实验使用的红宝石晶体是圆柱体,尺寸是长 3/4 in(大约 1.9

cm),直径 3/8 in(大约 0.95 cm)。两端磨成平行平面,对波长 694.3 nm 的平行度
在三分之一波长以内。两端蒸发镀银膜,其中一端在中央留一个小圆去掉银膜,让
红宝石晶体产生的光辐射从这里输出来供观测。使用的氙灯是螺旋形,红宝石晶
体固定在 GE FT－506 型脉冲氙灯的轴上,放在抛光的铝圆筒内,这圆筒反射氙灯
的光辐射集中辐照红宝石晶体。在筒内配备有强力空气冷却装置,用来驱散由氙
灯和红宝石发射光辐射产生的热。这回实验显示的荧光光谱变窄效应更明显,还
出现明显的阈值特性,这都是发生激射作用的重要证据。

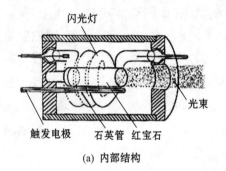

(a) 内部结构

(b) 设备装置

世界第一台激光器

中国的第一台激光器

中国科学家也很关注现代光学的发展,汤斯的微波激射器成功的消息很快在
中国光学界传开,特别是在美国汤斯实验室工作的王天眷回国,带来了美国从事微
波激射器的研究信息,进一步激发了中国科学家对这项研究的热情,并在北京中国
科学院电子学研究所开展固体微波激射器研究。1959 年,中国科学院电子学研究
所的黄武汉研制成功中国首台铬氰化钾微波激射器,在 1961 年又研制成功可以在
液氮温度条件下工作的微波激射器,并提出了自弛豫微波顺磁放大器原理简化分
析方法。1958 年肖洛和汤斯的论文"红外与光学激射器"发表后,中国科学家随即
也积极开展光学波段激射器的研究,并终于在 1961 年 9 月份由中国科学院长春光
学精密机械研究所(简称长春光机所)王之江院士设计并主持研制的光学激射器成
功运转,这是中国第一台光学激射器(即现在称的激光器)。长春光机所是中国光
学和精密机械学领域内的第一个研究所,它的前身是在建国初期,由李四光、贺诚、
韦悫、丁西林 4 位副部长联合提议,政务院批准,在 1952 年成立的中国科学院仪器
馆。长春光机所肩负了奠定中国光学事业发展基础的历史使命,在建所不到 10 年

的时间里相继建立起了光学设计与检验、光学工艺、光学镀膜、光学计量测试等10多个方面的工艺和技术基础,相继研制成功我国第一锅光学玻璃、第一台电子显微镜、第一台高温金相显微镜等一大批高水平科研成果,创造了10余项"中国第一",同时也造就了一批富有创新精神的青年科学家。正是长春光机所丰富的光学知识和技术基础,以及一批光学技术人才,使得中国第一台光学激射器得以在这里问世。

中国第一台激光器采用的工作方案也是光辐射抽运红宝石晶体,选择这个方案考虑的因素主要有两个,一个是实验基础。中国科学家在20世纪50年代也研究过红宝石微波激射器,对红宝石晶体的光学性能有一定的了解,对它获得能级粒子数布居反转状态有一定的实验基础;其次是实验室有现成的红宝石晶体可供实验使用。采用的工作方案虽然与美国梅曼提出的相类似,但是,对在红宝石晶体内获得光学波段激射作用所需要的能级粒子数布居反转的可能性以及付之实现的要求等,梅曼在1961年才在期刊上发表他的具体研究结果,因此,有关研制激光器相关技术问题主要还是靠中国科学家独立思考找答案。

中国第一台激光器

"激光"一词的由来

起初,中国对这种新式光源没有一个统一的名称,有按英文"Laser"的发音称

"莱塞",有按它的发光机制称"光量子放大器"和"受激光辐射器";有按它是从微波波段转到光学波段的微波激射,称它为"光激射器",等等。1964 年在上海召开第三届光受激发射学术报告会前夕,《光受激辐射》杂志编辑部(即现在的《激光与光电子学进展》编辑部)给钱学森教授写了封信,请他给这种新光源起一个中国名字。钱教授很快给编辑部回信:

> 《光受激辐射》杂志编辑部:
>
> 　　我有一个小建议,光受激发射这个名称似乎太长,说起来费事,能不能就称"激光"?
>
> 钱学森

钱教授的建议在这次学术会议上获得代表们的一致赞同,此后,在中国的新闻、期刊的报道上便统一使用"激光"、"激光器"这个名称,科学技术词典也多了"激光"和"激光器"两个词。

气体激光器问世

　　紧接着气体激光器也获得了成功。第一台问世的气体激光器是贾万和他的合作者贝内特(R. Bennet)、哈里奥特(D. R. Herriott)根据贾万在 1959 年提出的、利用气体放电在气体原子内获得能级粒子数布居反转状态的方案,在 1960 年 12 月 12 日成功地制造出以氦-氖混合气体为工作物质的激光器。根据氖原子能级结构和其光谱资料,预计在波长 1.15 μm 附近以及在 632.8 nm 都有可能获得激光振荡,但前者的激光增益系数比较大,后者的增益系数比较小,从产生激光振荡要求的条件来说前者要求低一些,而后者要求高一些,初次尝试激光振荡试验,当然要求低的容易得到满足。至于激光器将在哪个波长上实现激光振荡,主要控制因素是构造激光器共振腔那两块反射镜的反射率峰值是对哪个波长设计的。基于这些考虑,贾万他们决定首选激光振荡波长为 1.15 μm,这可以说是贾万的聪明选择,这使得他们成为世界第一台气体激光器的制造者!

　　与用固体材料激光器工作物质相比较,气体激光器工作物质有几方面优点。首先,它可以直接将电能转变为气体原子的抽运能量,而不像固体工作物质那样先将电能转换成光能,再用它做掺进固体的离子的抽运能,减少了能量转换环节。其

贾万和第一台气体激光器

次,选择能够建立能级粒子数布居反转的能级数量较多,同时,比较容易配备各种混合气体,亦即工作物质的种类会多样,相应地我们能够在更广阔的波段获得激光。第三,激光器基本上不受温度限制,能够在室温条件下,甚至在较高温度条件下工作,而且除了脉冲输出之外,还能够连续输出激光。第四,气体的光学均匀性比较好,因此激光器输出的激光性能会更好。

1963年7月份,中国科学院长春光机所的邓锡铭、杜继禄等制造成功输出红色激光的 He—Ne 激光器。他们的激光器的气体放电管是长 204 cm、内径 0.8 cm 的石英管,两端用平面石英玻璃片密封,两端相互平行,与放电管几何轴线的夹角为布儒斯特角。激光器共振腔由一对曲率半径 222 cm 的球面反射镜组成,反射镜表面镀 13 层 ZnS-MgF$_2$ 介质膜,对波长 633.8 nm 光辐射的透光率小于 1‰,反射率在 98% 左右。在放电管内的氦、氖气体气压比例是 10∶1,总气压 146.65 Pa。采用高频电源激励放电管放电。1963年 7月27日获得激光输出,激光功率 1 mW,激光束发散角小于 3×10^{-3} rad。

极高亮度的光源

激光器的发明,使人类有了在地球上迄今为止亮度最高的光源。常见的光源中亮度最高的是太阳和高压脉冲氙灯。

几种常见光源的亮度

光　　源	亮度/(10^4 cd/m^2)
蜡烛	约 0.5
电灯	约 470
碳弧	约 9 000
超高压汞灯	约 120 000
太阳	约 165 000
高压脉冲氙灯	约 1 000 000

在太阳光下,各种普通电光源发出的光辐射都被太阳光掩盖,显示不出电光源产生的光辐射。而激光器则大不一样,它的亮度比起太阳还高亿倍,在太阳光底下传播的激光光束,它不再是被太阳光掩盖,而是它掩盖了太阳光,激光束在太阳光下明亮清晰。同时,激光器输出的激光束不再是只能照亮眼前一块地方,而是可以照亮很远很远的目标,1962 年,人类第一次从地球上发射一束激光照射到月球上,在那儿产生的照度是 10^{-2} lx,而使用最强大的探照灯照射月球,在月球上产生的照度也只有 10^{-12} lx。

激光竖琴(绿色的激光在雾气的散射作用下清晰可见)

　　1968 年 1 月,在月球上的宇航员用电视摄像机检测美国加州理工学院喷气推进实验室从洛杉矶附近发射的激光束,其光功率虽然只有 1 W,但在月球上的宇航员都不曾看到在洛杉矶那里所有其他光源(功率达千兆瓦)发出的光,而功率只有 1 W 的激光束的闪动他却能检测到。1969 年 7 月 21 日,宇航员在月球上安装角反射器,科学家从地球上向它发射红宝石激光束,激光束在月球与地球之间来回行程 77.2 万 km,还能够接收到从月球上反射回来的光信号! 并且还根据反射信号准确地测量出了月球与地球之间的距离,误差仅 2.54 cm。

　　太阳光经透镜聚焦可以在纸片上烧出一个洞,可以点燃火柴。然而,激光器输出的激光束,无需透镜聚焦就可以点燃木板,可以在耐火砖上烧出一个洞,可以打穿金属板。激光的这个非凡的能力,就是它极高亮度的显示。

在激光技术中,亮度一般是采用"瓦/厘米^2·球面度"(W/(cm^2·sr))为计算单位,普通固体激光器的亮度大约是$10^7 \sim 10^{11}$ W/(cm^2·sr),采用 Q 突变技术的激光器,其亮度更高,一般达到$10^{12} \sim 10^{17}$ W/(cm^2·sr),这显示激光器的亮度获得了飞跃性提高,相比之下,采用相同计算单位的太阳亮度大约是2×10^3 W/(cm^2·sr),亦即激光器的亮度是太阳的亿倍至千万亿倍。为了更全面评价光源的特性,科学家还引入单色定向亮度概念,它定义为光源单位发光面积、向单位立体角发射在单位频率宽度的光功率。太阳在波长 500 nm 附近的单色定向亮度大约为2.6×10^{-12} W/(cm^2·sr·Hz),其单色定向亮度之所以这么低,是因为太阳有限的发光功率分布在空间各个方向和广阔的光频率范围;而一般固体激光器的单色定向亮度是$10 \sim 10^3$ W(cm^2·sr·Hz),是太阳的 10 万亿倍到千万亿倍,采用 Q 突变技术的固体激光器,其单色定向亮度一般是$10^4 \sim 10^7$ W/(cm^2·sr·Hz),是太阳的亿亿倍到千亿亿倍!

激光极高亮度来源于受激发射的特性。前面我们介绍过,光源的亮度与发射的光辐射汇聚在空间的夹角有关。我们平时都有这样的体验,在电灯泡上加一只灯罩,看书写字时觉得明亮得多,街上的路灯上方也有一只灯罩。如果把灯罩拿去,我们会感觉到灯光没有先前明亮。道理是灯罩能够把往四面八方发射的光辐射汇聚起来朝一个方向传播,在传播的方向上光辐射的能量多了。太阳以及各种普通光源,它们是朝四面八方发射光辐射的,而激光器则只朝一个方向发射光辐射,而且光束的发散角极小,一般大约只有 0.001 rad,接近平行光束。单就这个因素激光器与发射相同光功率的普通光源相比,激光器的亮度就比它们高$4\pi/(10^{-3})^2 = 1.26 \times 10^7$ 倍。其次,光源的亮度也与它的发光面积有关,相同的发光功率,如果它是从面积小的发光面发射出来,其亮度将比面积大的发光面发射出来明亮,即其亮度会高。太阳的发光面积达6.09×10^{22} cm^2,所以,它的总发光功率虽然很大,但平均到每单位面积发射的光功率就不高了,只有大约6.3×10^3 W,数值不算高,而实际到达地面的太阳光功率还更少,每平方厘米面积的功率大约只有 0.14 W。激光器不一样,它的发光面积很小,通常使用的激光器一般大约只有10^{-1} cm^2,而输出功率 10 MW 的激光器,其发光面积也只有大约 1cm^2,比太阳高几千倍。两个因素综合起来,激光器的亮度比太阳高几百亿倍! 普通电光源的发光面积也不小,比如常用的日光灯其发光面积大约为 100 cm^2。发射相同光功率时,激光器的亮度也将比普通光源高千倍,两个因素综合起来,激光器的亮度也是

普通光源朝四面八方发光　　　　　　激光器只朝一个方向发射光束

比普通光源高大约百亿倍。

极高相干性

太阳以及各种普通人造光源发射的是非相干光,而激光器发射的是相干性很好的光。光波沿传播方向通过相干长度所需的时间称"相干时间"。相干长度和相干时间与光的单色性有关,粗略地说,相干时间大约是 $\lambda^2/(c\Delta\lambda)$,相干长度大约是 $\lambda^2/(\Delta\lambda)$,$\lambda$ 是光波波长,$\Delta\lambda$ 是光谱线宽度,它也是衡量光辐射单色性的物理量,$\Delta\lambda$ 小的光辐射,称其单色性好。太阳光的波长分布范围约在 $0.4\sim0.76\ \mu\mathrm{m}$,对应的颜色从红色到紫色共 7 种颜色,所以太阳光谈不上单色性。在过去,采用气体氪－86 做的气体放电灯,它发射的红光谱线宽度 $\Delta\lambda$ 为 $4.7\times10^{-4}\,\mathrm{nm}$,往日有单色性之冠的称号。而激光的谱线宽度 $\Delta\lambda$ 更窄,比如采用氦、氖气体激光器,它输出的红色激光的谱线宽度 $\Delta\lambda$ 只有 $10^{-8}\ \mathrm{nm}$,比氪－86 灯发射的红光谱线宽度还窄 1 万倍。前面谈到过的氪－86 灯,其发射光辐射的相干长度是 $38.5\ \mathrm{cm}$,激光的相干长度比它长得多了,氦氖气体激光器输出的红光的相干长度达几百米,特别制作的激光器,其输出的激光相干长度还可以达到几公里。

激光的相干性、单色性好也可以从光子简并度来获得了解。光子简并度是指光辐射中处于同一量子态的光子数,因此它也是光相干性的表征,因为处于同一量子态的光子是相干的。太阳光和普通光源发射的光辐射,其频率分布及辐射强度基本上是由光源的温度 T 确定的,由此可以推算出其光子简并度 δ 为

$$\delta=\{\exp[h\upsilon/(KT)-1]\}^{-1}$$

式中,k 为玻尔兹曼常数,υ 为光波频率,h 为普朗克常数。对于表面温度 $5\,000\ \mathrm{K}$ 的太阳,它发射的可见光的光子简并度 δ 大约是 10^{-3},普通光源的温度一般为

151

3 000 K，光子简并度 δ 大约是 10^{-5}。

激光的光子简并度很高，比如激光功率仅 1 mW 的氦—氖激光，其光子简并度便高达 10^{13}，是太阳光的 10^{16} 倍，普通光源的 10^{18} 倍，这预示着激光的相干性和单色性是非常好的。激光器主要是通过受激辐射跃迁发射光辐射，其光子简并度 δ 为

$$\delta = P/(2h\upsilon s\Omega\Delta\upsilon/\lambda^2)$$

式中 P 为激光功率，s 为激光器发射激光的发光面积，Ω 为激光束发散角，$\Delta\upsilon$ 为激光谱线频率宽度，λ 为激光波长。所以，光子简并度高，显示光的相干性好，也意味着光谱线频率宽度 $\Delta\upsilon$ 小，即光的单色性好。

巨型激光器

激光技术经过 50 多年的发展，现在制成的激光器估计有 4 万多种，其中包括使用不同物质材料做的，输出激光形式是连续的或者脉冲的，输出激光波长是在紫外波段的或者可见光波段的，或者红外波段的以及大型的和微型的，下面我们挑其中大型的和微型的做介绍。

拍瓦激光器是巨型激光器中的典型代表。1962 年发明的调 Q 技术和 1964 年发明的锁模技术以及在 1985 年发明的啁啾脉冲放大技术，使固体激光器输出功率得到了惊人的提高，1995 年美国利弗莫尔国家实验室产生了第一束拍瓦（千万亿瓦）激光束。

有两种不同拍瓦激光装置，一种是高能拍瓦激光器，另一种是高功率超短拍瓦激光器。前者主要针对激光惯性约束聚变快点火研究需要建造的，而后者则主要用于瞬态过程和相关内容的研究。

建在美国利弗莫尔国家实验室的诺瓦（Nova）激光装置是世界上第一台大能量拍瓦激光装置。1996 年 5 月 23 日利弗莫尔的实验人员利用诺瓦激光装置的一条钕玻璃激光放大链，将纳秒脉冲激光放大到千焦耳量级，然后再经脉冲压缩器压缩脉冲宽度到飞秒量级，最终得到峰值功率 1.3 PW、脉冲宽度 430 fs 的激光脉冲，获得了世界上第一束拍瓦脉冲激光，聚焦后产生的功率密度接近 10^{21} W/cm^2。

这台激光装置主要由三大部分构成：前端、放大系统、脉冲压缩器。单台激光振荡器输出的峰值功率有限，而且在高功率水平下发生的激光振荡，得到的激光束质量往往也不佳。为了能够获得很高峰值光功率，同时又有很好光束质量，可以采用主振荡—放大器工作方式。在激光脉冲到达放大器之前将其脉冲宽度展宽，以

降低其峰值功率,维持激光功率水平在光学介质安全运行的水平,待激光脉冲通过放大器放大后再将此展宽了的激光脉冲由脉冲压缩器把它压缩回到原来的宽度。这样既可以保证飞秒脉冲放大有高的激光能量,又避免了非线性效应对光学介质造成损坏,影响激光装置的性能。

利弗莫尔国家实验室利用这台拍瓦激光装置首先用来检验快点火概念可行性。多次实验表明,当极大能量集中在直径不到 $100~\mu m$ 的范围内时,电子会以相对论速度运行,产生 X 射线和 β 射线。拍瓦激光聚焦到惯性约束聚变靶球时,产生强大的冲击波对聚变燃料产生压缩。利用这台装置还进行了一系列包括将电子加速至接近光速以及产生较海平面处气压高 3 万亿倍的压强等一系列实验。1999年诺瓦装置退役,共运行了 3 年。

高功率拍瓦激光器装置能产生的激光强度更高、激光脉冲宽度更窄,是研究前沿科学的得力工具。这种激光器装置的组成与前面介绍的高能拍瓦激光器装置相同,但前端的激光振荡器和使用的脉冲激光放大技术有所不同。典型的装置是建在美国德克萨斯大学高密度激光研究中心的德克萨斯(Texas)拍瓦激光装置。该中心属于储备科学学院联盟,由美国 NNSA 资助,主要向大学院校开放,进行高能量密度等离子的基础实验研究以及实验室天体物理等方面的研究,也用来验证"快点火"的可行性。

德克萨斯拍瓦激光系统先由可调振荡器输出的 100 fs 激光,经过脉冲展宽器展宽后产生脉冲宽度 2 ns 的长脉冲激光,做脉冲整形后依次经过 3 个参量啁啾放大器进行激光能量放大。第一个参量啁啾放大器使用 3 个 15 mm 长的 BBO（β-BaB_2O_4,偏硼酸钡）晶体,由波长 532 nm、脉冲宽度 8 ns、能量 200 mJ 的激光抽运;第二个参量啁啾放大器使用一对 BBO 晶体,抽运激光波长和脉宽与第一个放大器使用的相同,但抽运能量增大至 1 J。这两个参量啁啾放大器的总饱和增益达到 100,输出的频带宽大于 30 nm、激光脉冲能量为 50～100 mJ。第三个参量啁啾放大器采用两个 30 mm×30 mm×25 mm 的 KDP[KH_2PO_4,磷酸二氢钾]晶体,抽运光为波长 532 nm、能量 4 J、脉冲宽度 4.5 ns 的激光,从第三个参量啁啾放大器输出的脉冲能量增大到 500～7500 mJ。这激光脉冲然后经过硅酸盐玻璃棒状放大器和磷酸盐盘状放大器放大,产生 300 J 的激光能量,最后由光栅对脉冲压缩器将脉冲压至 150 fs,激光功率达到了拍瓦量级。

法国帕莱苏工业大学强激光应用实验室的 LULI 拍瓦激光装置是用于研究激

光与物质相互作用和应用的设备,在其上进行的大部分科学项目都属于激光与物质相互作用、惯性约束聚变(ICF)和热稠密等离子体物理的范畴。高能短脉冲和高能长脉冲与物质相互作用能够进行很多与快点火相关的实验,包括快电子生成、快电子在各种介质中的传播、稠密靶的电子或光子加热等。

法国 LULI 拍瓦级激光装置放大器

激光应用实验室从 1999 年开始建造 LULI 拍瓦激光装置,工作分两阶段进行,第一阶段建造一台纳秒激光器,包括一个两路、单脉冲钕玻璃激光系统,激光能量 1 kJ,激光脉冲宽度 1~5 ns。第二阶段将该装置的其中一路升级到皮秒、拍瓦量级,激光能量 200 J,激光脉冲宽度 400 fs。

微型激光器

在激光器"家族"中,半导体激光器体积最小,整个激光器也就如米粒般大小,而其中的垂直腔面发射半导体激光器还更细小,尺寸是几微米。

由 P 型半导体材料和 n 型半导体材料结合在一起形成的 p-n 结,在受到外来的电能或者光能激发时会发射光辐射,这就是我们在前面介绍过的半导体发光二极管。1959 年巴索夫等提出的给半导体施加电脉冲获得能级粒子数布居反转负状态的方案,在 1961 年又提出利用 p-n 结获得激光的方案。在同一年,美国四个实验室几乎在同时宣布研制成功 GaAs 半导体激光器。霍隆亚克(N. Holonyak)和贝瓦可奇(S. F. Bevacqua)研制成功脉冲 GaAs p-n 结激光器,器件体积仅为 1 mm^3(结面积小于 1 mm^2)。

初期的半导体激光器是使用同一种材料做成的 p-n 结,并称为"同质结"。

1961 年问世的世界第一台半导体激光器便是利用 GaAs 同质结制造的。这种类型的激光器只能是脉冲式工作。1970 年,出现采用不同材料制造 p-n 结,它称为"异质结",利用它能够制造出性能好的激光器,可以在室温下连续输出激光,而且激光振荡阈值电流密度也大幅度下降。20 世纪 70 年代,随着分子束外延(MBE)技术和金属有机化合物气相淀积(MOCVD)技术的发展,人们能够在原子层范围内控制异质结的生长,使之达到量子化尺寸的结构,导致在 1978 年诞生一种新型半导体激光器:量子阱半导体激光器,它的激光作用区是量子阱结构。量子阱结构是由两种或两种以上不同组分或不同导电类型的超薄层晶体材料交替生长的一维结构。由一个势阱构成的量子阱结构为单量子阱,简称为 SQW;由多个势阱构成的量子阱结构为多量子阱,简称为 MQW。在这种激光器问世前,各种半导体激光器输出的激光波长都在红光以外的长波波段,只有量子阱激光器出现后才改变了这种情况,目前在紫外波段的激光器待开发之外,输出红光、黄光、绿光和蓝光的激光器都已经成功,并且能够在室温条件下工作。量子阱激光器已成为光纤通信、光学数据存储、固体激光器的抽运光源、半导体光电子集成等应用中的理想光源。

1977 年,科学家又提出一种共振腔面平行于 p-n 结平面、激光的发射方向垂直于 p-n 结平面的新型半导体激光器,称垂直腔面发射半导体激光器,现在又称微型半导体激光器,它与普通半导体激光器不一样,从外观上看,它如同一只微型可口可乐罐,输出的激光束是圆形图样,而普通的半导体激光器在外观上看如同一块砖头,激光从激光器的侧面发射出来,沿与 p-n 结平行的方向传播。这种激光器的直径很小,大约为 5 μm。为了减低

量子阱半导体激光器

阈值振荡电流,整体消耗的功率小,垂直腔面发射半导体激光器的激活层做得非常薄,大约几十纳米。要在这么短的激光增益长度获得激光振荡,对构成共振的反射镜其反射率要求也就非常高,普通半导体激光器使用的晶体解理面做的反射镜,能够得到的反射率大约只有 30%,显然达不到要求。为了得到高反射率的反射面,

办法是在激活区两侧各交替镀许多层高折射率和低折射率介质膜,典型的层数达几百,所以,激活区虽然很薄,但加上这些膜层,总厚度为几微米。总起来说,这种激光器尺寸是很微小的,在 1 cm² 面积上可以排布 100 万只激光器,这些激光器是采用分子外延技术,把半导体材料一层一层地叠加起来制成的。下图是制成的激光器放大照片。这种微型半导体激光器在光子计算机以及光学信息处理技术中有广泛的应用情景。

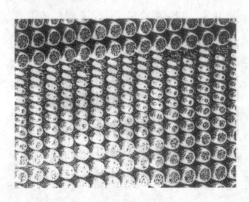

微型半导体激光器

半导体激光器为什么能够做得那么小巧?从产生激光的原理来说,半导体激光器与其他各种激光器没有什么差别?半导体材料的能级结构独特,因此在产生激光的机制上有其特殊的地方。各种固体激光器、气体激光器发射激光的原子或者离子是独立的,所有的粒子其参与跃迁的能级都是相同的(即具有相同的量子数)。而半导体则不同,在半导体内由于电子波函数的空间重叠,并且需要服从泡利不相容原理,每个能级最多有两个电子。描述能级粒子数分布不再是用通常的玻尔兹曼分布函数,而是使用费米-狄拉克分布函数,讨论的是两个能级分布之间的跃迁,而不是两个能级之间的跃迁。

相比于其他激光器,半导体激光器的发展是缓慢的,问世后一段时间里激光器输出性能提高不大,种类也不多。其主要原因是半导体激光器的尺寸与激光振荡波长几乎是同数量级的(大约微米),所以制造这种激光器需要高质量的半导体晶体材料,这需要先进半导体晶体生长技术和光学工程技术支撑。后来是做到了,经历了从同质体材料到异质的量子点发展过程,依次是同质结、单异质结、双异质结、量子阱、量子线、量子点,制造的半导体激光器性能获得不断改善和提高。正所谓一代半导体晶体材料,一代半导体激光器。

3.6　同步辐射光源

这是在同步辐射基础上建立的新型高亮度光源,与激光器一样亮度也能够达

到很高,比如英国在 2002 年建造的"钻石同步辐射光源",它的亮度比太阳高 100
亿倍,输出的光辐射波长范围十分宽广,覆盖从 X 射线波段到远红外波段,同时,输
出的光辐射也有很好的方向性和单色性。但是,这种光源的应用范围不如激光器
宽广,它其实是一个大型科学实验平台,材料科学家、化学家、生物医学家、原子分
子科学家、地质学家以及天体物理学家等都可以利用它进行他们的学科研究。这
种光源结构比较复杂,体积也很庞大,比如英国建造的那台"钻石"光源装置,占地
面积足有 5 个足球场大。

同步辐射

这是运动速度接近光速的电子在运动中改变方向时所发射出的电磁辐射。早
在 20 世纪末,人们已经知道,以加速度运动的带电粒子,无论它是作加速直线运动
还是加速圆周运动,都会发射出电磁辐射。1944 年,前苏联物理学家 I. Promeran-
chuk 在他发表的一篇论文中,讨论了电子在磁场中走圆弧轨道运动时发射电磁波
辐射并失去能量,提出了同步辐射的概念。我国科学家也很早便开始这方面的研
究,比如 1946 年我国科学家朱洪元在英国曼彻斯特大学念研究生时,根据自己的
研究结果写成一篇题为"论在磁场中的快速荷电粒子放出的辐射",于 1947 年在英
国科技期刊上发表,与 J. Schwinger 研究加速器中电子产生辐射所得的结果相同,
这两位科学家的论文至今仍为同步辐射研究早期的基础文献。在实验室里同步辐
射是在 1947 年发现的,在这一年美国科学家哈伯(F. Haber)等在美国纽约州
Schenectady 的通用电器公司实验室中,为了检验新提出的同步加速原理建造了一
台能量 70 MeV 的电子同步加速器,在一次调机中发现电子枪出现打火的现象,便
让一位技工用一面镜子去观察水泥防护墙内的加速器到底出了什么事。那位技工
从镜子里看到加速器里有"弧光",即使关掉电子枪这"弧光"仍存在。起先物理
学家以为这是契仑科夫辐射,但很快便弄清楚这就是科学家 I. Pomeranchuk 最初
讨论的那种同步辐射。原则上所有带电粒子在作圆周运动时都发射同步辐射,但
辐射功率反比于粒子质量的平方,这意味着在同样的条件下,质子的同步辐射功
率比电子的要弱 13 个数量级,这就是为什么所有同步辐射光源都是使用电子的
缘故。

1949 年,美国物理学家施温格(J. Schwenger)发表了论文"论加速器的电子的
经典辐射",介绍了他研究同步辐射的性质结果。以后又经许多科学家的研究,总

结出同步辐射的一系列显著特性。

（1）它有着连续宽广的光谱分布，覆盖着从远红外到 X 光的一个相当宽广的波段，其中辐射强度峰值在特征波长 λ_c 附近，此特征波长 λ_c 由电子的能量 E 和电子运动偏转半径 R 确定，它们的关系为

$$\lambda_c = 0.559R/E^3$$

这里的波长 λ_c 的单位是纳米，半径 R 的单位是米，电子能量 E 的单位是吉电子伏（GeV），光谱强度在短波端下降很快，在长波端下降较缓慢。一般来说，辐射中的最短波长是特征波长 λ_c 的五分之一，最长波长可达毫米量级。

（2）有着很好的传播方向性。同步辐射是沿着电子轨道切线方向射出，集中在轨道平面一个很小的立体角 ψ 之内。对于特征波长 λ_c 的同步辐射光子，立体角 ψ 大约为 $0.511/E$，其中 E 是电子的能量，单位是吉电子伏，立体角 ψ 的单位是毫弧度（mrad）。电子能量越大，发射的同步辐射光波长越短，光辐射的发散角也越小。比如电子能量 2.2 GeV，发射的同步辐射光发散角为 0.23 mrad。

（3）有很高的谱亮度。同步辐射光源的发光面积就是加速器的电子束流截面积，通常小于 1 mm^2；而光辐射发散角又很小，辐射集中在毫弧度立体角内，所以它的亮度十分高。

（4）同步辐射是偏振光。在电子轨道平面内发射的是百分之百线偏振光，在偏离轨道平面发射的是椭圆偏振光，其偏振度决定于电子的能量、同步辐射能量和它的发散角。高偏振性能是研究具有旋光性的生物分子、药物分子和表现为双色性的磁性材料的有力工具。

光源结构

同步辐射光源由注入器、电子储存环和光束线三大部分组成。注入器由电子枪、电子直线加速器和输运线组成，其功能分别是产生电子、把电子加速到所需要的能量和把它传输给电子储存环。其中的直线加速器也可以使用同步加速器替代，在这种情况下通常将电子加速到电子储存环中电子运行的能量，实现所谓满能量注入，这有利于实现电子储存环高水平运行。

电子储存环是产生同步辐射的主体装置，由磁铁系统、高频系统和真空系统组成，它将注入的电子限定在一个环形的真空室，并让其在同一环形轨道作圆周运动，同时发射出同步辐射。

光束线是沿着储存环磁铁系统里电子轨道的切线方向安装的光学系统,由前端、前置光学系统、单色器和后置光学系统组成,主要用于从电子储存环引出同步辐射并将它单色化,以供不同实验的需要。光束桥前端主要作用是储存环的真空保护和人身安全防护;前置光学系统的作用是将一定张角的同步辐射汇聚到单色器的入射狭缝上。单色器的工作波段和单色化要求根据具体实验要求而定,在真空紫外和软 X 射线波段,通常使用光栅单色器,在 X 射线波段使用晶体单色器。典型的同步辐射光源通常有 20～30 个同步辐射引出窗口,每个输出窗口至少有一条光束桥,每条光束桥末端至少可以安装一个称为实验站的实验设备。

　　同步辐射光源已经历了三代的发展。第一代同步辐射光源的电子储存环是为高能物理实验而设计的,只是“寄生”地利用从偏转磁铁引出的同步辐射光,故又称“兼用光源”,如中国的北京光源(BSR)就是寄生于北京正负电子对撞机(BEPC)的典型第一代同步辐射光源;第二代同步辐射光源的电子储存环则是专门为使用同步辐射光而设计的,主要从偏转磁铁引出同步辐射光,如中国合肥国家同步辐射实验室(HLS);第三代同步辐射光源借助安装大量的插入件(波荡器和扭摆器),产生准相干的同步辐射光,这不但使光谱亮度再提高几个数量级,而且可以灵活地选择光子的能量和偏振性(左旋圆、右旋圆、水平线、垂直线等)。第三代同步辐射光源已成为当今众多学科基础研究和高技术开发应用研究的最佳光源。

　　在 20 世纪 80 年代末 90 年代初建造在日本、美国和法国,90 年代中期投入使用的大型同步辐射光源有 3 座,其中光源的电子存储环最大周长 1 436 m,最大电子能量 8 GeV,最大光束线数和实验站数 68 个。

世界 3 大巨型同步辐射光源

装置名称	国家	能量/GeV	束线数	存储环周长/m	建造时间	启用时间
Spring-8	日本	8	62	1436	1991～1997	1997
APS	美国	7	68	1104	1989～1994	1996
ESRF	法国	6	56	844	1988～1994	1994

上海光源

　　上海光源(简称 SSRF)是由中国科学院与上海市人民政府共同向国家申请建造,由中国科学院上海应用物理研究所承建和运行的中国第三代同步辐射光源。2004 年 12 月 25 日破土动工,2007 年 12 月 24 日储存环调束出光,2009 年 4 月建成,2010年1月通过国家验收。它是我国迄今为止最大的大科学装置和大科学平台。它有上百个实验站和60多条光束线,相当于建了60多个不同学科的重点实验室,提供从红外光到硬X射线的各种同步辐射光;其脉冲宽度仅为几十皮秒。产生的辐射能量居世界第四,仅次于日本SPring-8、美国APS、欧洲ESRF。

光源由全能量注入器、电子储存环、光束线和实验站组成。全能量注入器包括电子直线加速器、增强器和注入/引出系统,其作用是向电子储存环提供所需的电子束。电子枪产生能量为10万eV的电子束,先被约40 m长的电子直线加速器加速到1.5亿eV能量,然后被注入周长约180 m的增强器中,由增强器继续加速到35亿eV,再经过注入/引出系统注入电子储存环。

电子储存环是一个周长为432 m的闭合环形高科技装置,相当于一个学校400 m环形跑道的操场,用来储存35亿eV高能电子束。它由真空度为1.3×10^{-8} Pa的超高真空室、高精度磁铁系统、高频加速腔、高灵敏的束流探测仪器和控制系统等组成。高精度磁铁系统是储存环的主要部件,包括40台二极偏转磁铁、200台四极聚焦磁铁和140台六极色品磁铁。根据设计要求,这些磁铁按特定顺序沿环排列,形成一个呈20周期的消色散磁聚焦结构,每周期含有一段7 m或5 m长的直线段。

上海光源

3.7 开拓光学新纪元

激光器的发明把古老的光学技术带进一个新纪元,它大大提高了生产技术水平和科学技术水平以及社会文明生活水平,开发了许多新技术、新科学领域。

激光终于使先前设想的光波通信变成了现实,把通信技术带进一个新时代。以激光作传递信息的载体,用光纤作信息传递线路的光纤通信技术,极大地提高了通信容量,连接世界成了"地球村"。激光开发出信息存储新技术,存储信息容量大,存储和提取信息速度极快,为信息时代提供了重要物质基础。激光可以做成"超级工具",制造优质新材料,推进了当代先进制造技术的发展。激光开拓了医疗新技术,能够治疗许多疾病,并发展了一种称为激光医学的新技术。激光也为消除能源危机开了药方,利用激光能够制造廉价核燃料,能够制造地球上的太阳,满足人类千秋万代的能源需求。激光能够帮助科学家开展各种科学研究,能够做过去曾经想象过,但实验效果不好,或者根本就无法进行的科学实验,发现和开拓了一系列新科学领域。激光也给我们带来了各种艺术享受,丰富了人类的文化生活。激光也实现了人类死光武器的梦。

开通信息高速公路

一位在华盛顿当过记者,后来成为未来学家的托夫勒在他所著的《未来的冲击》这本书中描绘了一幅工作图画:将来会一改往日上班办公、上学校学习、上图书馆看书、上商店购物的习惯,用家庭计算机可以办自己要办的一切事。这个设想会获得实现。1993年,美国副总统戈尔和商业部长布朗宣布一项让世界为之瞩目的计划:国家信息基础结构行动计划,俗称信息高速公路计划。高速公路也是美国先提出来的。1955年,美国国会通过一项法案:高速公路法案。随后建成的各州之间的高速公路,大大提高了各州之间的运输能力,交通运输能力的提高给经济发展带来了繁荣。在今天,高速公路已是家喻户晓的事,而信息高速公路则有几分新鲜,再不是汽车之类的交通运输线,而是快速传送信息的通道,它的建立将给人类的工作和生活带来极大便利,也给经济发展带来巨大动力,社会创造极大财富。克林顿政府在当时是这样描绘信息高速公路的:设想你有自己的一套电话、电视机和计算机设备,那么,你无论走到哪里,都可以看到你喜爱的球队最新比赛的录像,你可以浏览图书馆中最新的书刊,可以找到市场中食品、家具、衣服及需要的一切物品的最佳价格。看病能很方便,利用家里的计算机可以向医生直接咨询,了解自己大概患了什么病;医生和护理人员则可以通过计算机和电视屏跟市里其他医院的医生,甚至是远在千里之外的医生共同对病人会诊。如果需要病人在其他医院看病的诊断情况、检查报告等资料，可通过这信息高速公路马上得到。

信息高速公路主干线

信息高速公路的主干线是光纤通信线路，这是激光发明之后发展起来的新型通信技术。科学家们早就知道电磁波作为传送信息的载波时，它所能够传送的信息量与电磁波频率成正比，光波频率比微波高大约 10 万倍，因此在原则上用光波可以传送多 10 万倍的信息。所以从事通信研究的科学家和工程师很早也就设想利用光波作通信载波，探讨光波通信技术。比如前面介绍过的，贝尔公司就曾经试验太阳光电话。但是，因为普通光源的亮度和光子简并度不高，光波通信一直没有能够达到实用要求。激光的非凡特性，使得曾经做过光通信实验的工程师们自然很快便重提光通信，他们认为把普通光源改用激光器，利用他们原先设想的通信系统原理，光波通信会变成现实。激光器问世后第二年，即在 1961 年，贝尔实验室和休斯公司实验室便分别用红宝石激光器和氦-氖激光器进行通信实验，像无线电通信一样，激光信号在大气中传送，称为激光大气通信。科学家也计算过，激光通信系统需要的光功率将比微波通信系统少得多，通信速率每比特每秒大约只需要 10^{-16} W，而同样通信性能的微波通信系统所需要的功率则为 10^{-7} W，相差 10 亿倍！

科学家们的分析研究显示用激光器进行通信发展前景将十分广阔，贝尔实验室和休斯公司的激光通信实验后，美国其他机构、英国、前苏联、日本、中国都积极开展光波通信实验，而且还建成了不少可供实际使用的光通信线路。在 20 世纪 60 年代末，前苏联在中亚细亚海拔 2 千多米的吉尔吉斯山区上建成一条 83 km 长的激光实验性通信线路，试验显示，这是在崎岖不平的山区可靠地传输通信信号和视频信号的有效方法。美国一些通信机构，则研制出了许多轻便小型激光通信机，一种手持式激光通信机，重量不到 3 kg，使用的激光器发射的平均激光功率为 0.5 W，峰值功率 25 W，能用于地对地、船对船、飞机对飞机进行通信，地面有效通信距离 20 km，空对地通信距离长达 32 km。太空激光通信也在开展实验，比如宇航员之间的光通信实验。

在大气中传送光信号不需要铺设线路、简单经济、通信覆盖面广，也显示出了激光通信的优点，传输信息容量大，而且保密性好，这是由于激光传播方向性好、波束窄、信息在空间的发散很小且一般人眼都看不见，因此不易被察觉或截获的缘故。但是,这种通信方式存在一些致命的缺点:由于大气的吸收、散射、湍流等的影响,激光束在传播过程中会出现衰减、抖动、偏移、强度和相位起伏等现象,通信质量因此而变得不稳定。尤其在恶劣天气里,可能会发生通信无法进行的情况。由于大气的影响,大气光通信的通信距离一般在十几公里到几十公里之间。大雨、大雪、大雾对光信号的衰减十分厉害,大雾对光信号的衰减可达每公里 200 dB,即使用有誉称大气窗口波长 10.6 μm 做通信,并且采用光外差检测,其通信距离也只有 5.4 km。另外,任何意外的空间拦截物如鸟类、飞机的挡光,都可以使光通信中断。

为了摆脱大气效应,保证全天候正常通信,科学家们探讨波导和其他形式的光通信,微波通信的信号就是在波导管内传输的。在医疗中医生使用一种玻璃光纤,它由同轴结构的粗玻璃纤芯和薄包层组成,包层的光学折射率比纤芯小许多,将光源的光辐射导入人体内,照明体内器官以及通过光纤观察体内器官的发病情况。遇到的障碍是这种光纤的光学损耗很大,每千米长度损耗大约 2 kdB,医疗使用光纤长度很短,只有 1 m 左右,光学损耗大一点不妨碍观察,但用做通信线路长度就不能短,起码也得几千米,光信号经过这样长距离传输后其能量几乎全部损失尽了。光纤能不能用来做光通信线路,怎样减低光纤的光学损耗,英籍华裔科学家高锟博士从 1963 年便开始研究这个问题。他的研究发现,无机玻璃在近红外光谱区低损耗,指出了光通信使用这个光谱区的激光器是适合的。其次,他又发现玻璃中的杂质过渡金属离子在近红外区有强吸收带,是玻璃光纤光学损耗的主要来源,铁、铜、镍、铬和钴都是出现在玻璃的杂质。如果把玻璃内的杂质浓度降低,光学损耗会成比例下降。只要解决好玻璃纯度和成分等问题,就能够利用玻璃制作出低能量损耗率的光学纤维,如果光纤的能量损耗率达到每千米 20 dB,制造由光纤构成的实际通信线路便有可能,他同时分析了光纤的光学吸收、散射、弯曲等因素,确信被包覆的石英基玻璃光纤有可能满足通信需要的低损耗要求,成为光通信信号的传输波导。

在高锟的理论指导下,制造的光纤光学损耗不断下降,到 1970 年美国康宁公司制造出的光纤的光学损耗从原先每功率几千分贝,下降到只有 20 dB,光信号在这种光纤内传播 1 km 后还留下大约 10% 的能量。1972 年,康宁公司制造的光纤损耗进一步降低到 4 dB/km。1973 年,美国贝尔实验室制造光学损耗更低的光纤,只有 2.5 dB/km,1974 年降低到 1.1 dB/km。到 1976 年,低光学损耗光纤刷新纪录,日本电报电话公司将光纤损耗降低到 0.47 dB/km,光波在里面传播 1 km 后其能量只损失大约 4.5%，还留下 95.5%，比在微波通信中使用的同轴电缆的能量损耗率还低得多，完全可以用来作光通信的线路。

光纤和半导体激光器技术的进步，使 1970 年成为光纤通信发展的一个重要里程碑。1976 年，美国在亚特兰大(Atlanta)进行了世界上第一个实用光纤通信系统的现场试验，系统采用输出波长 800 nm 的 GaAlAs 激光器作光源，多模光纤作传输介质，速率为每秒 44.7 Mbit，传输距离约 10 km，这项试验标志着光纤通信从基础研究发展到了商业应用的新阶段。

现在，光纤通信线路连接了千家万户，在不同城市、不同国家的人，通过这种线路可以随时随地交流信息，整个世界更加紧密联系。

光纤放大器

光信号在光纤内传播过程中，其能量多少总受到一些损耗，信号强度也就不断减弱，传输到一定距离时，信号强度与噪声强度差不多，此时通信便开始失效。为了保证长距离高质量通信，人们在通信线路上每隔一段距离设一只放大器给信号"加油"，让它的强度增强。但是，通常使用的电子放大器是不能放大光信号的，所以需要先利用光电器件把光信号转换成电信号，由电子放大器放大它，然后再用光电子器件把电信号转换成光信号。这么一来一往的转换，不仅使得线路设备复杂，更重要的是，无形之中又把通信线路回到了电信号通信，成了光通信的瓶颈。最好的做法是可以直接放大光信号，现在，光纤放大器能够实现我们的愿望。

光纤放大器由掺杂光纤、抽运光源、光纤耦合器组成。掺杂光纤是在光纤内掺进某些稀土元素，比如对使用光波长 1.3 μm 通信的线路，光纤内掺钕(Nd)元素或者镨(Pr)元素，对于使用光波长 1.55 μm 通信的线路，光纤内掺元素铒(Er)。抽运光源是半导体激光器，比如前面提过的垂直腔面发射半导体激光器或者激光二极管。抽运掺钕和镨的光纤使用的激光波长是 0.96 μm，抽运掺铒的光纤使用的激光波长是 1.48 μm。抽运光通过光纤耦合器抽运掺杂光纤，在外来光源抽运下在光纤内的掺杂粒子产生能级布居数反转，光信号在通过它时便获得放大，强度重新增强，使用的抽运功率为 10 mW，可以获得 30～40 dB 的增益。光纤通信线路使用了光纤放大器后，不仅有效通信距离可以延长到很长，而且也能够提高通信速率，可以达到 2000～3000 Gbit，横跨太平洋的海底光缆采用光纤放大器，每根光缆可以同时进行 50 万次电话，为往日采用中继器的光纤通信线路的 12 倍。

推出工业生产新技术

激光技术开发出许多生产新技术,满足了现代工业生产的要求,并进一步提高了工业生产技术水平,形成先进工业制造技术,大幅度提高了生产效率,取得了明显的经济效益。

激光"钻头"打孔

在元件上打小孔是常见的事,但是,如果要求在坚硬的材料上打许多尺寸大小相同、孔径又很小的孔,则是件不容易做的事。在材料上打微小孔传统加工技术是采用每分钟数万转或者几十万转的高速旋转小钻头加工的,但通常这也只能加工孔径大于 0.25 mm 的孔,而在现代工业生产中往往遇到加工的孔径比它还要小。比如,实验显示在飞机的机翼上打许多直径 0.06 mm 的微型小孔,能够大幅度减小气流对飞机的阻力,让飞机省油,有关资料显示可以省油 40%,这是不小的数字。又比如在轧钢工业中,轧钢机的压辊上打许多微型小孔,能够提高制造的钢材质量,同时还延长压辊的使用寿命。在电子工业生产中,也遇到许多需要孔径为 0.1~0.3 mm 的小孔的打孔工作。传统的打孔工艺是利用各种钻头、钻孔和电火花打孔,加工微型小孔比较困难,而且也难保证打出来的各个小孔大小统一。

1962 年,苏联科学家使用 Q 开关红宝石激光器输出的高功率照射在钢板尺子上,竟然在它上面打出一个小孔,同样,在这年中国科学家利用红宝石激光也在胡子刀用的钢制刀片上打出小孔,显示出了激光的威力,也启发了科学家采用激光作机械加工的设想,比如利用激光代替普通钻头在工件上打孔,并在 1962 年开始试验。在此后的生产实践上显示出了这项新的加工技术的优越性。1963 年,中国科学院上海光学精密机械研究所汤星里、孙宝定等研制成功红宝石激光打孔机,并在同年在北京展览会上展出,它能够打直径 150 μm 的小孔,也可以打直径只有 10 μm 的小孔,在上海灯泡厂钻石拉丝模车间使用这种激光打孔机打孔,生产效率提高 250 倍。1971 年,上海钟表元件厂等单位研制成功的钕玻璃激光打孔机,生产机械手表的宝石轴承的生产效率提高 10 倍以上。宝石轴承是机械手

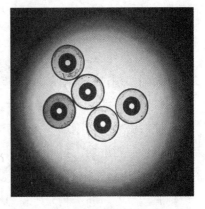

激光加工的红宝石轴承

表中的关键性元器件,材料的硬度高,可达莫氏9级,仅次于金刚石。宝石轴承孔径最小6丝,最早打孔是仿效中国传统补碗"拉胡琴"的打孔办法,一个人每天最多能够加工8只轴承,少的只有2只。后来采用24轴高速打孔机,每人每天可加工2500～3000只轴承。1977年7月,又进一步研制成功Nd:YAG激光快速打孔机,每秒可以加工10～14只轴承,孔径精度±(5%～7%),圆孔内壁损伤小于10 μm,废品率为2%。

用激光在工件上打孔径微小的小孔的道理不复杂。激光有很好的相干性,用光学系统可以把激光束聚焦成尺寸很小的光斑(可以小于1 μm,这相当于尺寸很小的钻头。其次,激光又有很高的亮度,聚焦的光斑上有很高的激光能量密度,普通的激光器便可以达到每平方厘米面积 10^9 J,在这样高能量密度作用下,足可以让各种材料熔化并发生汽化,形成一个小孔,与用钻头钻出一个小孔一样。只要保证激光器输出的激光功率稳定,打出的各个小孔的尺寸就会一个样。

怎样用好这个激光"钻头",科学家也做了许多研究,并找到了一些技巧。比如,使用输出高脉冲重复频率的激光束,比使用单个脉冲或者连续输出的激光束打孔效果好得多。道理与激光打孔的机理有关,让材料熔化并汽化后才形成小孔,如果被激光熔化的材料没有被充分汽化并排除出去,后续的激光能量将会加热小孔周边的材料并发生汽化,结果打成的小孔的形状便不规整。当使用的是高重复率脉冲激光束时,就不会出现这种情况。此外,要让打成的小孔质量高,还需要注意激光焦点相对工件表面的位置。选择的原则是,对于厚度较厚的工件,焦点位置选择在工件的内部,厚度薄的工件,焦点位置选择在工件表面上方。焦点位置做这样的选择,打出来的小孔上下孔径大小会基本一致,不出现"桶状"的小孔。

精密激光切割

在20世纪五、六十年代,作为板材下料切割的主要方法中:对于中厚板采用氧乙炔火焰切割;对于薄板采用剪床下料,成形复杂零件大批量的采用冲压,单件的采用振动剪。20世纪70年代后,为了改善和提高火焰切割的切口质量,又推广了氧乙烷精密火焰切割和等离子切割。为了减少大型冲压模具的制造周期,又发展了数控步冲与电加工技术。各种切割下料方法都有其优缺点,主要是切割精密程度不高,加工后还需要修整。在激光问世后,在1962年,科学家研究利用激光进行切割的新技术,1967年5月成功地实现用300 W CO_2激光并辅以吹氧气、以每分钟在1 m的速度切割厚度2.5 mm以内的高碳工具钢和不锈钢,从而为激光应用

CO₂ 激光在切割钢板

开辟了一个新的加工领域。

　　激光切割与激光打孔的原理基本相同,也利用激光能量加热材料,使之熔化、汽化,只是此时激光束不是固定不动,而是沿着材料表面移动的,材料便将沿激光束运动的轨迹被切割下来。这种切割也不是靠机械力,而是靠激光能量,因此不管材料的硬度高或者低,切割的能力都一样,任何硬度的材料都可以切割,切割速度都一样,影响切割速度的因素主要是材料对激光的光学吸收性质、使用的激光功率大小。同时,由于在加工时没有对工件产生机械压力,即不会给工件产生变形,这一点对于精密机械加工也是十分重要的优点。

　　用普通切割工具的切口比较大,切割精度不高,尺寸很小的工件很难进行切割。激光的相干性好,利用光学系统可以把它聚焦成尺寸很小的光斑,所以激光切割的切缝细窄,一般为 0.1～0.5 mm。比如切割 6 mm 厚的钢板,切缝只有 0.3 mm,切割 0.8 mm 的钛板,切缝小于 0.2 mm。切割精度高,一般孔中心距误差 0.1～0.4 mm,轮廓尺寸误差 0.1～0.5 mm,而且激光能够切割尺寸很小的零件。

　　第二个好处是切口平滑,没有毛刺,切割后基本上不需要再修整。这些好处在切割贵重材料和要求精密度高的工件时非常宝贵,比如火箭、航空航天的飞行器,它们的工件加工要求非常高,各种材料的尺寸精密度要求都非常严,必须相互准确匹配,激光切割技术就能够满足要求。普通工业生产中的显示屏玻璃切割,使用传统切割工具切割后容易出现尺寸误差,而且容易碎裂,成品率不够高,采用激光切割,切割后切口很平整圆滑,没有了刺,成品率也大幅度提高。制衣生产中用剪刀剪裁化纤衣料,其切口边缘化学纤维容易出现毛头散开,剪裁后需要锁边,用激光裁剪后边沿没有毛刺,不需要再锁边了。

第三是切割速度快,例如采用 2kW 激光功率切割 8 mm 厚的碳钢,切割速度为每分钟 1.6 m;切割 2 mm 厚不锈钢的切割速度为每分钟 3.5 m,切割任何材料,坚硬的合金钢、容易碎裂的玻璃、柔软的橡皮和布匹以及生物组织都一样能够快速切割;而且切割的热影响区小,引起工件的变形也极小。

第四是普通切割工具只能沿着直线行走,要切割有弯曲边缘的零件就很困难。而光束用反射镜就可以让它朝任何方向摆动,切割圆形的、椭圆形的、梅花形的或者其他各种复杂曲线边缘的零件,也和切割直线边缘零件一样方便。

激光无缝焊接

在工业生产中经常遇到需要将几个工件焊接起来的工作,通常采用的焊接方法主要有电阻焊、氩弧焊、等离子焊、电子束焊等。电阻焊主要用来焊接薄金属件,在两个电极间夹紧被焊工件,通大的电流时通过工件电阻发热、熔化实施焊接。氩弧焊使用非消耗电极与保护气体,常用来焊接薄的工件。等离子焊与氩弧焊类似,但其焊炬会产生压缩电弧,以提高弧温和能量密度,它比氩弧焊速度快、熔深大。电子束焊是靠一束加速高能密度电子流撞击工件,在工件表面很小面积内产生高热,实施深熔焊接。这些焊接技术都存在一些缺陷,或者焊接速度较慢,易产生变形,或者需经常维护电极,清除氧化物,或者需要高真空环境以防止电子散射,设备复杂,焊件尺寸和形状受到真空室的限制,对焊件装配质量要求严格等。激光器发明后第二年,科学家便开始研究使用激光进行焊接,并在 1962 年报告了激光焊接的应用。

激光焊接是将高强度的激光束辐射至金属表面,通过激光与金属的相互作用,金属吸收激光转换为热能,使金属熔化后冷却结晶形成焊接。在激光焊接中,现行焊接工艺一般不需要填充金属。在这种情况下,焊缝的组织和硬度主要由钢板的化学成分和激光照射条件来决定。对焊件装配间隙要求很高,实际生产中有时很难保证,限制了其应用范围。采用填丝激光焊,可大大降低对装配间隙的要求。例如板厚 2 mm 的铝合金板,如不采用填充焊丝,板材间隙必须为零才能获得良好焊接,如采用直径 1.6 mm 的焊丝作为填充金属,即使间隙增至 1.0 mm,也可保证焊缝良好的成形。此外,填充焊丝还可以调整化学成分或进行厚板多层焊。通过选择任意合金成分的焊丝作为最佳的焊缝过渡合金,可以保证两侧母材的联结具有最佳性能,可以对高熔点、高热导率、物理性质差异较大的异种或同种金属材料进行焊接。

与传统的焊接工艺相比较,激光焊接的优势如下:

首先,任何两种不同类型的材料它几乎都能够焊接。有不少不同类型材料,比如铜与铝,钨与钼,金属与陶瓷等用传统焊接工艺是很难焊接起来的,用激光则能够焊接;有些使用传统焊接工艺难焊的材料,比如铝合金、钛合金、镍合金和不锈钢等,采用激光都能焊得快,焊得好。

其次,激光焊接的焊缝很细窄,也很平整,焊的深度也能做到很深,焊缝强度、韧性好,至少相当于母材甚至超过母材,而且又不会给零件产生热变形。

第三,激光焊接可以不需要焊料,靠激光的能量就可以把材料焊接起来,这对于避免由焊料可能给焊接件带来污染物有重要意义,例如用激光给食品罐头封口焊接就能很好地保证食品质量。

激光淬火处理

机器设备和人一样也有寿命,使用到了一定时间便要报废。比如汽车、机车,它们跑了一定路程之后便要大修,需要把一些受损伤的元件换下来,其中最容易受损伤的部件是发动机、传动器的齿轮等。它们为什么不能长寿百岁?有办法让它们延长使用寿命?显然,如果能够做到的话能够给我们带来不小的经济利益。

我们知道,机器设备在运转时里面总是有些部件在作上下、前后或者左右相对运动,彼此之间的相对运动会产生摩擦,时间长了便出现磨损,机器的性能也就变坏,最后不得不报废。拿发动机来说吧,它的心脏是气缸,发动机工作时气缸里的活塞便在上上下下地运动,运作时间长了之后,活塞与气缸壁之间就出现磨损,它们彼此之间便不再保持良好的密封性能,气缸里的汽油燃烧所产生的高压气体有一部分将从活塞边缘溢出,不是全部用来推动活塞运动,或者说,发动机的工作效率下降了。传动器的齿轮运作时间长了也出现磨损,彼此不再紧密配合,传动性能变差,最后也不得不将它更换下来。这就告诉我们,要发动机"长寿"、要传动器长寿,办法就是提高活塞表面和气缸壁的耐磨性能,提高齿轮表面的耐磨性。科学家研究了各种方法提高机械元件的性能,比如研制出了各种高性能合金钢,采用它们做成的机械元件性能就很好。但是,这些金属材料价格高,用它们制造的机械设备价格也就自然昂贵。能不能利用普通钢材料,又能够让它们具有合金钢那些耐磨性和抗疲劳、抗应力腐蚀能力？科学家想出一个妙策，对机械元件进行表面强化处理，并先后开发了淬火技术、退火技术、热喷砂技术等。激光器发明后，大概在1963年，科学家利用激光试验金属材料表面强化处理；到1972年，研制成功激光表面强化处理设备，在生产上开始采用激光表面强化技术。

当金属表面受到激光束照射时，它吸收了激光能量而立即被加热到很高温度，而当激光束离开照射点时，由于金属是热的良导体，照射点的热能会迅速向四周传导，结果这个地方的温度便随即迅速下降，这一热一冷的过程与传统的淬火处理十分相似，但得到的效果却大不一样。激光淬火处理后金属表面的硬度比常规淬火处理提高15％～20％，铸铁材料激光淬火后其耐磨性可提高3～4倍。此外，在实际上需要做表面淬火处理的往往只是工件的某个部位，并非整个工件，但常规淬火处理在给工件加热时却只能"一锅煮"，不能单独只对工件需要处理的那些表面加热。这么做不仅浪费能源，而且导致工件发生较严重的热形变，处理过后需要对工件再加工，纠正形变引起的尺寸变化，才能与其他工件配合，这无形之中增加了工作量。利用激光来做这种淬火处理时就没有这些问题了，我们可以做到只对需要处理的部位照射激光，比如对槽壁、盲孔、深孔以及腔筒内壁等部位的处理，这便避免了传统工艺中的"一锅煮"做法；而且激光表面淬火处理时进入工件材料内部的热量少，由此带来热变形少（变形量仅为高频淬火的1/3～1/10），因此特别适合高精度要求的零件表面处理。还可以减少后道工序（矫正或磨制）的工作量，降低工件的制造成本。

激光给缸套做淬火处理后成倍提高使用寿命

激光给元件"穿上"耐磨外衣

激光增强元件表面耐磨性的另外一种做法是,给元件"穿上"耐磨外套。做法是用激光加热预先涂敷在材料表面的耐磨材料涂层,比如钴基合金粉或者陶瓷涂层,使这些涂层材料与基体表面一起熔化后迅速凝固,便让元件"穿上"耐磨的外衣。传统的表面强化技术中也有类似做法,如渗碳、渗硼和氮化等技术,但它们均

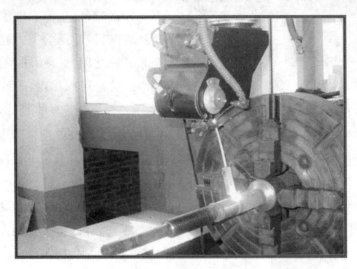

激光对钻井钻杆进行熔覆处理

在不同程度地存在着处理周期长、渗层薄和工件易变形以及强化效果不够好等缺点,用激光来做,产生的涂层厚度可在几微米到几毫米,大大提高了零件表面耐磨性,在低成本的金属基体表面制成高性能的表面,从而能够代替使用高级合金制造元件,节约大量贵重、稀有的金属材料,大大降低制造成本,而且降低能源消耗,具有很高的经济价值,广阔的发展空间和应用前景。目前已成功开展了在不锈钢、模具钢、可锻铸铁、灰口铸铁、铜合金、钛合金、铝合金及特殊合金表面进行钴基、镍基、铁基等自熔合金粉末及陶瓷相的激光熔覆,制造耐磨性强、使用寿命长的元件设备。

激光冲击强化元件表面

金属材料的主要失效形式疲劳和腐蚀均始于材料表面,所以金属材料表面的结构和性能直接影响着材料的综合性能。为了改善表面性能,人们采用了喷丸、滚压、内挤压等多种表面强化工艺。

高功率密度、短脉冲的激光照射到金属表面时,在照射区迅速发生气化并几乎

激光冲击处理航空发动机的整体叶盘

同时形成大量稠密的高温、高压等离子体。该等离子体继续吸收激光能量急剧升温膨胀，然后形成高强度冲击波作用于金属表面并向内部传播。产生的冲击压力非常高，达到数十亿帕，乃至万亿帕，这是传统机械加工难以达到的（机械冲压的压力通常百万帕至几亿帕之间）。强大的压力超过了材料的动态屈服强度，导致材料发生塑性变形并在表层产生平行于材料表面的拉应力。激光作用结束后，由于冲击区域周围材料的反作用，其力学效应表现为材料表面获得较高的残余压应力。残余压应力会降低交变载荷中的拉应力水平，使平均应力水平下降，从而提高疲劳裂纹萌生寿命。同时在材料表层形成密集、稳定的位错结构，使材料表层产生应变硬化。这便使得材料的抗疲劳和抗应力腐蚀等性能获得显著提高。对发动机钛合金有微裂纹、疲劳强度不够的损伤叶片，经过激光冲击处理后，疲劳强度为 413.7 MPa（该叶片使用的设计要求是 379 MPa）。1979 年，美国国防工业著名的格克希德-佐治亚公司开展了激光冲击处理 7075-T6 和 7475-T73 铝合金的研究，试验结果表明：7075-T6 试件的疲劳寿命提高 1.93 倍，7475-T73 试件的疲劳寿命提高 1.91 倍。另外，法国、俄罗斯等航空工业发达的国家也相继开展了这方面的研究。

激光提纯工业原料

微电子学、医药、精细化工、宇航、能源等方面都需要超高纯材料。比如在电子工业中要得到高质量高性能的电子学元件，必须首先制得超高纯基质，如硅及其掺杂材料硼、砷 等；化工原料中需要清除其中可能对催化剂引起中毒的有害组分；制备通信光纤所需的原料 SiO_2 是由 $SiCl_4$ 或 SiH_4 通过气相氧化过程制定，而所用的气相原料 $SiCl_4$ 或 SiH_4 等必须有极高纯度。激光提纯是先进的提纯技术，获得的纯度是一般常规化学提纯技术和物理提纯技术所难以达到的，它可使杂质水平降低至亚 ppm（$1ppm=10^{-6}$）量级或 ppb（$1ppb=10^{-9}$）量级。而且，有些杂质和主体的物理性质和化学性质非常相似，比如生产半导体材料高纯硅的原料之一的四氯化硅（$SiCl_4$），它与伴随的杂质四氯化碳（CCl_4）的物理性质和化学性质就非常相近，这时候不论是采用传统的化学提纯技术还是物理提纯技术的难度都很大，效果也很差,而利用激光提纯则很有效。

激光提纯的基本原理是基于激光有非常好的单色性,能够实施对原子和分子有选择性激发,比如可以在混合物质体系中只激发其中某一种分子,而其他分子不受激发。即选定某一激光频率同该类分子吸收光谱的某一吸收峰相匹配,从而使该类分子由于共振吸收而受激发,其他分子则不受影响。另外,在化学混合物中,主体物质和杂质的化学性质及物流性质虽然很相近,但是,它们的分子中往往含有不同的原子。比如主体四氯化硅和杂质四氯化碳,前者的分子中有硅原子,后者的分子中含有碳原子,因此,它们的分子光谱会有差别,它们的光学吸收光波长会不一样。尽管彼此相差的数值不大,但因为激光的单色性非常好,总能够做到让激光器输出的某一个波长是属于其中一种分子的吸收波长,而不属于另外一种分子的吸收波长,亦即可以实施有选择性地激发某种分子或者离解某种分子。被激发的分子其化学反应速率获得提高,于是便可以采用化学反应方法把它单独"提拔"出来;也可以利用激光把其中一种化合物分子电离,然后利用电场把它给分离出来;也可以利用激光把杂质化合物的分子给离解,让它从混合物中消失。这样一来我们便可以得到纯度很高的原材料。

制造纳米材料和新型高效催化剂

纳米材料是一种新型材料,是特征维度尺寸在 $1\sim100$ nm 范围内的一类固体材料,包括晶态、非晶态和准晶态的金属、陶瓷和复合材料等纳米粒子、纳米薄膜。由于纳米材料具有表面与界面效应、尺寸效应、量子尺寸效应和宏观量子隧道效应,从而使其在磁性、非线性光学、光发射、光吸收、光电导、导热性、催化、化学活性、敏感特性、电学及力学等方面表现出独特的性能,引起了人们的广泛关注。现在已经制成的纳米材料主要有 SiC-N 粒子、Fe/ C/ Si 粒子、Fe_2O_3 粒子、Si 纳米线、纳米碳管、YBCO 纳米线、$Cd_{1-x}Mn_xTe$ 纳米晶和纳米薄膜、纳米 AlN 薄膜、纳米晶硅多层膜、纳米 Cu,Al_2O_3 复合膜。纳米材料制备过程中的激光方法主要有:激光诱导化学气相沉积法(LICVD)、激光加热蒸发法、激光分子束外延(LMBE)、激光气相合成法、飞秒激光法、激光聚集原子沉积法、激光消融法、激光诱导液-固界面反应法。

与传统高能球磨法、溶胶凝胶法、离子溅射法、分子束外延法、活化氢熔融金属法、水热法等相比,激光法制备纳米材料的优点有:

(1) 反应器壁是冷的,不会参与反应,对产物无污染,因此产物纯度高。

（2）与环境的温度梯度大，能实现材料的快速冷凝。

（3）激光器与反应室相分离，产物对激光无污染。

催化剂的活性结构直接影响其催化过程中的转化率、选择性和寿命。优良催化剂的活性结构，必须是处于一种适度的亚稳定状态。对于金属催化剂、氧化物或碳化物催化剂，控制其活性结构十分重要。而影响其活性结构的重要因素是空间结构、组成结构和键结构。利用激光制备催化剂较于其他传统制备方法的独到之处是，能够通过调节激光强度（W/cm^2）、激光波长或频率、辐照时间，控制催化剂键结构与空间结构，即能够制造出良好活性结构的催化剂。在FT合成、石油化工产品的加氢、脱氢以及无机、有机化工催化过程将获得新的突破和应用发展。

激光诱导化学反应

化学产品的生产是通过化学反应实现的，化学反应方向直接影响产品的类型，同一个化学反应，不同的反应方向，将得到不同的产物。化学工业生产的效率与化学反应的速率密切相关，而化学反应速率与反应物分子的能量状态以及反应物的环境状态有密切关系，分子处于激发状态，反应速率会获得提高，比如化学反应 $K + HCl \longrightarrow H + KCl$，当HCl分子被激发到振动能态 $\upsilon = 1$ 时，分子处于振动基态，即振动量子数为 $\upsilon = 0$ 时的100倍。如果反应物中存在自由基或原子，此自由基又可以诱发连锁反应，也大大提高反应速率，而且本来很难进行的化学反应也变得快速。激光有很高的亮度和很好的单色性，利用激光可以把许多分子激发到激发态，也能够有选择性地激发分子某个特定的分子键，使化学反应提速，或者控制化学反应朝某个方向进行。激光也可以引起反应物发生光解反应以及由光解碎片引起的后续化学反应。用各种波长的激光（红外的、可见光的、紫外的）诱发的化学反应大约有几百种。根据波长的不同，激光诱发化学反应的机理也不相同，一般可分为两类：红外激光诱导化学反应和紫外或可见激光光解反应。

红外激光诱导化学反应中，激光的作用不是简单的热作用，而是红外光子同分子内的特定键或振动膜之间发生共振耦合。因此，红外激光诱导化学反应是一种定向的、低反应活化能的快速过程，具有高度的选择性。以三氯化硼分子为例，该分子的 υ_3（振动波数 $955\ cm^{-1}$）相应于反对称伸缩振动，当用低功率的二氧化碳红外激光（波长 $\lambda = 10.55\ \mu m$）辐照含有 BCl_3 分子的混合气体时，将诱发化学反应。比如混合气体 $BCl_3 + H_2S$，在常温常压下不发生化学反应，在激光辐照时使其 B—Cl 键被激发，并发生反应过程。

原则上讲,只要选择合适波长的激光,任何分子都能被光解,对同一分子来说,不同波长的激光辐照时有可能按不同的方式光解。例如,激光法生产氯乙烯(C_2H_3Cl)是在常温常压下不能进行、但在激光的照射下可被诱发的化学反应。因为绝大多数分子的离解能在 $60\sim752.4$ kJ/mol 或 $3\sim7$ eV 之间,这就需要波长为 $400\sim140$ nm 的紫外光辐照才行。

开创信息存储新技术

日常生活中有许多东西和事情需要记录下来、生产中有许多材料需要登记和保存、科学研究中有许多数据资料需要保存、办公室里有许多文件资料需要保存……总之,在生活和工作中有许多信息需要存储下来。最原始的,或者最通常的办法是用笔在纸上书写记录,我们的祖先世世代代就是这样保存信息资料的。但是,这种办法有一个明显的缺陷,写满一页纸记录下来的信息内容不多,按现在使用的术语,就是其信息存储密度太低。由于这个原因,往日办公室里总是堆满各种报告、文件和资料,使得办公室十分拥挤,而且从这些文件堆中要找出某份文件或者查找某个数据也不方便。随着社会发展,需要保存、查阅和处理的资料数量大幅度增多,沿用笔和纸这种记录方式越来越不适应。有人曾经做过统计,美国的一个工作日大约有 4 亿页文件、760 万封信、6 亿页报表,记录这些内容大约需要 1 万 t 纸!这还仅仅是美国一个国家在一个工作日需要的消耗量,全世界一年消耗的纸张数量是惊人的!

为了改变这种状况,科学家一直在寻找新的信息存储技术,先是发明缩微信息存储技术,它大大提高了信息存储密度,一张缩微胶片能够记录的信息量比一张相同大小的纸大 100 到 1000 倍,50 万张工程图纸的面积大约有 25 万 m^2,需要大约 1000 m^2 的房子存放它们,采用缩微胶片则只需要 0.5 m^2 的柜子存放。藏书 500 万册的图书馆,如果使用的是缩微胶片本,只需要一个书柜便可以放置。

虽然缩微胶片存储信息能够很大地提高信息存储密度,极大地减少存储信息需要的空间。但是,它不能与现代的通信设备和计算机联用,限制了快速进行信息交流和信息处理的能力。后来又出现磁带、磁盘等新型信息存储技术,它们是利用物质的磁性变化实施信息存储,存储信息的能力也非常强,每平方厘米面积可以存储 200 多万比特的信息(比特是英文 bit 的音译,它是信息的量度单位,常见的二进制数字中的 1 位包含的信息称为 1 bit),一张直径大约 9 cm 的磁盘,可以存储 70

万字的信息。激光器发明之后，又开发出一种存储信息密度更高、信息存取速度更快的存储技术。

光盘

光盘信息存储技术（简称光盘）是激光技术首先开发的一种新型技术，它是利用激光与材料相互作用，引起材料发生某种物理变化。比如在材料表面"烧"出一些小孔或者小泡，或者引起材料的磁性或者晶相变化等实施信息存储。因为激光的相干性非常好，用光学系统可以把它汇聚成尺寸非常小的光斑（大约 0.1 μm），这意味着在光盘上 1 bit 信息占的空间面积极小，在理论上只占大约 1.6×10^{-10} cm^2，换句话说光盘的信息存储密度可高达每平方厘米 100 亿 bit！比磁盘还高万倍。此外，光盘是利用激光束读出信息的，与光盘表面不存在摩擦，长时间使用也不会对光盘储存的信息造成损伤，只要制造光盘的材料性能稳定，存储在光盘的信息就能够长久地保存。

给光盘存入信息和从中读出信息并不是像通常用纸记录信息那样用激光在材料上书写，而是需要采用专门设备写入信息和读出信息的，写入的信息也不是我们常见的文字和数字，而是计算机使用的语言，即利用一串的"0"和"1"来表示，但原理并不复杂。写入信息时借助计算机将数据、文字等转换成二进制数字"0"和"1"，它们在光盘上的表达方式有好几种，直观和最先使用的方式是由计算机控制驱动直径小于 1 μm 的激光斑点在旋转的、涂有记录介质的光盘上运动，在记录介质上烧蚀出一个个长度不一的小凹坑，它的宽度为 0.6 μm，深度大约为 0.12 μm。随着激光束沿光盘半径方向移动，在记录介质上烧蚀出一系列由凹坑和凹坑之间的平面（凸面）组成的、由里向外的螺旋轨迹坑道，它称信息光道。光道的间距为 1.6 μm。凹坑与凸面交界的跳变代表数字"1"，两个凹坑与凸面交界边缘之间代表数字"0"。"0"的个数是由边缘之间的长度决定的。需要记录的信息就是由沿着盘面从内向外螺旋形排布的一系列凹坑的形式存储，这意味着这样制成的光盘是不可以重复擦写的。光道上不论内圈还是外圈，各处的存储信息密度是一样的。

另外一种方式叫起泡法，这是利用激光在照射点引起材料温度上升并发生汽化，形成一个亚微米量级的凸起，与前面的情况类似，如果把凸起的部分作"1"，没有突起的部分作"0"，便也把信息写进了光盘。

另外一种是利用磁膜矫顽力随温度变化的性质或者铁磁-顺磁转变的性质写入信息。在写入信息前用强度一定的磁场对介质进行初始磁化，使各磁畴单元具

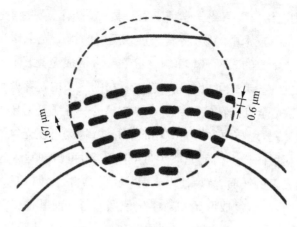

光盘上的信息光道

有相同的磁化方向。然后借助计算机将数据、文字转换成二进制的"0"和"1",并控制驱动直径小于 1 μm 的激光斑点在旋转的、涂有记录介质的光盘上运动,在激光斑点照射的微斑区因温度升高而迅速退磁,此时通过读写头的线圈施加一反偏磁场,使微斑反向磁化,与无光照区产生反差,便可以实现二进制 0 和 1 的写入。如果在与写入同样的过程中加相反方向的磁场即可以擦除先前记录的信息。

　　最新的信息光盘是"相变光盘"。有一些材料(称相变材料)在不同功率密度和脉宽的激光(直径一般小于或等于 1 μm)作用下,会发生晶相与非晶相或晶相 I、晶相 II 的可逆相变,导致该材料的某些物理(如反射率、折射率、电阻率)也发生相应的可逆变化。如果以晶态时的低阻和非晶态时的高阻分别代表数据值的 1 和 0,高阻和低阻之间的差别在 3 个数量级以上,相变光盘的信息写入和擦除正是对应于这种可逆变化实现的。在写入信息时使用的激光功率一般较高,脉冲宽度较短,材料由晶相变为非晶相或由晶相 I 变为晶相 II;如果要擦除已经写入的信息,使用较低功率、脉冲宽度较长的激光束,材料由非晶相变为晶相,或由晶相 II 变为晶相 I。信息的读取则采用不会引起材料相变的低功率密度激光照射相变材料并测其反射率来完成。

　　激光全息信息存储技术

　　这是 20 世纪 60 年代随着激光全息的出现而发展起来的一种大容量、高密度数据存储技术。它是利用激光全息的基本原理,进行二值化页面形式激光信息存储技术。对要存储的信息进行数字化编码后,通过空间光调制器(SLM)调制成二维数据页,其中数字"0"和"1"分别对应 SLM 像素阵列上的亮点和暗点,从而在

SLM 的像素阵列上组成二值化光学信息页。具体信息记录过程是将二值化光学信息页作为激光全息技术中的物,将其透过或反射的相干光束作为物光束和参考光束,在信息记录介质的表面或体积中相互干涉,形成全息图,它即为存储的信息。采用不同角度的参考光可以在同一存储材料的同一位置存储另外一幅完全不同的全息图,这就是全息光存储的一个重要技术——特征复用技术信息的读取即激光全息的再现过程,用与原参考光波相似的光波(称为再现光)照射全息图,则可获得相位光栅的衍射图样。衍射光束经过空间调制,可再现写入过程中与此参考光相干涉的数据光束的波面,然后使用光信号探测器件(比如 CCD)将读取的图像输入到计算机,并将其恢复成原始的数字化信息。与目前其他光存储方法所不同的是,在存储介质上保存的数据信息是物光和参考光的干涉图样,属于数字存储方式。

全息光存储系统的主要组成部分包括光源、空间光调制器、探测器阵列以及变换透镜和相应的光学元件等,系统的性能与这些组成部分的性能密切相关。在全息光存储系统中可以采用光信号处理技术也可以采用电信号处理技术,当然也可以同时采用两种信号处理技术。光信号处理技术由于具有内在的并行性,因此速度很快,但是系统的复杂性和成本也相应增加;电信号处理技术相对比较成熟,但是速度比较慢。为了减少读取数据时电通道的瓶颈,可从光电转换开始将一个检测阵列分成多块,实行并行处理以匹配光通道的速度。下面的图是激光全息信息存储系统组成,但它只是全息光存储系统的部分组件,另外还有复杂的光学系统,以及其他机械部件,控制系统的电子设备和实现编解码处理的存储通道等。

全息存储技术也有很高信息存储容量和很快的存取时间。全息存储的存储密度理论上可达激光波长 λ 的 $1/\lambda^2$(面存储)或 $1/\lambda^3$(体存储)的数量级,采用多种复用技术还可以充分利用其存储能力,有望在未来的发展中占据主流;存储容量和数据传输速率比现行光盘技术可能高若干个数量级;

其次是数据传输速率高、寻址速度短。全息存储中信息以页为单位,可实现并行读写,从而达到极高的数据传输率。同时全息数据库可用电光偏转、声光偏转等无惯性的光束偏转或波长选择等手段寻址,无需磁盘和光盘存储中的机电式读写头,目前采用多通道并行探测阵列的全息存储系统的数据传输率将有望达到每秒 1 Gbit,数据访问时间可降至纳秒范围或者更低。

第三是数据冗余度高,与传统磁盘和光盘的按位存储方式不同,全息记录是

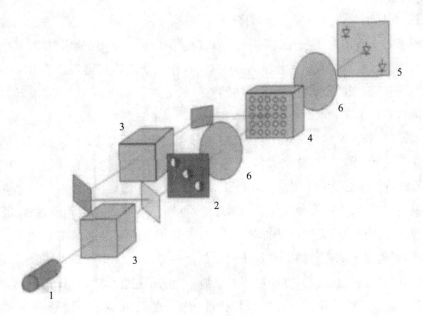

激光全息信息存储系统组成

1—激光器；2—SLM；3—光学整形元件；4—信息存储介质；5—探测器阵列；6—光学变换透镜

分布式的，存储介质的缺陷和损伤只会减低信号强度，而不至于引起信息丢失，冗余度高、鲁棒性好、抗噪声能力强。

制造用之不竭的能源

冬天屋里依然能够暖洋洋，生的米会煮成饭，汽车、飞机能跑会飞，机器能够运转工作，电灯能够发光，所有这些都消耗能量，它是由能源提供。要是能源枯竭了，我们这个世界将变成荒漠，生命消失。不过，科学家说，能源不会枯竭，因为他们应用激光技术即将找到用之不竭的能源。

用激光廉价生产核燃料

我们都知道核电站，它的发电能力远超火力发电厂，一座外表看上去是座小发电厂，其实它能够输送出巨额的电功率，比大型普通火力发电厂还多得多；而且核电站周围干净整洁，完全不像普通发电厂周围满是煤灰、煤渣，它是一种干净能源。核电站跟常见的火力发电厂一样，都是采用热蒸气驱动汽轮机，再由它驱动发电机产生电力。燃烧的"燃料"不是普通燃料，而是铀！不过，开采出来的铀矿石不能直接用来作核电站的燃料，即使是经过提炼出来的金属铀也不能用。原因是提炼出来的铀,它里面包含三种成分,它们分别是铀-234、铀-235和铀-238,在这3种同位素中只有铀-235的原子核在受到中子轰击时能够发生裂变,释放出核能,其他两种同位素的原子核都没有这种性能,成了"燃料"中的杂质。问题是开采出来的铀矿石,或者提炼出来的金属铀,里面含的铀-235成分却是很低,只占大约0.7%,其他两种同位素占了99.3%。根据科学研究的结果,铀-235的含量达到2%~3%才能作核电站的燃料,不然它就燃不起来的,情形类似于我们烧煤球或者煤饼,里面的煤粉含量过低,而砂石等杂质太多,炉子是燃烧不起来的。这就意味着开采出来的铀矿石提炼后还需要进行浓缩,提高铀-235的含量。然而,提高铀-235含量的比例却很不容易,因为这几种同位素的物理性质和化学性质都非常相似,采用通常的化学提纯办法和物理提纯办法都难以奏效,必须采取别的办法。在20世纪40年代,科学家利用铀-235与铀-238原子质量的微小差别,发明了"气体扩散法",获得了铀-235含量高的核材料,并制造了原子弹。做法是把金属铀加热产生铀蒸气,然后让蒸气流穿过许多块带小孔的隔板扩散传播。铀-238原子质量稍大,而铀-235的原子质量则稍小,相应地铀-238原子的扩散速度就比铀-235原子稍慢,在经过长途跋涉的扩散路程之后,走在蒸气流后头的铀-238原子居多,而在前头铀-235居多,收集在前头的蒸气流,其中铀-235的浓度就获得提高。气体扩散法能够大规模地生产铀-235,它是目前最成熟的大规模浓缩铀-235的方法。但这种方法的分离系数小、生产投资大、耗电量惊人、成本很高。

后来又发明离心法,它的优点是单级浓缩系数大,是气体扩散法的100倍以上,浓缩到同样程度所需要的级数大大减少。另一优点是比能耗小,只有气体扩散法的十分之一左右。但依然存在严重缺点,它的单机分离功率低,要形成一定的生产能力,需要的离心机数量很大,工业规模的离心生产厂需要几万台甚至几十万台离心机。维持大量离心机长期正常运转的技术难度大。

为了能够廉价生产铀燃料,科学家一直在探索浓缩新办法。激光器发明后为人类提供了单色性好、亮度高的光源,于是科学家设想利用激光进行分离同位素。同一元素的各同位素,它们的原子光谱和分子光谱上都存在位移效应。铀-234、铀-235和铀-238它们的原子量不同,它们在吸收光谱中的吸收峰值波长位置会不同,尽管彼此相差不多,但对于单色性好的激光来说,还能够做到区别对待,只让其中的铀-235吸收激光能量,或者它吸收的激光能量最多,以致被电离的数量最多,处于激发态的铀-235原子数量也最多。被电离的同位素铀-235离子再用电场或者其他方法就可以把它从同位素混合物中单独"拉"出来,收集后就可以单独获得这种同位素铀-235。处于激发态的铀-235 原子,我们可以利用在激发态的原子和在基态的原子参加化学反应的活动能力不同,通过化学反应方法把它给分离出来。

1976 年,美国利弗莫尔国家实验室演示了激光浓缩铀-235 的实验。他们用炉子将金属铀材料加热到 2 100 ℃,产生铀蒸气原子束,然后用波长 591.5 nm、频谱宽度兆赫兹的染料激光束照射这原子束。铀-235 原子的光学吸收峰值波长在591.5 nm,它吸收了激光能量后跃迁到激发态。铀-234 原子和铀-238 原子的吸收峰值波长不是在 591.5 nm,它们大多数没有吸收激光能量,依旧留在基态。接着,他们用汞弧灯发射的紫外光照射原子束,使在激发态的铀-235 原子发生光电离。当原子束通过由正、负电极组成的通道时,铀-235 离子受电场力的作用偏离原来的传播轨道,被放置在电极旁的收集器收集,其他铀-234 和铀-238 原子不受电场影响,继续沿原来的方向流出。用这个办法得到的铀-235 分离系数很高,可达 100,而先前使用的气体扩散法得到的分离系数只有 1.004,显示出激光浓缩铀-235 的优越性。1986 年,美国能源部正式宣布停止一批气体离心法浓缩铀项目,全力支持发展激光浓缩法。除了美国之外,从 20 世纪 80 年代末开始,法国、日本等国家也相继投入很大力量研究开发激光浓缩铀技术。他们都认为,激光浓缩法可以极大地降低生产核燃料的成本。从建生产厂的投资来说,激光浓缩法只有气体扩散法的1/10,气体离心法的 1/8,从日常生产的耗能来说,激光浓缩法只有气体扩散法的 4%。

用好巨大的核聚合反应能

在宇宙中,核聚变反应是星体发光的主要能源,比如太阳能够长期发光和发热靠的就是核聚变反应提供的。太阳是一个炽热的气体等离子体球,它的主要成分是氢。太阳内部的温度高达几千万度,在这种高温条件下,氢原子核发生核聚变反应,每 4 个氢原子核聚变成一个氦原子核,同时释放出巨大的光能和热能。核反应产生的能量巨大,而且这种核燃料又非常"耐烧"。根据科学家的估算,太阳拥有的核燃料还可以足够它继续"燃烧"100 亿年。这个情况带给科学家极好的启示,如果在地球上也建立利用原子核聚合反应的反应堆,人类也将得到一个巨大的能源,不必再担忧能源枯竭了。地球上,氘和氚的储存量也非常巨大,海水中就蕴含着大量的氘元素,1 L 海水含有 0.03 g 氘元素,据估计地球上海水的量约为 1.38×10^{18} m³,意味着地球上的氘元素储量约有 40×10^{12} t。地球上锂元素的储量虽比氚少得多,但估计也有 2 000 多亿吨。根据目前估算出地球上的氘元素、氚元素和锂元素的储存量提供原子核聚合反应堆的核燃料,产生的能量,将比全世界现有能源总量还大千万倍,按目前世界能源消费的水平计算,足够供人类使用上千亿年,人类真可谓终于找到了"取之不尽,用之不竭"的能源了。

其次,原子核聚合反应堆发电比目前的核电站还安全。用铀燃料的核电站虽然不会像原子弹那样发生爆炸,但也有时也免不了发生事故,泄漏出核反应时产生的放射性物质,污染周围环境,危及人身健康。美国三里岛核电站 2 号堆 1979 年 3 月 28 日发生过一起反射性物质外泄事故,幸好主要安全设施能够自动投入,并且反应堆外还有数道屏障,因而没有造成人员伤亡事故,但也造成了不小的恐慌。1986 年 4 月 26 日,苏联切尔诺贝利核电站也发生了一起事故,电站的 4 号反应堆的堆芯熔化,石墨砌体燃烧和爆炸,造成大量反射性物质外溢,造成 31 名核电站工作人员死亡,周围环境的放射性物质剂量比安全值高了几十倍,造成了巨大经济损失。2011 年日本大地震造成核电站反射性物质外溢,造成的环境污染一年后还没有完全消除。另外,与普通火力发电厂一样,核电站也有炉渣,而且这炉渣中也含反射性物质,存放和出来这些炉渣成了巨大负担。

核聚合反应堆不存在这些麻烦事,因为核聚合反应的产物是一些稳定元素,不含反射性物质,自然也就不必担心反射性污染,也不用担心炉渣的存放和处理。

但是,要让原子核发生聚合反应却非容易办到。我们知道,原子核带正电荷,荷电性相同的带电粒子是相互排斥的。经过研究,如果原子核之间的距离缩小到 10^{-13} cm,原子核之间的相互作用力会从相互排斥转变为相互吸引,这时原子核就能够发生聚合反应。而要原子核彼此靠近到这么近的距离,就得先给它们足够高的推动力,克服彼此之间的排斥力。利用高能加速器可以给原子核施加足够的推动力,但这么做的结果只能让很少量的原子核发生核反应,对获得核能没有实际应用价值。因为要让两个原子核沿着同一条直线对撞,运动路线偏离不大于 10^{-13} cm,精度这样高的对准要求是很难达到的。比较有效的办法是让原子核在高温下做运动,此时原子核彼此发生碰撞的几率会很大,发生核反应的几率也就会高。科学家估计,如果把原子核加热到 1 亿左右的温度,它们获得的动能产生的推动力便足可以让它们在相互碰撞中克服静电排斥力,发生核聚变反应了。因为这是在极高的温度下实现核反应的,所以这种核聚变反应又称"热核反应"。通常条件下在地球上是没有办法产生高达亿度的高温的,只有在原子弹爆炸瞬间才会出现,然而利用原子弹爆炸产生的能量来实施核聚合反应也是没有实际应用价值的。此外,要让热核反应持续进行还需要满足所谓"点火条件",简单来说就是要求由热核反应释放出来的功率超过或者等于核燃料形成的等离子体损失的功率,在数值上点火条件可以用下面的式子表示:

$$n\tau \geqslant A(T)$$

上式是英国物理学家劳逊(John　D. Lawson)在 1955 年首先得到的,因此它也称"劳逊条件"或"劳逊判据"。式中,τ 为约束时间,它的含义是等核燃料的离子体在没有任何从外界给它提供能量时,从高温冷却下来的延续时间,n 为等离子体密度,$A(T)$ 为与等离子体温度 T 有关的一个常数,比如对于 D 核和 D 核的反应,在温度 T 为 2.32×10^8 K 时,$A(T)$ 的值大约为 2×10^{15} s/cm³。从劳逊条件可以看出,要获得核聚变反应的能量,不仅需要把核燃料加热到温度高达亿度,还要求由它形成的等离子体密度具有一定数量并且保持足够长时间。但是,在这么高的温度下,等离子体内的粒子运动速度非常高,如果不采取措施对它加以约束的话,在等离子体内的粒子就会因往外飞散,温度也同时冷却了下来,而等离子体的密度也随之降下来。针对这种情况,为了能够满足点火条件科学家设想了两种做法,其中一种做法是干脆对等离子体不加约束(另外一种是磁约束,与本文内容关系不大,因此不作介绍),在等离子体内的粒子往外飞散之前就让它们发生核反应。等离子体形成后,里面的粒子还没有"动身",飞散的时间是很短暂的,如果我们设法在这短暂的时间里相应提高等离子体的粒子密度,是能够保证满足点火条件的。这种做法称为惯性约束核反应。

在各种惯性约束技术中,激光惯性约束技术最受关注,发展也最快。激光技术诞生后,在 1963 年,苏联科学院巴索夫院士提出用激光引发聚变反应的建议,到 1968 年,苏联学者观察到用激光照射由氘元素原子和氚元素原子构造的靶丸产生聚变反应现象,证明激光实施核聚变反应的概念是正确的。差不多同时,我国物理学家王淦昌教授,在 1964 年也独立地向我国有关部门提出激光惯性约束聚变的建议。根据王教授的建议,中国科学院上海光学精密机械研究所从 20 世纪 60 年代起就开始激光核聚变反应的研究,并在 1973 年从实验上探测到核聚变反应释放出的高能量中子。

激光的亮度比太阳高万亿倍,把激光聚焦在一个小斑点上,会立即把放在焦点上的金属熔化。如果把能量 10 万 J 的激光全部聚集到直径 1 μm 的小球上,在这

物理学家王淦昌(1907～1998)

个小球内含的原子核数目大约为 10^{12} 个,注入的能量配给每个原子核的激光能量大约为 $2×10^{-14}$ J,粒子得到这份能量后温度便升高,温度 T 可以由它获取的能量 E 计算:

$$E=(3/2)kT$$

式中,k 为玻尔兹曼常数,数值为 $1.6×10^{-23}$ J·K。把粒子获得的能量数值代入上式,可求出粒子被激光加热到的温度大约为 10^8 ℃。所以,利用激光是能够把原子核材料加热到点火条件所要求的温度的。

激光把核燃料加热到很高温度时,产生的等离子体的体积会发生热膨胀,等离子体的密度相应迅速降低,本来已经达到的点火条件此刻又变成不满足,被点着的核燃料会随之熄灭。所以,仅仅提核燃料达到点火条件还不够,还需要让它燃烧起来,这就需要解决另一个问题。核燃料内发生核反应时,一方面释放大量核能,而处于高温状态的核燃料也同时往外辐射大量能量,如果由核反应产生的能量抵不上往外辐射掉的能量,显然,即使已经点着火的核燃料最后还是要熄灭的。核反应产生的能量与等离子体的密度有直接关系,当密度过低时就会出现前面那种情况。被加热到很高温度的等离子体的体积膨胀,它的密度将相应下降,而且等离子体内单位体积得到的激光能量也减少,等离子体此时也不再是原先的温度。考虑到这些因素,核反应实际要求的激光能量会比预计的高,甚至会超出激光技术所能得到的能量。科学家针对这个问题,又想出一个通过提高核燃料等离子体密度的办法来降低对激光能量的要求。假定核燃料起初的密度为 n_0,用激光加热后产生的等离子体温度为 T。如果此时能够把粒子的密度提高到 n,那么保持等离子体持续核反应需要的激光能量 E 就变为

$$E=A(n_0/n)^2T$$

式中 A 为比例常数。从这个式子我们看到,假如能够让在温度为 T 时的等离子体密度 n 升高,达到原先固体核燃料密度 n_0 的 1 000 倍,那么让等离子体满足"劳逊条件"需要的激光能量就可以降低 100 万倍!

通过压缩等离子体的密度,可以大幅度地降低对激光能量的要求,给激光惯性约束聚变又向成功之门迈进了一步。但是,怎样把等离子体密度压缩到千倍于固

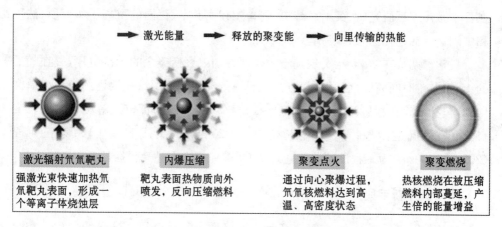

| 激光能量 →　释放的聚变能 →　向里传输的热能 → |

激光辐射氘氚靶丸	内爆压缩	聚变点火	聚变燃烧
强激光束快速加热氘氚靶丸表面，形成一个等离子体烧蚀层	靶丸表面热物质向外喷发，反向压缩燃料	通过向心聚爆过程，氘氚核燃料达到高温、高密度状态	热核燃烧在被压缩燃料内部蔓延，产生倍的能量增益

激光惯性约束核聚合反应获得核能过程示意图

态材料的密度，便又提出了新的挑战。在自然界，太阳中心的物质密度大约是固体材料密度的千倍，温度是 1 000 keV（1eV 相当的温度等于 11 604.50 K），而这是在压强高达 10^{11} 个大气压的条件下实现的，这么高的压强是靠太阳巨大的质量（10^{33} g）产生的引力实现的。如果要让等离子体的密度比固体密度获得千倍提高，同时温度又保持高达 10 000 keV，估计需要给它施加大约 10 000 亿个大气压的压强，这已经超过太阳中心的压强，接近白矮星中心压强。在地球上用人工办法获得恒星中心那样高的压强，那是无法想象的事。但是，科学家们还是想到了解决的办法，提出了所谓"聚爆"压缩等离子体技术，有望能够对等离子体产生 $10^{11} \sim 10^{12}$ 个大气压的压强。产生压缩的过程大致是这样：用多路激光束同时从四面八方照射由氘、氚做成的靶丸，它的表面在吸收了激光能量后形成极薄的一层高温高压等离子体，给它产生的压强大约 10^6 个大气压。等离子体继续吸收激光能量，形成高温高压等离子体并向外猛烈喷发，与此同时产生巨大的反冲压力，构成指向靶丸中心方向的强烈冲击波，对靶丸内部那些氘元素原子和氚元素原子进一步压缩，造成在靶丸中心区的材料温度骤然升到亿度，等离子体的密度也被压缩而增大 2 000 多倍，氘原子核和氚原子核随即也发生核反应。前面谈的压缩称为直接驱动压缩，它要求照射的激光束必须在 4π 立体角方位均匀照射靶面，均方差小于 1%。如果辐照不均匀，会导致压缩出现不稳定性以及在靶上产生不均匀的烧蚀，致使靶丸的壳层破裂，并使点火熄灭。此外，在时间上各路激光也必须同步到达靶丸中心。

为了演示点火和聚变燃烧，世界各国都在建造兆焦耳级激光器、拍瓦级激光器、高脉冲重复频率激光器。为验证"快点火概念"的科学可行性，从 2000 年开始，在日本激光工程研究所、英国卢瑟福、阿善尔顿实验室、德国的重离子研究所、法国和中国等都在建拍瓦激光装置。

科学家期待在 2020 年实现基于激光惯性约束聚变概念的示范电厂，并在随后的 10 年左右时间商业化。为了实现这个目标，美国制订了激光惯性约束聚变研究计划，包括 3 个阶段：第一阶段（1999～2008 年）为原理验证以及解决相关的聚变科学和技术问题阶段；第二阶段（2009～2020 年）为集成实验阶段；第三阶段（2020～2030 年）为工程试验装置建设、演示商业聚变电站建设阶段。

开辟医疗新手段

光学与医疗早就结缘，在第 1 章我们已经做了一些介绍。激光的单色性和光子简并度都比普通光高许多，可以预见用激光进行医疗会获得更好的效果。因此，激光器一问世一些科学家便开始利用激光做动物试验，试图把这门新技术用到医疗上来。特别是在眼科治疗和手术治疗上，激光开辟了新天地。

根治眼科疾病

我们知道，眼睛是我们最重要的感觉器官之一，它是我们感知世界的窗口。眼球的组织结构非常精密，一旦某个地方出现点毛病，即使发病的范围很小，哪怕是只有直径 30～40 μm 这么小，给病人造成的痛苦都非常大。早在 19 世纪初人们便开始研究用太阳光照射封闭眼睛黄斑裂孔的光凝固治疗方法。但是，由于太阳光到地面的强度随季节变化比较大，比较难以控制医疗时使用的照射剂量；而且太阳光中的远红外和紫外辐射也会给眼睛组织产生严重损伤。到 1954 年，人们研制成功使用人造光源的眼科医疗机，比如采用氙弧光灯的光凝固治疗机，比使用太阳光的光凝治疗机前进了一大步，它能够治疗不少眼科病，并且在 1956 年还用这种医疗机成功地进行虹膜切除手术。不过，这种医疗机依然存在一些不足。这种人造光源发射的光辐射包含各种波长的辐射，其中我们不需要的、会对眼睛组织造成损伤的辐射成分去不了，而对治疗必要的光辐射成分则强度不够高，以致疗效不够理想；其次，光束发散宽度比较大，对眼睛造成的损伤面通常都比较大，病人手术之后的视力受到影响。

激光有很高的光子简并度和很高的亮度，可以用光学元件把激光束汇聚成直径很小的光斑，而且在光斑上的光辐射能量密度可以很高。采用激光器替代往日使用的氙弧光灯制造的光凝固医疗机，性能便获得了大幅度提高，做眼科疾病手术时,不会伤害到周围临近的正常组织;此外,在施行手术时,过去因为使用的光束能量不高,需要照射的时间比较长,要求病人的眼球在长时间内不能转动,这又给病人带来困难,现在采用激光做成的光凝固医疗机,治疗需要花的时间很短,通常不到千分之一秒,在这么短的时间内完成手术,自然不必担忧眼球的转动,病人也就可以避免长时间凝视的定睛的痛苦。

在治疗眼底病

　　现在,利用激光已经能够治疗二十多种眼科疾病,其中最为成功的是视网膜焊接和虹膜切除。眼睛的视网膜如同照相机里面的底片,是接受外来光束成像的神经组织,它紧贴在脉络膜上。当眼睛发生病变,视网膜出现裂孔,这时液态的玻璃体会通过裂孔进入视网膜下,造成视网膜剥离,视力便急剧减退。通常的治疗手术是用电焊接办法把裂孔封闭,并放出积聚的液态物使视网膜恢复到原来的位置上。这种手术很精细,成功率不是很高。现在,眼科医生利用激光的特性,采用激光进行治疗。激光束从瞳孔射入眼内,激光的能量把裂孔周围的蛋白质凝固,便可以将视网膜与它下面的脉络膜紧紧粘连起来,恢复了视力。利用这个办法已经很好地治疗视网膜裂孔、视网膜劈裂症、出血性眼底病等。中国科学院上海光学精密机械研究所汤星里、王洪将等在 1965 年 6 月研制出手持式红宝石激光视网膜焊接机,并在上海市第六人民医院进行动物实验和临床试验,该机的激光器输出能量大约0.6 J。

　　虹膜切除是眼睛复明的重要手段之一,也是眼科手术中比较多的一种。传统手术是采用各种形状的特种解剖刀,这么做遇到的问题是手术的并发症比较多。在 20 世纪 50 年代有的医生试验采用光辐射虹膜切除,不采用传统手术刀给眼球切口。但是,这个做法依然存在并发症。因为所用的光辐射并非单一波长,多余的光辐射成分会导致眼睛的角膜和晶状体发生浑浊,会导致发生白内障,而且多余的光辐射还会造成眼底损伤面大。因此,这个光辐射切除虹膜手术的适应证范围比较小。到 20 世纪 70 年代,医生采用激光替代普通光源进行切除虹膜产生人工瞳孔,又不至于损伤正常组织,获得很好效果。手术后反应轻、恢复快、不出现感染,而且不需要住院,手术、换药和拆线都在门诊进行,属于门诊手术。1974 年 6 月,合肥工业大学陈国监、刘家军等,安徽省立医院边协义等共同研制成功中国首台红宝石激光虹膜切除仪,使用结果证实激光做虹膜切除效果的确良好。

与前面介绍的激光凝固视网膜的做法相反,此时不是利用激光把眼睛组织给"封闭"起来,而是利用激光把组织给"打开",疏通光路障碍,借以开盲或者增强视力以及疏通水路障碍,降低眼压,治疗青光眼。激光的亮度高,又是单一波长,利用激光在眼球上做切口,可以避免使用普通手术刀和使用普通光源做切口遇到的麻烦问题,而且手术比较简便,容易掌握要切除的虹膜部位、大小和形状,能够获得良好的治疗效果。

眼屈光矫正

我们靠眼睛观察周围世界,视力不好,会给工作和生活带来不少困难。但是,总有些人出现视力缺陷,比如出现近视、远视或者散光。为了矫正视力,最普通的办法是戴眼镜,走在街上,我们会发现戴眼镜的人还真不少,有人估计过,我国戴眼镜的人大约有一亿。戴眼镜虽然可以矫正视力,但常常会感到很不方便,所以科学工作者在不断寻找其他矫正视力的办法。100 多年前就提出通过改变角膜前表面的曲度来纠正屈光不正,但由于传统的角膜屈光手术方法的精确度和预测性较差,未能被普遍接受。激光发明后,科学家提出利用激光进行矫正视力,激光技术结合计算机技术实施人眼视力矫正,能够达到良好的视力矫正效果,达到治疗近视眼和远视眼的目的。

1983 年,特罗克尔(Trokel),斯林尼万森(Srinivasan)和布拉仁(Braren)通过实验发现波长为 193 nm 氟化氩(ArF)准分子激光能以亚微米的精确度经消融去除部分角膜组织,而对其他组织和眼球毫无损伤。1989 年麦克多纳(Mcdonald)首先报告用准分子激光屈光角膜切削术治疗近视眼,并称为准分子激光屈光角膜切削术(简称 PRK)。手术时先用刮铲刮除角膜上皮,然后应用准分子激光对角膜前弹力层做角膜切除术。1991 年帕里卡里斯(Pallikaris)首先用显微角膜刀将角膜切成一薄瓣,然后用准分子激光在角膜内消融组织,矫正眼屈光度,这种手术称为激光原位磨镶术(简称 LASIK)。这两种手术均是通过计算机来确定切削或修琢方案,眼科医师用眼科仪器检查确定了患者的屈光度和散光程度,输入计算机与"标准"人眼比较后,确定修琢方案和控制准分子激光紫外光子刀。

准分子激光属紫外激光,单个光子能量高,可直接打开组织分子中的共价键而无热效应,对周围组织几乎无损伤。在计算机控制下对角膜进行切削,切削精度之高,是金属刀和钻石刀所无法比拟的,是以往任何一种屈光手术所不能媲美的。经过十几年的基础研究和近 10 年的临床观察,准分子激光屈光性角膜手术的优越性已逐渐被广大眼科医生和患者接受。

焊接和疏通血管

血管破裂或者断开是时有发生的事,比如不慎碰伤或者摔倒,便会导致血管破裂;动外科手术时一些血管会被割断。破裂的血管或者断开的血管需要及时将它们弥合起来,以避免血液继续外流。弥合血管的质量对于一些手术,比如断肢再植手术、心脏移植手术等恢复质量还至关重要。最普通的血管接合方法是像缝衣服那样,用一些线将血管缝合起来。这种办法手续简单,而且使用的历史悠久,相传在公元前华佗给病人动手术后便是用这个办法接合血管的。不过,这种办法有明显的缺点,缝上去的线对生物组织来说总归是异物,会发生某些生物异物反应,在缝合线周围生成肉芽,甚至会在血管壁上也可能出现变化。另外,直径微小的血管,用这个办法也比较难操作。

用激光的能量并辅以蛋白胶合剂等,可以对生物组织如血管、神经等进行直接或间接的"吻合",使断裂或部分损伤的组织创口闭合,恢复其结构的完整性。1966年,科学家开始激光焊接血管试验,用镊子把两条血管的端面对合之后,用激光对着接合口照射,瞬间(大约 0.1 s)这两条血管便连接上。用仪器对接合的血管进行追踪检查,显示血管的接通率达到 90% 以上,对于直径稍大的血管(直径大于 1 mm),畅通率达到 100%。在接合口上没有发现出现诸如长肉芽之类的异物反应。在以后的临床使用显示,激光焊接血管具有愈合速度快、不存在反应性肉芽组织增生、吻合口抗感染力强、吻合速度快、节约手术时间等优点。所用的激光有 CO_2 激光、半导体激光、钕激光、铒激光、钬激光、氩激光等。激光对生物组织的焊接是通过激光与组织的光热效应使生物组织达到一定温度后发生的,所以控制温度是激光焊接生物组织成功与否的关键。目前一般认为较为合适的温度范围在 40~70 ℃之间,但不同的激光对组织温度要求有所不同,也可局部应用对特定波长吸收率高的染料提高组织对激光能量的吸收,如啶蓝花青对 810 nm 的半导体激光吸收比较强。

至于激光生物组织焊接的机理,现在还没有完全了解清楚,一般认为是生物组织中的胶原纤维吸收激光能量,并将其转换为热能,使组织温度升高,在高温下细胞外基质蛋白结构发生一系列变化,包括展开盘旋的蛋白分子三级或二级结构,随后在这些蛋白质分子间重新生成共价键,导致组织焊接的完成。此外,还有胶原纤维间重新胶合的机械因素参与以及弹力纤维和其他蛋白的参与。

激光也可以做疏通血管的工作。河道变窄会使船只航行堵塞受阻,同样的,血管也会发生变窄或者堵塞的情况,这时候人便会生病,如果不及时疏通血管,会危及生命。事实上每年都有不少人是因为这个原因而失去生命的。服一些药物可以缓解血管变窄的速度,但已经在血管内形成的斑块,靠服用药物比较难消除它们,此时便需要动手术进行清理斑块,激光能做这种血管清理疏通手术,在 X 射线的协助下,借助光纤把激光导入血管内,激光的能量加热斑块,使之熔化并汽化,血管便被疏通,用这个办法手术后在血管内不会留下斑块物质的残渣。

无形手术刀

很久很久以前,人类就会使用刀子切除身体上有毛病的组织,按今天的术语就是用手术刀给病人动手术。英国考古学家 1997 年在埃斯科地区发现一座 2000 年前的古墓,里面便有一些手术刀,它们与今天医生们使用的手术刀竟然没有什么太大差别,可见人类很早便知道用手术刀治病。我国的手术刀历史也很悠久,相传在公元前 5 世纪的战国时期,一位叫扁鹊的医生便用小铁刀给鲁公扈、赵齐婴动手术。我们更熟悉的华佗(生于公元前 2 世纪),他用手术刀动手术的记载资料就更多了。他对于那些在胸、腹腔内病,如果用针灸、按摩和服药等办法不能治疗的话,就给病人喝下麻醉药,待病人失去知觉后用刀子打开他的腹腔,把里面有病的组织该切除掉的切除、该清洗的进行清洗、该缝合的便给缝合上,做完手术后再用线把创伤口缝合起来,涂上药膏。不久,病人便恢复健康。

从 2000 年前到今天,手术刀经过不少的改进,制造出各式各样的手术刀,但是,它们都是用钢材或者塑料等材料制成的,现在的外科医生动手术会用上一种新型手术刀:那是用激光束做的手术刀,与通常使用的各种手术刀完全不同,它不是用实物材料制造的,而是用聚光系统聚焦成大小大约零点几毫米的激光束。它没有刀的形状,用手也摸不着它,用它在皮肤上开刀也没有刀割的感觉。但是,利用它的确能够切除病人的有病组织，是如同通常的外科手术。而且，外科医生还发现，用这种激光手术刀动手术还有不少好处。首先是动手术时出血量少了，大约只有用普通手术刀的 $1/3\sim1/2$，原因是激光手术刀在切割组织的同时，激光能量也在封闭周围的小血管。这个情况外科医生非常感兴趣，在做外科手术时出血是不可避免的，有一些手术，比如做肝脏手术，舌头手术，这些器官的血管丰富，过去担心出血太多，会引起并发症，比较少人敢做手术。激光手术刀动手术的出血量少，现在外科医生可以大胆做这些器官的手术了。

激光手术刀的另外一个好处是不会引起交叉感染，因为激光手术刀不是真实的刀子，动手术时不存在"刀子"粘上病人血液或者病毒等事情，因此也就不必担心手术刀会因消毒不好带来的感染。

激光手术刀的第三个好处是，不管对什么器官、组织动手术，这把手术刀一样锋利，一样快速切割。普通的手术刀在给软组织或者坚硬的器官，比如骨头做手术会感到吃力，切割速度放慢。

激光手术刀可分为两类，一类是热激光手术刀，它是利用激光束与生物组织作用时产生热能把组织切开；另外一类是利用光子能量比较高的紫外激光，把组织中的一些分子键直接打断，实施对组织微结构的消融手术。

激光心肌血管重建

心脏很重要，但它又容易出毛病，根据心脏专家的估计，全世界有大约 $1/4$ 的人患有心脏病。心脏有了毛病，对生命的威胁很大，特别是心肌梗死。当然，得了心脏病也并不是不可救药，了解了它的病因之后会找到治疗它的办法。比如心肌梗死，它是冠状动脉的分支堵塞，使一部分心肌失去血液供应而坏死的病变，如果能够保证心脏内的血液畅通，就可以预防心肌梗死。1965 年，一位科学家用狗做试验，他用针在狗的心肌和心室腔之间刺出许多直径大约 1 mm 的小孔，经过这番手术后，发现狗有防止发生心肌梗死的效果。在这个试验的启发下，一位医生在 20 世纪 80 年代给一位患有三支冠状动脉阻塞伴有心室颤动的病人动了类似的手术，手术获得成功。这以后，科学家通过各种实验研究，证实在心肌组织上建立垂直于心室壁与心室腔相通的微通道，引导心脏内的血液输送给缺血的心肌组织，能够改善缺血性心肌的供血状况，对防止出现心肌梗死大有帮助。但同时也发现，用针在心肌组织上刺出的小孔容易旧病复发。医生受激光机械打孔的启发，试图用激光在心脏上的心肌区打孔。因为生物组织对 CO_2 激光的吸收比较强，于是科学家在 1981 年先利用低功率 CO_2 激光在试验犬上进行试验。试验发现激光在心肌组织上打孔时，只有激光束作用范围内的组织受影响，在作用区外的组织几乎没有受到影响，或者说，用激光束实施手术时对心肌收缩力、心律或者心电活动等影响不大。在此基础上，1983 年首次在冠状动脉搭桥患者身上和无法搭桥的缺血心肌上，用 CO_2 激光开通了数个通道，术后同位素心肌扫描及酶学检查均在正常范围内。之后，又对一组病例进行临床研究，在最长达 7 年的随访后，仍能证实这些激光通道保持通畅，并证明改善了缺血心肌的功能。

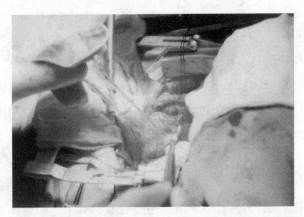

用激光在跳动的心脏上打孔进行心肌血管重建手术

用激光在扑扑跳动的心脏上打孔，手术是比较细致的，难度也比较大。经过多年的研究和实践，这项手术已趋成熟，被称为激光心肌血管重建术。现在，已经制造出专门给心脏组织打孔的激光医疗机，它综合了激光技术以及计算机和超声等控制监测手段，手术的安全性都有了保障，世界上许多患者接受了这种新医疗技术的治疗，重新获得了健康。

提升科学研究能力

激光的高亮度、高强度、高单色性和高相干性这些特性让它成为科学家的重要研究工具，得以深入开展往日很难开展或者甚至无法进行的科学实验，大大深化了人类对物质世界的认识。

实现原子的玻色-爱因斯坦凝聚

1924 年，印度数学家、物理学家玻色（Satyendra Nath Bose）发表了称之为"玻色-爱因斯坦统计"的论文，接着，爱因斯坦又进一步完善和发展了这项工作，并大胆地提出了"凝聚"的理论，提出理想原子气体在某个临界温度以下，宏观数量的原子将突然凝聚到动量为零的单一量子态上，个体原子不再独立存在，原子运动的相位、运动速度、运动方向以及其他一些性质都变成了同一个样子，无法再对它们进行个体辨别，这时也只有众多原子的集体协同行为或宏观特性才是重要的。现在，人们把这种凝聚称为"玻色-爱因斯坦凝聚"（简写为 BEC）。不过，如果要在实验室中实现原子玻色-爱因斯坦凝聚，必须把原子温度冷却到极低的温度，估计需要将温度降到开氏温标 10^{-6}℃，此时原子的物质波波长达到了原子之间的距离，便会出现这种特别的凝聚状态。然而，要使原子气体达到 10^{-6}℃ 这么低的温度，在发明激光技术以前几乎是不可能做到的。现在科学家利用激光抑制原子运动速度，将原子气体的温度下降到极低温度，终于观察到了铷原子的玻色-爱因斯坦凝聚状态。在开氏温标 4×10^{-5}℃ 时，气体原子按速度的分布是高斯分布，显示原子还没有形成 BEC；温度降到 2×10^{-5}℃ 时变为双高斯分布，中间的相空间密度迅速提高，表示该温度下原子气体已经达到出现 BEC 的临界温度；温度进一步降低到 5×10^{-6}℃ 时，热远动原子基本消失，只剩下纯粹的 BEC 凝聚体原子。

　　处于玻色-爱因斯坦凝聚状态的原子，它们是相干原子，它们的物质波是相干波，为了显示这种特性，科学家设计了一个实验，把处于玻色-爱因斯坦凝聚状态的钠原子"分割"成两部分，用波长 589 nm 的激光束照射它们，因为波长 589 nm 是钠原子的共振吸收波长，于是那些吸收了激光能量后的钠原子将离开。随后撤去控

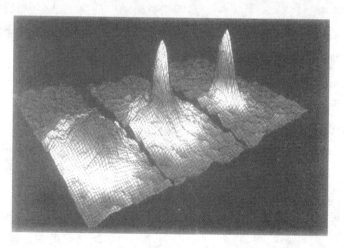

玻色-爱因斯坦凝聚的形成过程（从左到右依次温度为
4×10^{-5}，2×10^{-5}，5×10^{-6}℃时的原子分布状态）

制凝聚态的磁场,凝聚态的原子受重力作用往下落,在下落过程中它们会逐步扩散展开,两部分的凝聚态原子会发生叠合,用光学成像方法将观察到在重叠的区域出现清晰的干涉条纹,这证实进入凝聚态的原子有波动性,并且是相干波。根据产生的干涉条纹间隔,算出的物质波波长是 30 μm,是室温时的波长的 40 万倍。所有处于玻色-爱因斯坦凝聚的原子,它们的物质波是相干波,大部分原子处于相同量子状态。

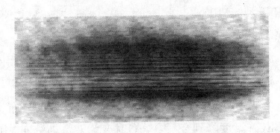

处于凝聚态原子产生的干涉条纹

建立极端物理实验条件

利用高能超短脉冲激光,可以在实验室建立对物质在极端压缩和极端温度条件下的宏观响应动力学实验,将可以用实验显示许多新现象,包括费米简并物质的压致电离、辐射坍塌(Radiatively Collapsed)、高马赫数冲击波和射流、超高应变率压缩、热相对论物质及其集体行为、量子力学相对论简并等离子体及其可压缩性、动力学相对论流动和射流、在可压缩高雷诺数流动中的湍流过渡以及超高磁场(大于 10^5 T)的产生和它对等离子体动力学的影响等,氢气在高压条件下可以形成固态导体。大型激光装置可以提供进行极端物理条件下的各种实验。

超强超短脉冲激光与固体靶相互作用产生的高温、高密、强磁场、高加速度运动等离子体等,它与太阳及其他许多恒星中出现的物理状态非常相似。通过研究由激光建立的这些极端物理条件下出现的各种现象,如大尺度流体不稳定性、热核反应等过程,为了解太阳和其他天体中的物理过程提供了极好的实验资料。天体物理学中有许多令人感兴趣的物理问题,比如物质不透明度,高温、高压下的物质状态,超新星的爆发,恒星中的核反应速率等,都可以用超强超短脉冲强激光在实验室里进行模拟和验证。在激光场的有质动力的作用下,电子在极短的时间里被加速到接近光速,这种剧烈的加速度运动与宇宙中的黑洞附近的加速度运动类似。超短脉冲激光与物质相互作用出现的现象,也可以用来验证广义相对论以及关于真空的结论。

研究细胞发育过程和力学特性

细胞、生物大分子是构成生物体的基本单元,它们的性质也就决定了生物体的性质,所以,对细胞、生物大分子特性研究是一直备受生物学家关注的研究课题,也一直期待有得力的工具协助他们进行这些研究。激光是一个性能非常优秀的工具,利用它可以抓住尺寸微小的颗粒、细胞,乃至生物大分子这些我们的眼睛看不见的东西,而且又不会对它们产生任何损伤,不会对它们的生理活动功能产生影响,这是任何其他工具所办不到的。

科学家利用激光的力学效应抓住细胞,让它在原位不动,对它进行了仔细观察,研究其各种性能以及它的发育生长过程。比如科学家用激光抓住酵母细胞,进行了 5 h 的观察研究,观察到原先由两个细胞组成的"家族"半小时后便增加成"3口之家",3 h 后成员又进一步增加到 6 个,5 h 后则发展成多至 8 个相连细胞组成的细胞族。细胞本身也不断长大,5 h 后每个细胞族的直径便长成 5~10 μm。

科学家利用激光也研究了细胞的力学特性。他们首先用激光操控一个细胞,使其一边黏在一只固定在实验台的小球上面,然后又将小球黏在细胞的另一边。接着利用激光束的缚力操控黏在细胞上那只可移动的小球,拖动细胞往外移动。随着小球的移动,细胞被拉长,当细胞被拉伸到一定长度时,激光束的牵引力抵不过细胞膜的弹力,细胞便会连同带动它的小球一道脱离激光束,同时细胞也回复到它初始的平衡状态。根据测得的细胞被拉伸的长度和激光施加的拉力,就可以推算出细胞的弹性力。

许多细菌的活动是由鞭毛纤维推动的,每根纤维的底部的转动,则是由其可做逆转动的动力源驱动。现在,科学家利用激光做抓手,测量了鞭毛扭转的顺度。激光对细菌施加抓力,在克服由鞭毛动力源产生的力矩时,便抓住了这只快速游动的细菌,测出这时激光施加的力和测量出由这个力产生的扭转角度,就可以确定鞭毛扭转的顺度。测量结果显示,鞭毛转动大约半圈以内,它还是像个线性扭转弹簧,但是转动超过半圈它就会变得十分僵硬。

生物科学家一直想弄清楚在细胞里面促使染色体运动的力的本质,但进行这项研究技术难度高,因为在细小的细胞里面进行操作本身就非常精细,而且又要求不能扰乱细胞以及它里面各种物质的功能。现在,借助激光科学家终于可以做这项研究测量,填补了这项知识空白。激光可以拉动细胞里面的染色体,让它往与自己运动相反的方向移动,并以 10~20 倍正常速度移动。实验显示,染色体快速运动过后停留在赤道面上,而不是穿过赤道面朝另外一极移动,说明两极都有微管连着。激光拉力将引起染色体与赤道面远侧一极之间的微管粘连和聚合,一旦通常的两极微管和染色体联络形成,激光继续作用就会使染色体对细胞张力作出反应,朝赤道面移动。激光也可以拉着染色体做各种形式的运动,比如做180°的旋转运动。

研究生物大分子力学特性

激光可以牵着微粒子、生物大分子运动,以此可以研究生物大分子的力学性能。下图为固定激光束移动载物台,小球跟随载物台移动的情况,箭头表示运动方向。生物分子的力学性能是表征分子特性和生物过程的重要参量,生物学家一直努力进行这项研究,企图测量其力学量,然而,进行这项研究工作的技术难度很大。生物大分子很小,一般只有几个纳米到几十纳米,人眼看不到它,而且还要在测量研究过程中不能对分子产生任何损伤,这只有对生物分子做非接触式操作才能办到。激光对物体的作用是非接触式的,现在科学家利用激光能够很好地开展这类测量研究工作了。因为激光一般只能"抓"尺寸为微米量级的粒子,大分子的尺寸比这小得多,激光不能直接抓住它,因此在进行实验测量时,通常需要采取间接办法。比如把生物大分子黏在一只小球上,比如聚苯乙烯小球上,然后用激光抓住这只小球,通过移动激光束牵引小球运动,也就等效于牵引大分子移动。当然,移动速度是很缓慢的,一般在每秒数十微米以下。测量出小球移动的距离,也就等于测出了大分子被移动的距离,再根据力学基本原理,便可以计算出分子的力学量。或者激光束不移动,而是让载着大分子的物台移动,这时激光束是在反方向拉这只小球移动,小球移动开的距离是在大分子的收缩力和激光束共同作用下发生的,由此便可以得到激光牵引大分子的力,进而也就得到分子运动时产生的力。

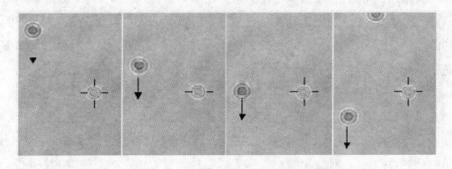

激光操控微粒横向(X-Y)移动

利用这个办法,生物科学家实时实验研究了单个 DNA 的非线性弹性拉伸应变的静力学特性、胶原蛋白分子的力学特性以及单个肌肉纤维所产生的力等。比如在 DNA 两端各黏一只小球,我们用激光抓手抓住小球移动,DNA 分子便同时改变形状,长度伸长了;移开激光束,DNA 分子便缩回去,像拉一根橡皮筋,用这个办法便可以研究 DNA 分子的力学性能。

非标识研究细胞、生物组织内部结构

探测研究细胞内行为通常是采用荧光探针和分子染色,但是这种标记办法存在不少问题。比如如何标记便是一个问题,尤其是对整个有机体而言,有些标记只能在已死亡的细胞内有作用,有些标记方法则会损伤细胞,或者干扰所研究的生物过程。现在科学家基于激光产生的非线性现象,比如受激拉曼散射、相干反斯托克斯拉曼散射(CARS)、双光子吸收、二次谐波产生(SHG)等开发的非标记显微技术,提供了一种能够大幅度降低人为干扰的活体观察技术,帮助科学家看到活体细胞和组织:脂质里面的 C-H 键、蛋白质里的酰胺键,还原态或者氧化态的生物分子,但不损伤细胞、生物组织。

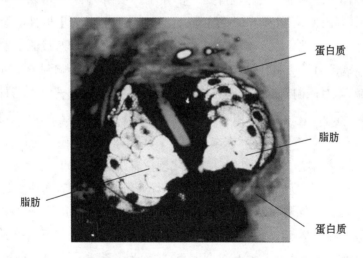

用受激拉曼散射方法采集的皮脂腺

研究瞬态过程

一些物理变化过程、化学变化过程和生物变化过程经历的时间非常短暂,大约只有皮秒、飞秒级,因此我们往往只知道变化开始时和结束时的物质状态、物质成分及结构,对于变化过程经历了些什么中间状态、产生过什么中间物质和物质成分,如何一步步地到达稳定的最终状态,了解并不多。而准确地测量这些超快过程的时间行为能得到有关这些过程机制的极其丰富的信息,对推动物理学和化学的发展,对了解生命过程,对生物工程学的发展等具有重要意义。现在,皮秒和飞秒脉冲激光技术给了科学家一个重要实验工具,能够开展实验研究超快速变化过程的各个细节,弄清了许多科学问题。

许多光与生物分子的相互作用过程持续时间都很短暂,比如生物分子吸收光辐射激发的原始过程,其持续时间在 $10^{-9} \sim 10^{-15}$ s);吸收了光子的激活中心的能量弛豫过程以及这一过程的化学变化与动力学性质的持续时间是 $10^{-7} \sim 10^{-13}$ s;构象弛豫过程及整个系统(细胞体或生物体)的生理反应的持续时间是 $10^{-3} \sim 10^{-8}$ s),超短脉冲激光及皮秒探测技术能够协助科学家获得这些微观过程的信息,让科学家能够从分子、亚分子和电子水平上探索生物大分子中的能量迁移及相互作用和生物变化的机制,探索光与不同生物分子的亚细胞物质或整个细胞相互作用后的生理反应,再根据这些生理反应开发生物应用。

对半导体中载流子产生、散射、复合等动力学机制的研究,可以揭示其基本物理过程及材料特性,不仅具有重要的理论意义,还对新的光电器件的设计和制造具有实际意义。为进一步改善材料和器件的性能,需要人们对载流子发生在超短时间内的微观动力学机制有较清晰的认识。比如激子隧穿影响到量子阱中激子的分布和寿命,它对研制新型的光电器件有着重要意义,特别是光开关器件,其开关速度受到量子阱中激子寿命的限制。现在,科学家利用飞秒激光脉冲激发半导体,测量其瞬态发射谱、透射谱和二次谐波,能够获得激子从窄阱向宽阱隧穿的直接资料,获得了在激发后数百飞秒内材料变化的资料。

化学反应的关键阶段,即从反应物过渡态向产物推进的时间往往是非常短暂的,不到 1 ps 时间,探测在这么短的时间内发生的事件采用传统测量技术是很难办到的。所以,化学科学工作通常做的化学实验是集中在研究反应物或产物,不涉及反应原子在势能面上的重新组合过程(或称为过渡态),因为这种原子核的重排过程的时间标尺是在 $10^{-11} \sim 10^{-14}$ s,要实时观察过渡态,需要在短于分子振动周期($10^{-11} \sim 10^{-14}$ s)和转动周期(10^{-10} s)的时间范围内将分子振动激发和转动取向。现在,有了飞秒级激光器,这些工作都可以办到,能够对过渡态进行实时探测。如果能量在短时间供给反应物且在规定时间延迟后引起化学变化,则通过过渡态的直接或间接形成,有可能对形成产物的核运动轨迹进行控制。

实现全息照相

1948 年,英国科学家盖伯(D. Gabor)提出一种称为全息成像的新型成像技术。通常的成像技术是记录从物体反射光波的振幅,得到的是物体平面二维光强度分布图形;全息成像能同时记录物体反射光波的振幅和相位,得到的是物体立体三维光强度分布图形——物体真正的立体像。全息成像要求使用相干光源,而普通光源并非相干光源,所以,盖伯全息成像的设想一直到发明激光器、人类有了相干光源之后才得以实现。1962 年,第一张全息照片问世。全息成像技术在科学技术和工业生产各部门有广泛应用,并开发了多种精密探测技术。

光波包含振幅和相位这两个参量,把光波这两个参量都记录下来,才能做到完全记录光波携带的信息。光的干涉效应能够同时记录光波的振幅和相位,全息成像技术便是利用光干涉这个效应。从光源发射来的光束由光束分束器分成两束,一束作参考光束,另外一束作物光束。物光束照射被成像物体,从物体反射或者衍射的光束与参考光束在空间叠合产生干涉,用底片把这干涉图记录下来便得到物体的全息像。下图是全息成像的光路图。从激光器输出的激光束由光学分束器分

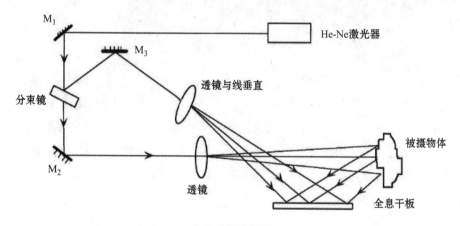

全息成像光路图

成两束,一束(参考光束)经透镜汇聚照射照相底片,另外一束经透镜扩束后照射被拍摄的物体,从物体表面反射的激光(物光束)照射到底片上,与参考光束叠合并产生光学干涉,形成物体的全息图。全息成像具有如下几个特点:

(1) 不需要成像光学元件。

传统成像照相是以几何光学为基础,采用光学系统将物体成像于底片上,即

需要照相机之类的器材进行成像。全息成像技术是以物理光学为基础，无需光学成像系统或者照相机之类成像器材，它是将物体的反射或衍射光与参考光直接照射在记录底片上成像。

（2）成像需要相干光源。

传统成像技术只需要普通光源照明物体便可以成像，全息成像技术的基础是光学干涉效应，只有相干光才能产生可以记录的干涉图像，所以全息成像技术需要激光器作光源。

（3）像与物体没有对应关系。

传统成像技术得到的像与物体有着一一对应的关系，全息成像技术得到的像与物体物之间没有这种一一对应关系，直接看到的是弯弯曲曲的干涉条纹，需要用与参考光波相似的相干光束照射全息照片，进行再现才呈现原来物体形象。

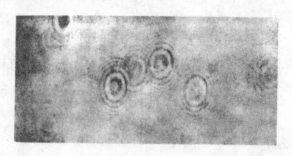

全息照片

（4）信息存贮密度大。

在同一种底片上可以进行多次成像记录而不会使图像互相混叠，照片上每一点都包含整个物体的图像信息。当全息照片被损坏，即使是大半损坏的情况下，我们仍然可以从剩下的那一小半上看到原有物体的全貌。这对于普通照片来说就不行，即使是损失一只角，那只角上的画面也就看不到了。

实现死光武器的梦

人类有一个梦想：制造死光武器。古代就有过各种设想，但都没有成功，原因是没有找到高亮度的光源。激光器是亮度极高的光源，它还在研究初期人们便谈论用激光制造死光武器，在军队里差不多没有人不支持研制激光武器，在他们的心目中，激光武器成了自原子弹爆炸以来最重大的武器新闻，是原子弹之后在武器领域中最大的突破。不只是军人,连提出激光原理的一些科学家也看好激光武器,他们分析了激光在军事上的应用潜力,并向当时在美国普林斯顿大学工作的威勒提交了一份研制激光武器的报告。威勒当时是国防分析研究所高级研究计划局一项计划的负责人,该研究项目旨在寻求一些目前尚未尝试,但有可能对国防做出重要贡献的技术。科学家们提出的激光军事应用计划正合威勒之意。1960 年激光器问世,各种激光武器方案接踵登台。到 1960 年下半年,红宝石激光器技术获得突破性进展,原先输出激光功率仅几瓦增大到 10 MW,能够在 2.5 mm 厚的钢板上打出一个小孔,这是非常鼓舞人心的好消息,无疑是给发展激光武器注入了一支强心剂。"该下决心干了",军人们迫不及待。到 1961 年底,美国国防部研究与工程办公室、高级研究计划局、国防分析研究所和海军局,讨论并拟定了一个称为"海边计划"的激光武器发展计划,列出了包括研制高能激光系统、精密跟踪瞄准系统以及打靶试验等计划。随后又推出称为"第八张王牌"的计划,部署激光反导的具体试验工作。1962 年,美国国防部组成激光顾问委员会,调查激光发展情况,并设立专门机构进行评判、协调,组织七十多家机构进行探索研究。1967 年美国远景研究计划局 1968 年 7 月,美国国防研究与工程局局长福斯特(J. Fost)在国会武装部队委员会作证时也谈到,激光武器这一梦想不久即可实现。麻省理工学院国家磁学实验室主任拉克斯(B. Lax)也认为,激光可用于对空防御和导弹防御。就在这一年,美国空军特种武器实验室被定为远景研究计划局发展高能激光器的主要机构以及五角大楼的主要激光武器实验场所。此后,该实验室迅速发展,到 1970 年,研究人员达 160 人,1971 年又将激光实验设施扩大一倍,还设有一个激光打靶场。

从 1971 年初开始,美国开始激光打靶试验,起先进行近地面的激光传输射击试验和射击打靶试验。1973 年春季,用激光击落了时速 300 km 的 MQM-61-A 型"红衣主教"飞行靶机。1973 年 4 月,将一架波音 NKC-135 型空中加油机改装成"空中激光实验室",演示验证机载激光武器的可行性。1974 年阿拉巴马州红石兵工厂将一辆 LVTP-7 型水陆两栖车辆改装成激光武器机动试验装置,在 1975 年 8 月用这个装置击落靶机,在 1976 年 7 月击落了两架距离地面 1000 m、机长 5 m、时速 480 km 的靶机,在同年 10 月又击落两架无人驾驶直升机。1978 年,用激光成功击落一枚"陶式"BGM-71A 反坦克导弹,1981 年用激光击毁 ALM-9 响尾蛇对空导弹。2010 年用强激光束成功击中 3.2 km 外正以时速 482 km 飞行的无人驾驶飞机。

激光击中无人驾驶飞机瞬间

苏联也很早开始激光武器研究。在1961年研制成功激光器,为了尽快研制出威力强大的激光武器,成立了一个科学和工业合二为一的综合企业,起名为"天文物理"企业。1969年,"天文物理"企业开始建造反导弹激光武器"伪行者3号",一种安装在履带式车辆上的激光炮,按照设计要求,不管这辆会"跑"的激光炮位于何处,都能准确地击中飞近的导弹目标,不过试验结果并不尽如人意。他们进行过"空对地"、"空对海"、"空对空"等激光武器研究。试验过发射功率为20 kW的激光炮是否能击中空中目标和宇宙中的目标,并对激光束穿越大气层进行了试验,在试验过程中同时了解到摧毁核弹头所需的激光能量。但遗憾的是,随着80年代末苏联国内情况日益恶化,当1989年美国代表团到萨雷沙甘试验场参观时,苏联科学家在激光武器领域所取得的些许成果及设备几乎毁坏殆尽。1991年苏联解体后,"天文物理"改组,企业裁员三分之一。

激光致盲型武器

用来攻击眼睛的激光武器,称之为激光致盲武器。根据生理学家的研究测定,落到人眼睛视网膜的平均光功率密度达到每平方厘米0.1 W便使它损伤,造成视力下降。对战士来说,眼睛如同生命一样重要,眼睛受损伤了,也就失去了战斗力。而且在夜间受到激光照射时,由于此时人眼瞳孔比白天大10倍,受到的损伤将更严重,假若白天某种激光在造成人眼致盲持续10 s的话,那么该激光在夜间所造成的失明时间就要长达 100 s。对于飞机驾驶员、装甲车观瞄员和指挥员,短暂的失明也会使他们失去战斗能力。1982 年的英阿马岛战争期间,英国在竞技神号、华美号、大力号、亚尔古水手号等大型军舰上安装了激光致盲武器,致使阿根廷一架 A-4B 战斗机坠入海中,一架 A-4 飞机偏离航线被友军防空武器击落,另一架 MB339A 飞机放弃攻击亚尔古水手号护卫舰的企图。

现代许多在军事上使用的侦察仪器、飞行器、指挥系统乃至侦察卫星和导弹,它们都有使用光电接收系统做的“眼睛”,它受损伤变成了瞎子,也就失去了作战能力。早在 1957 年苏联发射第一颗人造卫星之后,美国就在 1959 年开始实施一项“反卫星计划”,激光致盲武器也是实施打击卫星的重要手段。据报道,1975 年 11 月,美国的两颗监视导弹发射的侦察卫星在飞抵西伯利亚上空时,被苏联的“反卫星”陆基激光武器击中,变成了“瞎子”。自 20 世纪 70 年代以来,美俄两国都分别以多种名义进行了数十次这种激光卫星致盲激光试验。

地基激光武器

导弹是在第二次世界大战中诞生的新型武器,它与其他武器不一样,它装有火箭发动机,能够自动飞行;它还装有控制器和操纵系统,可以准确地击中目标。这些年制造各种防卫武器有了很快发展,但导弹制造技术发展更快,种类也越来越多。比如有专门对付军舰的舰导弹、有专门对付坦克的反坦克导弹、有专门对付空中目标的地对空导弹。导弹飞得高、飞得又快又远,要对付它是很难的。更令人担忧的是,导弹还携带核弹头,摧毁目标的杀伤力极大。如此强悍的攻击性武器该如何对付,科学家设想了一些办法,首选激光并研制地基激光武器、机载激光武器和天基激光武器以应对。

地基激光武器是以地球表面为基地的激光武器。在 1983~1992 年,这是美国最重视发展的激光武器,1993 年陆军退出这项研制计划,空军则继续进行研制,发展方向作了变动,重点对付卫星。空军利用在“星光”光学靶场那台带有自适应光学系统、口径 3.5 m 的望远镜,再配上一台高能量激光器,建成一座中等能力的反卫星激光武器。因为激光束从地面射到高空的卫星,需要穿过大气层,受大气条件的影响比较大,不仅使激光束的能量衰减,也会使激光束的传输方向发生漂移。对远在千里之外的卫星,瞄准方向失之毫厘,便谬以千里,打不准了。所以,地基激光武器特别注重研究激光大气传输特性以及研究激光束传输方向的控制技术。

机载激光武器

机载激光武器是把高能激光器安装在大型运输机上的战区激光反导弹武器系

统，主要用于拦截助推段飞行的弹道导弹，也能打击飞机和巡航导弹，1973 年 4 月，美国便将一架波音 NKC-135 型空中加油机改装成"空中激光实验室"，演示验证机载激光武器的可行性。

机载激光武器能用作致命武器或非致命武器，用以对付战术、作战和战略目标。作为致命武器，它可以击落贴地巡航导弹，掠海反舰导弹和短程火箭。作为非致命武器，它能迅速地使敌方的各种武器系统和装备失效主要用于拦截助推段飞行的弹道导弹，也能打击飞机和巡航导弹。在交战前沿己方一侧约 12 000 m 高空盘旋，用红外搜索与跟踪装置监视敌占区级弹道导弹的发射。一旦确定目标，平台上的相关装置就将该目标锁定。当导弹上升到云层之上，激光束将被持续聚焦到导弹助推器的蒙皮上，使之温度升高并破裂，甚至引起爆炸。

机载激光武器攻击弹道导弹的效果图

天基激光武器

天基激光武器是把激光器、跟踪瞄准系统装到卫星、宇宙飞船、空间站等多种平台上的激光武器。在大气层外的空间是激光传输和作战最理想的环境，空间技术的发展，特别是航天飞机的问世，为天基激光武器的试验和部署提供了条件。

在太空的大气极为稀薄，激光束传输受大气影响很小，能量损失小，激光束能够传输的距离远，设定的射击距离在 3000 km 左右，作战概念是当洲际弹道导弹还在助推段，火箭燃料还在灼热地燃烧时将其击落。它和机载激光武器一样，将激光能量指向导弹蒙皮使助推器爆炸；也是通过探测火箭排出的羽烟并跟踪导弹。然而，由于天基激光武器所处的位置比机载激光武器高得多，因此能够覆盖更广阔的区域，击落从敌领土纵深发射的导弹。

美国计划天基激光武器分三步部署：第一步在空间部署由 12 个平台构成的

小星座，为中东、北非和东北亚战区以及美国本土提供连续覆盖范围，用于实现战区导弹防御和国土导弹防御；第二步在空间部署由 18 个平台构成的星座，为战区提供全面覆盖；第三步在空间部署由 24 个平台构成的星座，实现连续的全球覆盖。

　　面临的技术挑战首先是减轻使用的高能激光器系统的重量，它不能像机载激光武器那样装载很多化学燃料入轨；其次，除了自身携带的红外搜索和跟踪装置外，还得从地基与机载红外传感器系统得到作战信息；第三，为实现全球覆盖，应在 80 km 高的轨道上建立一个由 30～40 个天基激光武器组成的星座。

　　因为目前只有化学激光器能够提供实现杀伤导弹所需的能量，在高空不存在氟化氢激光被大气吸收的问题。所以天基激光武器现在还是使用化学激光器，航天飞机将用来为激光器补充燃料。现在正在研究第二代节能激光器取代化学激光器，主要包括二极管抽运固体激光器（波长 $1.06\ \mu m$），相控阵二极管激光器（波长 $0.8\ \mu m$）和自由电子激光器。后者是采用相对论电子束与静磁场相互作用，将电子运动的动能转变成相干辐射能。早期的自由电子激光器能量转换效率很低，只有 0.1%，后来改进了磁场的结构，效率获得大幅度提高，潜在能量转换效率有可能达到 $30\%～40\%$。输出的激光波长可从毫米波到紫外波段调谐，适合在不同环境下的作战需求。

第4章 追赶光学新时代

在经典光学的"节目单"上，内容比较简单，基本内容是几何光学和物理光学。今天，光学"节目单"上的内容丰富多了，出现了一些基于光学新现象、新技术创建的新科目，比如非线性光学、瞬态光学、纳米光学、量子光学、自适应光学等，还有一些由于研究内容的拓展自立成系统建立的科目，比如材料光学、大气光学、分子光学、生物光学、化学光学等。随着社会的发展和科学技术的发展，光学"节目单"上的内容还在拓展，人类追赶光学新时代的步伐没有止步，还在加快。

4.1 非线性光学

非线性光学是在 20 世纪 60 年代发展起来的学科，它是相对通常的线性光学而得名。在线性光学中，光与物质相互作用过程引起的光学效应，比如反射、折射、散射、透射等与入射光强度成正比，不同频率的入射光与物质作用相互之间不发生能量转换。非线性光学研究的现象是，发生的光学效应与入射光强度不成比例，是正比于入射光强度的平方或者三次方，这时，不同频率的入射光与物质相互作用时将产生能量转换。典型的非线性光学效应有诸如光学倍频、和频、四波混频、光学双稳态、受激散射等，非线性光学就是研究这些光学现象的产生、特性、机理和它们的应用。

光倍频

1961 年美国科学家 P. A. 弗兰肯(P. A. Franken)和他的同事们在做激光实验时观察到一种新现象，他们把红宝石激光器输出波长 694.3 nm、能量 3 J、脉冲宽度 3 ms 的激光脉冲通过石英晶片,在透射光束中除了出现原先红色的激光斑外,在它的外围还观察到紫色光。把透射光送入光谱仪测量光束的光波长时,发现透射光中有两个波长,一个波长是 694.3 nm,另外一个是波长 347.15 nm 的紫外光,其波长刚好是入射的激光波长 694.3 nm 的一半(即频率加倍)。这部分新生的紫色光是从何而来,P. A. 弗兰肯他们把石英晶体片换下来,放上去一片普通玻璃片重新做实验,这回那紫色的光便不出现了。当再换上石英晶体片时这紫色光又出现了,显然这频率加倍的光是由石英晶体片引起的。这会不会是石英晶体片的特殊色散性能造成的? 他们又换上其他一些晶体片,如磷酸二氢氨(ADP)、磷酸二氢钾(KDP)、碘酸锂(LiIO₃)等进行实验,也都出现和用石英晶体做实验时的现象,无疑这是一个新光学现象,并把它称为"光学倍频"现象。

随后一些科学家的实验进一步发现,除了发生频率加倍的现象外,还会出现频率三倍、四倍、五倍、几十倍,甚至 100 多倍的现象,一束在可见光波段的激光束通过这种光学倍频效应预计会产生进入到 X 射线波段的辐射。不过,晶体材料对真空紫外、X 射线辐射的光学透射率非常低,甚至无法透射,能够获得的辐射强度很微弱。其次,产生高次倍频要求的激光功率密度很高,会引起晶体材料产生光学损伤。所以高次倍频一般不是利用倍频晶体,而是利用气体。产生高次倍频使用的气体主要是惰性气体和双原子分子,如氢气、氮气、氧气等。

利用这个光学倍频现象,我们便可以借助激光器能量转换效率比较高的红外激光,获得紫外波段,甚至是真空紫外波段的相干光。比如利用 KDP 倍频晶体对输出激光功率比较高的 Nd∶YAP 激光器输出波长 1341.4 nm 的激光进行三倍频,便可以获得波长 447.1 nm 的蓝色相干光,用 KD∗P 倍频晶体对常用的高功率 Nd∶YAG 激光器输出波长 1.06 μm 进行三倍频,可获得波长 355 nm 高功率紫外相干光,利用 BBO 倍频晶体对 Nd∶YVO₄ 激光器输出波长 1064 nm 的激光进行 4 倍频获得波长 266 nm,做 5 倍频获得波长 213 nm 的真空紫外相干光。用脉宽为 28 fs、波长 780 nm 的激光脉冲在氦气体中,观察到了 297 倍的倍频光波辐射,对应的光波长为 2.73 nm,进入到了"水窗"(2.33~4.37 nm)波段。

不仅是整块晶体能够产生光学倍频效应,用晶体粉末也能够产生。这一情况对于研究、探讨新倍频晶体材料有重要意义。因为这样一来,我们便可以省去制作整块晶体的麻烦,制作有一定尺寸、光学性能均匀又良好的晶体通常是要花大力气的,价格也不低。

进一步实验还发现,物质的反射光束也出现光学倍频效应,比如高功率激光束入射到表面光滑的金属材料上,比如入射到金、银、铜、铋等金属表面,或者碱金属氯化钙、氯化钠、氯化钾以及半导体材料表面,甚至是液体表面,在反射光束中并也含有倍频光。

光自倍频

起先的光学倍频是在激光器共振腔内或者是在腔外放置倍频晶体实现的,在1969年,美国贝尔实验室的 J. Ohnson 等发明一种新型光学倍频技术,称为自倍频技术。他们是在非线性晶体 $LiNbO_3$ 中掺入能够产生激光发射的杂质元素铥(Tm),制成的这种晶体同时具有发射激光和发生非线性光学效应的功能,元素铥的离子发射波长 1853.2 nm 的激光,自动产生光学倍频,输出波长 926.6 nm 的激光。其后在 1986 年,T. Y. Fan 等人在 $LiNbO_3$ 晶体中掺入元素镁(Mg)和钕(Nd),用它作激光器工作物质也获得连续输出自倍频绿色激光输出;1986 年在 $Al_3(BO_3)_4$ 晶体内掺入钕离子 Nd^{3+} 和钇离子 Y^{3+}(这种晶体简称 NYAB 晶体),利用它作激光器工作物质获连续自倍频绿光输出和 Q 开关自倍频绿光输出。

激光器采用自倍频晶体作工作物质时,在共振腔内形成的基频激光能够直接通过晶体的二阶非线性光学效应在腔内形成倍频激光,可以省去通常的倍频实验时需要放置的一块倍频晶体,而且得到的倍频相干光更稳定。但是,激光晶体和激光倍频晶体是两类不同功能的晶体,因此,自倍频晶体并不是激光晶体和非线性晶体的简单整合,在设计制造这类自倍频晶体的时候,需要同时考虑其激光特性和非线性特性,特别要考虑激光和非线性特性的耦合和匹配。从激光晶体方面考虑,要求晶体具有良好的荧光特性和激光特性,晶体要具有与抽运光源相匹配的吸收谱带,有适当大的吸收和发射截面,适当的荧光寿命,有强的荧光辐射量子效率以及上能级(激发态)吸收小,同时要求在基频和倍频输出波段没有显著吸收。从倍频效应方面考虑,要晶体应该有适当的非线性光学系数,晶体的双折射适当,能实现相位匹配,如果能够实现非临界相位匹配那就更好;对于低对称晶体,还需要注意在相位匹配方向上的光学吸收波和发射波的偏振性。科学家经过多年努力,现在已经研制出一些性能质量不错的自倍频晶体,比如掺钕四硼酸铝钇(NYAB),掺钕四硼酸镉(NGAB)、掺钕四硼酸铝镧(NLAB)和 Yb：YAB,Nd：GdCOB,Yb：Gd-COB,Nd：YCOB 以及 Yb：YCOB 等。

光频率相加和相减

在经典光学中有一条著名的原理：光叠加原理。荷兰科学家惠更斯在他的著名著作《光论》中写道：光的最不可思议的性质是，从不同的甚至是相反方向来的诸光束互相穿过，一点也不妨碍彼此的行为。事实上，我们通常做光学实验时，无论是研究其传播方向、颜色，或者其能量变化都不曾考虑参与的光束是一束，还是几束，因为各束光彼此独立行动、互不相干，从来没有人会怀疑一束光的行为会受到另外一束光的影响。

然而，在非线性光学领域情况便两样，一束光的行为会受到另外一束光的影响，比如它们叠加在一起时会发生能量交换，产生另外一种频率的光束。在1962年巴斯(M. Bass)等利用红宝石激光与高压汞弧灯发出的准单色辐射通过 KDP 晶体时，观察到属于这两者频率相加的第三束光，这个现象被称为"光学和频"。激光与金属蒸气和惰性气体的混合物、纯惰性气体等气体介质相互作用，也观察到光学和频效应。随后不久又发现一个新光学现象：在红宝石激光器共振腔内放置石英晶体，观察到不同纵向振荡模式频率组分间的差频光波信号，其频率值为 2964 kMHz，这个现象被称为"光学差频"。在经典光学的概念里，两束光同时通过介质时，独立地与介质相互作用，彼此不会构成相互作用。

可见光激光通过这种光的和频效应，便可以获得紫外波段，甚至真空紫外波段的可调谐高功率相干光，因此，利用这个现象我们便可以比较方便地探测红外辐射以及在微波波段的辐射。差频效应是产生红外，特别是远红外波段可调谐相干辐射的重要手段之一。

光学饱和吸收

光学吸收是光与物质相互作用的一种最基本的方式。所有光辐射、光散射和光致折射率变化过程都与光学吸收有密切的关系。1729年科学家布格尔(P. Bouguer，1698～1758)根据大量的光学实验结果，总结出两条重要光学定律，也就是通常我们说的布格尔光学吸收定律。第一条定律说的是：当物质的厚度增加时，通过它的光强度以几何级数减弱，用数学式表示为

$$I = I_0 \exp(-\alpha L)$$

式中，I_0 为入射光强度，I 为透射的光强度，L 为物质厚度，α 为吸收系数。后来，布

格尔又研究了密度分布不均匀物质的光学吸收规律,得到第二条光学吸收定律,这条定律指出,起光学吸收作用的不是物质的厚度,而是在物质里所含的物质质量。换句话说,物质的光学吸收系数 α 正比于物质的浓度。如果进一步假定光学吸收系数 α 与光波长有关,便能说明不同波长的光通过物质后被衰减的程度不相同的道理。基于这个道理,布格尔的光学吸收定律也就被用来进行物质成分及其含量的分析。但是,能够这么做有一个前提,那就是光学吸收系数 α 与光强度没有关系,即吸收系数 α 是一个常数,假如光学吸收系数 α 随着入射光强度变化,我们便不能利用布格尔的光学吸收定律进行物质成分分析了。在经典的线性光学里吸收系数 α 被认定为一个常数,大量的光学实验也显示它的确没有随入射光强度发生变化的迹象。前苏联瓦维洛夫以光强度相差 1 万万亿(10^{20})倍的光束进行实验,测量玫瑰红银试剂 B、结晶紫以及一品红水溶液的光学吸收系数,结果彼此相差不到 5%。光束强度相差如此之大,物质的光学吸收系数却只差这么一点点,那应该说光学吸收系数与光强度没有关系,是一个常数。不过科学家们对此依然心存怀疑,因为光学吸收的基本元素是在基态原子吸收入射的光子跃迁到高能态发生的,而当原子离开基态跃迁至高能态时,在基态原子数量显然发生减少,入射的光强度越高,在基态原子减少的数量也越多,也就必然导致发生光学吸收的能力下降,相应的,光学吸收系数会减小。瓦维洛夫实验使用的光束强度虽然相差很大,但光束的绝对强度并不是很大,光功率密度最大的也只有每平方厘米面积 10 W 左右。如果用很强的光束做实验,或许就会出现新问题。果然在 20 世纪 60 年代,科学家用高亮度的激光做实验,便看到了新现象,激光通过物质时,物质的光学吸收系数随光强度变化很明显,它不再是一个常数,而是随激光的强度而变化,这个现象称为非线性光学吸收现象。

科学家安排了两个实验,一个是从激光器输出的激光束先经过光学衰减器,将激光束强度减弱了之后进入装有染料的吸收池,再进入光电探测器;另外一个实验安排是让激光束先通过这个染料的吸收池之后才通过那只相同的光学衰减器,再进入到光电探测器。按照经典光学概念,两个实验安排光电探测器探测到光强度是一样的。这与古代那个"朝三暮四"的故事相仿,在古代有位老人,他养了不少猴子,每天用栗子喂这些猴子,原先规定每个猴子一天吃 7 只栗子,并宣布每天早上吃 3 只,晚上吃 4 只,这使猴子大吵大闹,说太少了。于是老人更改做法,宣布改为每天早上吃 4 只,晚上吃 3 只,猴子听了挺高兴,以为这比原先的规定多吃了一只）。虽然这是个笑话，但这两个实验安排的情况是相仿的。在经典光学里的情形确实相仿，在非线性光学里便不是一样了，后一个实验安排光电探测器接收的光强度比前一个实验安排高，而且当使用的激光功率很高时，在第二种实验安排中甚至还出现那只光学吸收池在或者不在，光电探测器接收到的激光强度也没有什么变化，这意味着那只染料吸收池的光学吸收系数几乎变成为零了。这表明材料的光学吸收系数是跟入射的光强度有关，前一个实验安排中进入吸收池的光强度比第二个实验安排的高。实验还发现，在这个中当入射的激光功率密度达到每平方厘米面积几十万瓦的水平后，那只染料吸收池的光学吸收系数便变为零，这个光学现象称为"光学饱和吸收"。理论分析显示，发生饱和吸收与原子能级的平均寿命及入射光强度有关，能级平均寿命短的原子，发生饱和吸收需要的光强度更高。

光学双光子吸收

在非线性光学里，本来是光学透明、吸收系数很小的物质，在光强度高的光束通过时反倒发生强烈吸收，这个现象是科学家在做液态二硫化碳的光学吸收实验时观察到的。根据已有的光学实验结果，液态二硫化碳对红光的光学吸收系数是很小的，但功率为几百万瓦的红宝石激光通过装有这种液体的吸收盒时，出乎意料地发生强烈光学吸收，大约有 2/3 的激光能量被吸收掉，由于发生强烈的光学吸收，还导致吸收盒的温度急剧上升。但当降低激光强度到比较低时再做同样的实验，发现此时的光学吸收量很少，二硫化碳液体的温度只发生微弱升高。

除了二硫化碳液体有这种情况外，其他一些液体也有类似的"怪"现象，比如硝基苯、苯、丙酮、溴苯、氯仿、氯苯等液体以及硫化镉等半导体材料，蒽和奈等有机晶体也出现类似的吸收行为。前面提到，物质在强光通过时吸收系数变小，此刻却反而增大，由原先的光学透明物质变成了光学绝缘体。这又是物质在强光作用下出现的新型光学吸收机制造成的，这种新机制就是双光子光学吸收。

根据经典光学的辐射理论，在电偶极子近似和一级量子力学微扰近似下，光与物质相互作用的基元过程中只允许有一个光子变化，原子、分子每次从一个能级跃迁到另外一个能级只吸收一个光子，或者只发射一个光子，不妨把这种吸收或者发射分别称"单光子吸收"和"单光子发射"。很早便有科学家对光与物质相互作用的基元过程中只允许有一个光子变化提出异议，比如 1931 年德国哥廷根大学的迈耶（G. P. Mayer）便从理论上预言，光和物质之间相互作用存在双光子过程，即可以同时吸收两个光子实施能级之间的一次跃迁。但是,根据理论计算结果,发生这种跃迁的几率非常低,大约只有单光子吸收跃迁的百万分之一,因此,双光子吸收现象不容易观察到。考虑到双光子跃迁的几率与光强度的平方成正比,在强光与物质相互作用时或许能够观察到这个现象。不过,普通光源输出的光强度比较弱,不足以获得较大的双光子吸收跃迁几率,因此长久以来没有观察到理论预言的双光子吸收现象。激光器发明后,科学家能够有了光强度很高的光束,于是终于在1961年用激光做光学吸收实验时,观察到了这种双光子吸收现象,后来还观察同时吸收几个、甚至几十个光子的现象,并称为多光子光学吸收。

根据双光子吸收机制我们现在就可以解释前面开头谈到的光学吸收"怪"现象。就以硫化镉半导体的光学吸收来说吧,它对红光应该是光学透明,光学吸收系数很小的。一个红光的光子能量大约是 1.6~1.7 eV,硫化镉的导带与价带之间的能量间隔是 2.5 eV,即一个红光光子的能量小于其导带与价带之间的能量间隔,按照波尔跃迁频率条件,红光光子是不会被吸收的,因而硫化镉对红光显示出很高的光学透明度。在入射光是高强度的激光时发生双光子吸收,因为两个红光光子的能量加起来有 3.2~3.4 eV,比硫化镉半导体的导带与价带之间的能量间隔还大,波尔跃迁频率条件获得满足,硫化镉自然也就能够发生光学吸收,而且由于此时是一次吸收两个光子,吸收强烈程度比单光子吸收高,显示的吸收便也比往常更猛烈。由于发生多光子吸收,红光也能够导致气体原子电离,发生气体击穿。

红光产生空气击穿

光学自聚焦和自散焦

在经典光学中,光束只有在通过透镜时发生聚焦或者发散,在非线性光学里情况会不一样。一定强度的光束通过任何形状的介质,包括平面的或者球面的;任何状态的物质,包括固态的、气体的或者液态的,光束在其中通过时其直径会随传播距离不断收缩,传播过一定距离后会收缩在一个点上,传输行为如同在经典光学中光束通过正透镜时发生的情况一样。这个现象称为激光光束的自聚焦。也会出现光束在介质中传输过程中光束直径不断扩大,表现出发散的现象,这个现象称为光学自散焦。

科学家做了大量实验分析工作,找到了光束产生自聚焦和自散焦的原因,那是因为介质的折射率与入射光的强度有关。考虑三阶非线性光学效应时,介质的总折射率 n 由两部分组成:

$$n = n_0 + n_2 I$$

式中,n_2 称为介质的非线性折射率系数,它的数值很小;I 为光强度。在入射的光强度不高时,属于非线性折射率 $n_2 I$ 这部分的数值很小,基本上不起作用,因此,介质的折射率显示的作用是与通过的光束强度无关的常数。我们知道,透镜发生汇聚光束作用是介质折射率的空间分布变化引起的,介质的折射率空间分布均衡,光束通过它的时候不会出现汇聚现象。但是,如果入射的光束强度很高,介质的折射率便不再是与光强度无关的常数,而是与光强度有关了。假如入射光束的光强横截面分布不均匀,那么,光束在介质内引起的折射率空间分布也将是不均匀的,从而也就使入射光波面在传播过程中发生一定程度的不均匀变化。如果入射光束是高斯光束,即它的光强度空间分布是高斯函数的形式,那么,介质折射率的空间变化也呈高斯函数形式:

$$\Delta n(r) = n_2 |E(r)|^2$$

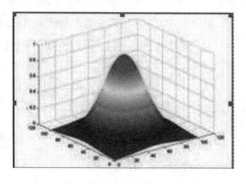

高斯光束强度空间三维分布图

这种情况下，介质将等效于类透镜光学元件。如果介质非线性折射率系数 n_2 为正值，那么介质对光束中心部分的折射率增量最大，结果介质将等价于一种正透镜，使在其中传输的激光束产生汇聚作用，这就是自聚焦效应。如果介质非线性折射率系数 n_2 为负值，那么介质就显示负透镜作用，使在其中通过的光束发生散焦，这就是自散焦效应。

自散焦介质中的光束自聚焦

强激光光束在非线性折射率系数 $n_2 < 0$ 的介质中传播时，由非线性折射率引发的自相位调制非线性光学效应，将产生负透镜效果，使通过的光束散焦，加速由线性衍射效应引起的光束发散，因而这样的介质也称为自散焦介质。1990 年，著名非线性导波光学专家 Agrawal G. P. 发现，在满足一定条件时，强光束在自散焦介质中传播也能发生自聚焦效应。Agrawal 通过数值模拟证明，当一强（称抽运光）一弱（称信号光）两束光在自散焦介质同向共轴传输时，由于交叉相位调制（XPM）效应的作用，在一定的初始条件下抽运光束将引起信号光束发生聚焦，需要满足的条件之一是两光束的中心有初始偏移，其二是抽运光光强必须远远大于信号光的强度。这两个条件满足后，信号光的演化大概是这样：初始为高斯函数分布的信号光首先被汇聚，光束的宽度逐渐变窄，光强的空间分布偏离高斯分布并出现旁瓣，与此同时，光束中心逐渐远离抽运光束中心（由于两中心有一初始偏移，两中心的偏移逐渐增大）。传输经过一段距离，信号光聚焦到最小值后则开始发散，光束的宽度再逐步变宽，两光束中心继续相互偏离，从起点到光束汇聚到束宽最小时的距离称为焦距。信号光束的聚焦效果与抽运光强度有关，抽运光越强，被聚焦程度越大。聚焦效果也与抽运光-信号光之间的初始间距及抽运光-信号光的波长比值有密切关系，而且存在一个最佳初始间距和最佳波长比，使得聚焦程度最大。

受激拉曼散射

1962 年，科学家正在积极探索各种 Q 开关技术，以获得更高功率的激光。在研究以装硝基苯液体的克尔盒做红宝石激光器的 Q 开关实验时，科学家发现一个新现象：在原先属于红宝石激光的红色光斑外围出现一些颜色较浅的红色光，用光谱仪测量激光器此时输出的激光波长，发现除了属于红宝石激光波长之外，还有 3

个新波长,它们的数值分别是 767.0,851.5,961.0 nm,它们的强度依次递减。它们会不会是红宝石激光器的新激光波长呢? 但查了红宝石晶体的光谱图,没有找到相应的光发射波长,或者说,红宝石激光器不会产生这些波长的激光。所以,出现的新波长激光最可能的是由这只 Q 开关产生的。可是当换别的 Q 开关以及把那只 Q 开关盒里面的硝基苯换上别的液体时,这几个光颜色随即消失,这显示新波长激光是出自硝基苯液体。科学家又做了一些数字游戏,把新出现的 3 种光颜色的光波长减去红宝石激光波长,得到的数值分别是 71.7,157.2,267.7 nm,这几个数字包含了什么秘密? 科学家查阅了硝基苯的拉曼散射光谱图,发现它们正是硝基苯的拉曼频移。原来是这么回事! 它们是红宝石激光器激发出来的拉曼散射光。

　　拉曼散射是以印度物理学家拉曼名字命名的光学散射,又称拉曼效应,是光通过介质时由于入射光与分子运动相互作用而发生光频率变化的散射。1923 年斯梅卡尔从理论上预言了频率发生改变的散射。1928 年,拉曼在气体和液体中观察到这种散射光频率发生改变的现象:散射光中在每条原始入射光频率 ω_0 谱线两侧对称地出现频率为 $\omega_0 \pm \omega_n (n=1,2,3,\cdots)$ 的光谱线,在频率比 ω_0 低一侧的光谱线称红伴线或斯托克斯线,在频率比 ω_0 高一侧的光谱线称紫伴线或反斯托克斯线;频率 ω_n 与 ω_0 的差值也称拉曼频移,它的值与入射光频率 ω_0 无关,而是由散射物质的性质决定的,每种散射物质都有自己特定的拉曼频移,其中有些拉曼频移与介质的红外吸收频率一致。使用普通光源产生的拉曼散射光强度很弱,大约只有入射光强度的万分之一,即使使用发光强度很高的汞灯激发,一般也需要连续照射几小时,在照相干板上才能显示出拉曼散射光谱。如今使用激光激发拉曼散射,产生的拉曼散射强度不仅强,而且还出现所谓受激拉曼散射,它显示出与方面的特性:

　　(1) 有明显的阈值特性,即只有当入射的激光强度和功率密度超过一定数值以后才发生这种受激拉曼散射。

　　(2) 散射光有很好的方向性,空间发散角明显地比普通拉曼散射光的小,通常可达到与入射激光发散角同数量级,而且散射光主要发生在激光入射的前向和后向两个方向。

　　(3) 散射光强度很高,强度可以达到入射激光束相同数量级,而普通拉曼散射光强度是很弱的,一般只有入射光强的万分之一到十万分之一。

（4）散射光有很好的单色性，光谱线宽度很窄，宽度甚至可以比入射的激光束的谱线宽度还窄。

（5）出现多条拉曼频移谱线，即出现多种不同波长的相干光。

受激布里渊散射

1964年，*R. Y. Chiao*，等用脉冲红宝石激光激发石英蓝宝石晶体，观察到很强的反射光，他用法布里-珀罗标准具观察这束反射光的干涉环，并与单独由红宝石激光产生的干涉环相比较，发现这束反射光形成的干涉环中，在属于每个红宝石激光的干涉环旁边都出现几环相互靠得很近的干涉环。这意味着在反射光中出现一些不同波长的光，它们的波长与红宝石激光波长相差不多。根据测量结果，彼此相差的波数大约是 $1\ cm^{-1}$。又根据它们的干涉环的带宽，发现这些反射光的谱线带宽也很窄，与红宝石激光的谱线宽度同数量级。从干涉环的明亮程度也推知这反射光的强度与入射的红宝石激光强度差不多。实验还发现，当入射的红宝石激光功率下降到一定程度后，反射光中那些附加干涉环便消失了，只剩下红宝石激光产生的干涉环。这显示所观察到的现象有"阈值"性质。

科学家们寻找反射光中那些新波长光辐射的来源。根据从干涉环间隔得到的这些新光辐射波长间隔数值，对比根据石英晶体弹性力学常数计算得到的超声波波长，发现两者数值相当。由此科学家断定，石英晶体产生的反射光束属于布里渊散射光，又因为散射光有激光那些性质，因此把它称为受激布里渊散射。此后许多人相继在液体、气体中也观察到受激布里渊散射效应。

布里渊散射是以布里渊名字命名的光学散射效应。布里渊在1922年提出这种散射效应，它是入射光波场与介质内的弹性声波场相互作用产生的效应。使用普通光源进行实验时，得到的布里渊散射光强度非常弱，只有入射光强度的亿分之一左右，实验显示这种散射效应不明显，所以布里渊散射效应发现后，相当长一段时间未引起人们的关注。

受激布里渊散射的频率谱与受激拉曼散射的情况类似，散射光中在入射激光（以下称抽运光）频率 ω_0 低频一侧将出现频率 $\omega_0-\omega_a$ 的斯托克斯光波分量，在高频一侧产生频率 $\omega_0+\omega_a$ 的反斯托克斯光波分量，其中 ω_0 为抽运激光的频率，ω_a 为受激布里渊散射频移。

受激布里渊散射的背向斯托克斯分量波具有高单色性、高方向性和高相干性的特点，同时，散射光脉冲宽度小于入射激光脉宽。受激布里渊背向散射产生的原理是：首先，入射激光场激起布里渊散射介质产生超声振荡，介质形成一超声体光栅，入射光在此光栅上散射即为布里渊散射。由布里渊散射产生的斯托克斯散射沿反向传播的分量将与随之而来的激光场相遇，由于在介质中斯托克斯场与激光场之间的强烈相互作用，使得入射激光能量被不断转换为斯托克斯散射分量的能量。当入射

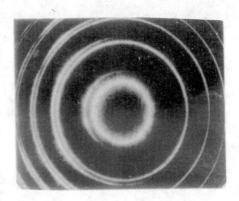

受激布里渊散射效应

激光足够强时，斯托克斯散射光波获得迅速放大而成为受激布里渊后向散射。当受激布里渊后向散射产生之时，斯托克斯散射光脉冲沿反向传播，其前沿可获得更优先的光放大，从而使其前沿变陡，脉冲半宽度明显变窄，形成脉冲压缩效应。

　　受激布里渊散射的后向散射光其空间相干性比抽运激光还好，这一现象可这样理解：受激布里渊散射光只有在后向才能在沿入射光方向获得最大的有效增益作用，因此，受激布里渊散射后向散射光的方向性比自发布里渊散射光好。由非线性极化理论和实验证明，在受激布里渊散射效应中，斯托克斯散射光波的波前与入射抽运激光波前具有相位复共轭关系，因此，斯托克斯散射光波具有与入射抽运激光同样好的相干性；而且在受激布里渊散射效应中，散射光在由相干声波场形成的相位体光栅中多次衍射，最后将具有如导波激光所具有的良好的相干性，这种相干性优于入射的抽运激光的相干性。

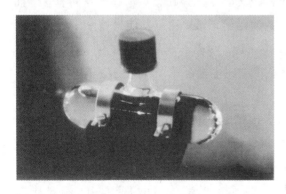

带受激布里渊散射盒作为共振腔的激光器

　　另外一个重要特性是它的相位复共轭特性，即受激布里渊后向散射波是入射抽运激光光波的共轭波，共轭波的等相面与入射波的等相面重叠。由于这一特性，它能校正入射光波在传播途中产生的像差，即可使共轭波在返回时经过同一个引起像差的非均匀区后，波阵面恢复如初。利用后向受激布里渊

散射光的这个相位复共轭特性,采用散射介质盒作为激光器共振腔的一个反射镜,构成激光器相位共轭腔,能够极大地改善激光器输出的激光束质量,比如使用这种共振腔的氙灯抽运染料激光器,其输出光束的方向性得到极大的改善,较之采用普通反射镜时可以提高 20 倍,达到衍射极限光束的 4 倍。在 $Nd:YAG$ 振—放系统上采用受激布里渊散射后向光波相位复共轭特性补偿了放大器造成的波前畸变,大大改善了光束质量。

上图是带受激布里渊散射盒作为共振腔的激光器。相位复共轭特性也被设想用于高功率激光实现精密瞄准打靶。激光器所输出的高功率激光能用来摧毁军事上的飞行物,但由于大气传输激光光路上的介质和光学元件的光学不均匀性以及调整光路技术上的缺陷,不可避免地会使激光束发生变形、发散等变化,这会大大妨碍对目标的瞄准,后向受激布里渊散射光的相位复共轭特性提供了一个解决的思路。设想先用一输出发散角较大的低功率激光器发出寻的激光束照射靶目标,由靶面反射的一部分光波经过大气介质后返回发射端,经小信号激光放大器后入射到受激布里渊散射介质,由它产生的反向相位共轭散射波经激光功率(能量)放大器后,再次发射穿过大气传输至目标,此时便可以完全准确地击中靶面。

受激布里渊散射光是从自发布里渊散射放大而形成的。实验和理论分析均表明:不管抽运激光光强空间分布的形式如何,阈值附近的受激布里渊散射光空间分布基本保持高斯分布;当抽运光超过阈值时,激光与物质相互作用区可分为两个分区:形成区和能量转移区。在形成区中,受激布里渊散射光被噪声放大为具有一定模式的相干光束,当其增益达到阈值增益所在介质样品位置时,标志着形成区结束,能量转移区开始工作,两者的交界点称为临界点。在能量转移区,抽运激光能量开始降低,而受激布里渊散射已经形成,而且其能量逐渐增强。采用更高的抽运激光强度,受激布里渊散射会更早形成,形成区的边界将向抽运光输入窗口移动,从而扩大了能量转移区,相应地也提高了激光向受激布里渊散射光能量转移的效率。

通过测量受激布里渊散射频移可直接算出声速,而由声速可以算出弹性常数,由声速的变化可以得到关于声速的各向异性、弛豫过程和相变等信息。根据受激布里渊散射光谱线宽度(它需用高分辨光谱装置测量)可以研究声衰减过程,这与非简谐性和结构弛豫等有关,根据受激布里渊散射光强度可以研究声子和电子态的耦合等。

4.2　瞬态光学

瞬态光学是研究瞬态现象发生机制以及记录这些瞬态过程的学科。一些快速运动物体的运动状态以及其中发生变化的时间往往非常短促,一些物理变化过程、化学变化过程和生物变化过程经历的时间也非常短暂,大约只有几皮秒或者几飞秒。瞬态光学技术给了科学家一个重要实验技术,开展实验研究超快速变化过程的各个细节,弄清许多过去还没有弄清的科学问题,大大丰富了人类认识物质世界的知识。

瞬态受激拉曼散射

前面讨论过受激拉曼散射,但那是使用连续波激光束或者脉冲宽度比较宽的激光激发产生的,或者说那是稳态受激拉曼散射。如果使用脉冲宽度很窄的激光激发时,产生的受激拉曼散射便不一样,它称瞬态受激拉曼散射。

稳态受激拉曼散射的前向散射和后向散射光强度基本相同,瞬态拉曼散射的后向散射光强度则比前向散射的高许多,相差可达几百倍到千倍;散射光的脉冲宽度也发生变化,后向散射光的脉冲宽度会比入射激发激光脉冲宽度窄许多。比如使用脉冲宽度 10 ns 的激光激发二硫化碳,产生的后向受激拉曼散射光的脉冲宽度则只有大约 30 ps,比入射激发激光脉冲宽度窄三百多倍。但散射光的能量减低不多,这意味着散射光功率很高,比入射的激发激光脉冲功率还高,显示瞬态受激拉曼散射具有光学放大性质。

当入射的激光脉冲宽度窄到皮秒时,受激拉曼散射的产生也出现反常,原先在用脉冲宽度宽的激光激发时产生受激散射阈值功率以及受激拉曼散射能量转换效率比较高的介质,在使用皮秒激光激发时其阈值功率提高许多,同时能量转换效率也大幅度下降。比如硝基苯、甲苯、苯和二硫化碳等介质,用长脉冲激光激发时,硝基苯产生受激拉曼散射的阈值功率最低、能量转换效率最高,但用皮秒激光激发时它则变成阈值最高的,能量转换效率更是一落千丈,从原来的 0.1 左右下降到百万分之一左右。

使用长脉冲激光激发时只有甲烷、氢、氘等少数几种气体能够观察到受激拉曼散射,而使用皮秒窄脉冲激光激发时,能够观察到受激拉曼散射的气体则比较多,比如氧、氮、二氧化碳、氧化亚氮、氯化溴、氯化氢等都能够观察到受激拉曼散射,而且二氧化碳、氮和氧化亚氮等气体还观察到转动能级受激拉曼散射。这意味着过去使用长脉冲激光激发时由于阈值功率过高不能产生受激拉曼散射,而使用短脉冲激光激发时,阈值降低了。

瞬态受激拉曼散射还有一个特点,每条斯托克斯谱线还有几条"卫星"谱线,它们与母斯托克斯谱线的波长间隔大约为 0.8～1.3 nm,它们的强度与谱线宽度和斯托克斯母线大致相同,这表明这些卫星谱线也是由受激散射产生的。同时,当入

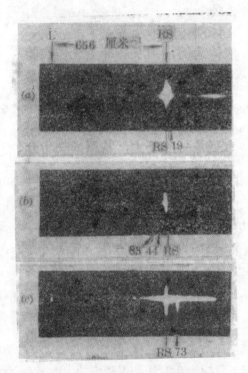

瞬态受激拉曼散射的"卫星"谱线

(其中 Rs 是受激拉曼散射斯托克斯分量,C. A. Sacchi,Opt. Commun. VOl. 14,P84. 1971 年)

射的激发激光功率控制在受激拉曼散射阈值附近时,这些卫星谱线最清晰可见,如果入射的激光功率高于受激散射阈值太多时,便不容易辨认它们。经过研究分析,证实这些卫星谱线是由受激拉曼散射斯托克斯分量为"母光波",再与介质相互作用产生的受激散射。当入射激光功率比受激拉曼阈值高得多时,由于受激拉曼散

射的斯托克斯谱线本身的宽度比较宽,掩盖了这些卫星谱线。

至于使用的入射激光脉冲宽度是多少时产生的是属于瞬态受激拉曼散射? 这主要取决于散射介质的受激拉曼散射增益系数和介质分子的能态平均寿命,当入射激光脉冲宽度 τ 满足下面条件时可以产生瞬态受激拉曼散射:

$$\tau < GT_2$$

式中,G 为介质的受激拉曼散射增益系数,T_2 为介质分子的振动或者转动相位弛豫时间。

需要补充一点的是,瞬态受激拉曼散射一般不是独立出现的,往往伴随其他一些非线性光学现象,比如光学自聚焦、双光吸收等现象同时出现,要研究瞬态受激拉曼散射,需要注意把它从这些非线性光学现象中"分离"开来。

光学回波

1964 年,美国哥伦比亚大学辐射实验室科学家库尔尼(N. A. Kurnit)做了一个用纳秒脉冲宽度红宝石激光透射红宝石晶体片的实验,实验中红宝石激光器内那支发射激光的红宝石晶体棒用液氮冷却到零下大约 196 ℃,红宝石晶体片则用液态氦冷却到零下大约 270 ℃,同时在这晶体片外围上加一个能够产生磁场强度大约为 2.4×10^4 A/m 的磁场,磁场方向与激光束入射晶体片的传播方向一致。激光束经光束分束器分成两束,一束直接进入红宝石晶体片,另外一束经光学延时器延时一定时间 τ 之后再入射到红宝石晶体片。按往常的光学实验,从红宝石晶体片透射的光脉冲有两个,一个是先前直接通过晶体片的,另外一个是延时通过晶体片的,这两个光脉冲相隔的时间是延时时间 τ。但是,实验结果很奇怪,第二个脉冲之后还出现一个光脉冲,出现的时间间隔也是延时时间 τ,它从何而来? 起先以为它是从红宝石晶体片或者实验光路中某个光学元件的反射光,是否如此,库尔尼等做了一些判断实验:

(1) 将从光学延时器出来的激光束经过几块反射镜反射之后才入射这红宝石晶体片,光路比原先延长了 2.5 m,相当于延长了时间 8.5 ns。实验结果显示,这第三个光脉冲出现的时间也跟着延时 8.5 ns。进一步实验还发现,第三个光脉冲出现距第一个激光脉冲入射时间 T 为

$$T = 2\tau + \Delta t$$

式中,τ 为第二个入射激光脉冲与第一个入射激光脉冲的时间间隔,Δt 为入射的激

光脉冲宽度。这表明第三个激光脉冲不是由光学元件反射产生的。

（2）关闭在红宝石晶体片上的磁场，第三个光脉冲消失，一旦加上磁场，第三个光脉冲便又重新出现。

（3）将红宝石晶体片的光轴相对第一束入射激光束转过一个小角度，哪怕只转过 3°，第三个光脉冲便也消失；如果此时把磁场方向也作相应数值的转动，让磁场方向与红宝石晶体片的光轴一致，第三个光脉冲又重新复出。

（4）如果把冷却红宝石晶体片的杜瓦瓶移走，让红宝石晶体片的温度回升，则不到 1 min 时间，第三个光脉冲也随即消失。

（5）第二个激光脉冲与第一个激光脉冲延迟的时间间隔 τ 有一定限制，它只有小于介质的原子或者分子的相位弛豫时间才可以产生第三个光脉冲，即延时时间 τ 满足条件：

$$\tau < 1/(2\pi\Delta\upsilon D)$$

式中，$\Delta\upsilon D$ 为原子或者分子的谱线多普勒宽度。同时，第三个光脉冲的光强度 I_h 随着延时时间 τ 增大而迅速下降，并且是以指数形式下降：

$$I_h = I_0 \exp(-4\tau/T_2)$$

式中，I_0 是延时时间 τ 为零时的强度，T_2 是能级相位弛豫时间。在时间间隔 τ 比较短的时候，不仅第三光脉冲的强度比较高，它的出现需要的磁场强度也可以降低，红宝石晶体片的光轴与磁场方向之间允许的偏离角度也可以增大。

这些实验结果充分表明，第三个光脉冲是短脉冲激光与介质相互作用产生的新型光学现象，人们把它称为"光学回波"，而新生的那个光脉冲称为"光子回波"。此后的实验还显示，当采用的入射激光束强度很高时，看到的光子回波还有许多个。除了固体介质外，在气体介质中也观察到这种光回波效应。比如用脉冲二氧化碳激光（波长 10.6 μm）通过纯六氟化硫（SF_6）气体以及六氟化硫与氦、氖、氢的混合气体；用波长可调谐砷化镓半导体激光输出波长 850 nm 的激光通过铯蒸气，也都观察到光子回波。

当入射到吸收介质的短脉冲激光不是 2 个而是 3 个的话，也能够观察到光子回波。比如在时刻 t_1, t_2, t_3 分别入射吸收介质一个短激光脉冲，在时刻 t_4 将出现一个光子回波。这时产生的光子回波与前面介绍的两个入射光脉冲产生光子回波机制有点不一样，这里涉及原子内部 3 个能级，而前者只涉及原子的两个能级，也可以说这里的是三能级光子回波，前面的是二能级光子回波。由于形成光子回波的机制有些不同,因此三能级光子回波也就有些不同的性质,如果入射的脉冲激光是偏振光,那么这 3 个光脉冲的偏振方向一致,或者相互垂直都能够产生回波光子,回波光也是偏振光;3 个入射脉冲激光传播方向相同或者彼此相反,也能够产生回波光子。入射的 3 个脉冲激光的频率不一样,比如在时刻 t_1 入射的激光脉冲频率是 ω_1,时刻 t_2,t_3 的激光脉冲频率是 ω_2,那么在时刻 t_4 将出现一个光子回波,它的光频率是 ω_1,传播方向接近平行于第三个激光脉冲的传播方向,光频率比值 ω_2/ω_1 增大,光子回波出现的时间也相应延长。

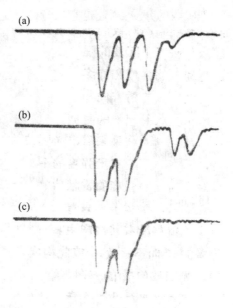

多光子回波

(a) 一个强光子回波和一个弱光子回波;

(b) 两个强光子回波;(c) 没有光子回波

根据回波光子产生的条件,我们现在可以理解库尔尼做实验时把红宝石晶体片冷却到低温的道理。原子能态的平均相位弛豫时间是与介质的温度有关,低温时弛豫时间延长,容易满足产生光子回波条件。另外,红宝石激光器输出的激光波长随温度也稍有变化,通过对激光器的红宝石晶体棒冷却,可以让激光器输出的激光波长落入红宝石晶体片的吸收峰值位置,不过,冷却温度到了零下 197 ℃左右激光器的输出波长便几乎不再变化了,所以激光器只需要液氮冷却温度即可。

回波这个名称是科学家在做核磁共振实验时引进的。科学家发现,放置在磁场中的介质,当用两列频率与介质吸收频率相同的电磁波先后通过它时,得到的不是两列电磁波,在第二列电磁波入射之后不久便会接收到第三列电磁波,仿佛是在山谷中高喊时产生的回声,因此科学家也就把这个现象称为"回波效应"。

光子回波也是很有应用价值的瞬态光学现象。比如通过测量介质的光子回波强度随延迟时间间隔 τ 的变化,可以研究介质原子的各种弛豫过程并测量这些过程的弛豫时间,测简便,测量精度也比较高。

光学自感应透明

和飞快的子弹穿过玻璃窗而没有把窗玻璃打碎的现象相似,本来对光束能量强烈吸收的介质,当通过它的光脉冲宽度很窄时,介质将变成百分之百透明,透射的光脉冲能量几乎没有一点损失,这就是光学自感应透明现象。1967 年,佩特尔(Patel)等做让 Q 开关二氧化碳激光器输出波长 10.6 μm 的短脉冲激光通过氨分子气体的实验时,根据氨分子的光谱资料,它对这个波长的光学吸收系数非常大,连续波 10.6 μm 的激光通过厚度仅 1 cm 的吸收气体层,光束的强度便减弱到只有原来的一半。可是,这次改用脉冲宽度为 6 ns 的脉冲激光做同样的实验时结果大为不同,同样是通过 1 cm 吸收厚度,光强度只减弱大约 3.5%,使用的激光脉冲再窄到 2 ns 时,损失的激光能量还更少,只减弱万分之七,氨气体此时变成了全透明介质,而不再是强吸收介质。这个现象称为"光学自感应透明"。

从光的经典理论来说,光在通过介质时会在介质内生成感应偶极距 P,它与入射光电场 $\varepsilon(t)$ 乘积的积分 θ 为

$$\theta = 2\pi P \int_{-\infty}^{\infty} \varepsilon(t) \mathrm{d}t / h$$

其数值等于某些数值时光学吸收将发生新现象。理论上指出,如果这个积分数值等于 2π(这样的脉冲激光又称 2π 光脉冲)的整数倍时,原子被光脉冲激发,从基态到激发态以及从激发态返回基态,并不再是彼此无关联,此时各个原子将在这个入射光脉冲的"指挥"下相关地被激发到激发态,然后又相关地返回基态,激发光脉冲的前半部分能量被介质的原子瞬间吸收,生成大联合偶极矩"团体",紧接着,激发光脉冲的后半部分与这个大联合偶极矩"团体"相互作用,诱发它做感应发射,填补了入射光脉冲前半部失去的光能量,这么一来,光脉冲从介质透射出来时其能量便没有损失,即介质变成了完全光学透明。

用红宝石激光器输出的脉冲激光通过红宝石激光晶体片的实验验证了这个理论。脉冲宽度宽的红宝石激光通过红宝石晶体片时因为发生共振吸收,透射光强度强烈降低。当采用锁模激光器输出的、脉冲宽度为皮秒的激光束做实验时,情况便大不一样。用冷却液体把红宝石晶体片冷却到开氏温度大约 110 K,红宝石晶体谱线 R_1 的相位弛豫时间 T_2 大约为 100 ps,或者说,在这个条件下入射激光脉冲宽度比原子相位弛豫时间 T_2 小。实验测量了从红宝石晶体片透射的光强度与入射激光脉冲的 θ 计算值关系,结果显示,对应于 θ 为 2π 及其整数倍的透过率与非 2π 及其整数倍的透过率相差 10^{15} 倍! 当 θ 值为 2π 时,激光脉冲几乎是 100% 透射。

根据前面介绍的短脉冲光从吸收介质透射这个模式,可以预料透射的光脉冲

相对于入射光脉冲有一定延迟时间,因为完成激光脉冲前半部分被吸收及后半部分与偶极矩相互作用过程需要一些时间,透射光脉冲与入射光脉冲的延迟时间 τ_d 为

$$\tau_d \approx \alpha L \tau_p / 2$$

式中,α 为介质的光学吸收系数,L 为介质的吸收长度,τ_p 为入射激光脉冲宽度。在有些实验中观察到的延迟时间还特别长,比如脉冲宽度 7 nm 的汞离子激光通过铷蒸气(厚度 0.1 cm)的实验中显示,透射光脉冲是在激光脉冲入射后 8 ns 才出现,这么长的延迟时间表明,激光脉冲在铷蒸气中的传播速度明显变慢了,根据出现的延迟时间和吸收介质厚度(这里是 0.1 cm),可算出脉冲激光在铷蒸气中的传播速度大约只有在真空中传播速度的 1/2400。当进一步增强入射激光的功率到一定程度后,透射光脉冲的延迟时间随着激光功率增大而减小,激光功率增大到某个水平后,延迟时间变为零。也就是说,短脉冲光在吸收介质中传播时不仅能量不受到损失,传播速度也与激光功率有关。

短脉冲激光在铷蒸气中传播还有一个有趣现象,当入射的激光功率很高时,透射的光脉冲还出现多个峰,称为 2π 光脉冲列,第一个峰称为 2π 脉冲,第二个峰称为 4π 脉冲,等等。这些脉冲列也可以彼此分离成独立的光脉冲,或者说,一个入射短脉冲高功率激光,透射出来一"子脉冲群",它们的峰值功率还竟然比入射的激光功率高,因为它们的脉冲宽度变窄了。

光学自感应透明是一个光学新现象,它在科学技术研究以及生产建设中也有很大应用价值,比如利用这个现象可以制作在集成光学中的延时器和脉冲整形元件等。

前面介绍的饱和吸收,它也是吸收系数变小,介质由非透明变成透明,它与这里介绍的自感应透明不是一回事。饱和吸收是由于高强度光束把大量原子或者分子激发到高能态,在基态吸收光辐射的粒子减少造成的,在激发态的粒子数量比在基态的少,透射光中属于受激发射的成分不多。这里的自感应光学透明情况就不一样,首先它对入射的光脉冲宽度有要求,只有在脉冲宽度小于原子、分子的相位弛豫时间才会发生。其次,入射激光脉冲的功率需要达到一定数值,即达到阈值功率才会发生。从透射光的性质来说,透射光是属于相干光,不是通常的自发辐射。透射光脉冲宽度会变窄,会出现延迟效应,会发生多个透射光脉冲等。自感应光学透明现象与前面的光子回波现象倒有几分相似,也属于相干发射,但对吸收介质的

厚度要求不一样,发生光子回波现象要求吸收介质厚度比较薄,即吸收系数 α 与吸收长度 L 的乘积 αL 要小于 1,发生自感应光学透明现象的要求则相反,要求乘积 αL 要大于 1。

高速摄影

人的视力能力有限,为了增强自身的视力能力,科学家们做了大量研究工作,发明了许多新技术。比如为了弥补我们眼睛的空间分辨能力不足,发明了放大镜、显微镜、电子显微镜、扫描隧道显微镜等一系列仪器设备;为了弥补我们眼睛的感光能力不足,发明了诸如光学增强器、夜视仪等;为了弥补视力的时间分辨率不足,发明了各种高速摄影技术,它是探测物体空间位置瞬态变化过程的一种重要技术,其实,瞬态光学是从研究高速摄影开始的。

人眼的视网膜有 1/24 s 的视觉暂留效应,所以人眼的时间分辨能力只有 1/24 s,电影摄影与放映的频率选为每秒 24 帧,正是利用了这一特点,以不连续的放映使人获得连续的感受。但对于许多瞬变现象,受到眼睛时间分辨率的限制,我们却只能看到变化前、后的结果,而看不清其中的过程细节。利用每秒 1 000 帧,甚至上亿帧的速度把物体的变化过程拍摄下来,然后以通常每秒 24 帧的速度播放出来,物体的快速变化过程就被放慢了,让我们可以看到许多奇景,能将肉眼无法看到的高速世界赋予新生命。比如能够让我们看清体操运动员的动作细节、了解高速运转的机器的动作过程、研究反坦克弹的穿甲过程、记录原子弹爆炸的瞬间过程、导弹飞行的轨迹姿态变化过程等。又比如当水滴轻轻地落入池塘时,它产生一系列几乎无形的壮观过程。用高速摄影技术能够让我们看到小水滴首先在水面上跳跃奔腾,接着水珠四方散射而支离,直到完全被池水吸收而消失。以肉眼看起来,这不过就是水面的振动,但是透过高速摄像技术拍摄出来的图片,我们看到的整个过程就如篮球反弹的超级慢动作。又比如飞机失事从空中坠落的事件,这个过程前后发生的时间很短暂,通常只看到在空中的飞机和坠落在地面的飞机,至于其中的坠落过程是不了解的,下图是用高速摄影技术拍摄飞机失事照片,从中我们便可以看到坠落过程。

第一次高速摄影是由英国化学家、语言学家及摄影先驱亨利·塔尔博特(Henry Talbot)完成的。1851 年,塔尔博特将《伦敦时报》的一小块版面贴在一个轮子上,让轮子在一个暗室里快速旋转。当轮子旋转时,塔尔博特利用来自莱顿电

飞机失事坠落过程

瓶(这是一种能聚集电荷的容器,就是现在的电容器的前身)的闪光(闪光时间为1/2 000 s),拍摄了几平方厘米的原版面。最终结果是获得了轮子清晰的图像,它好像是从一种静止的实体上拍下来的,但实际上却是运动中的实体。

高速摄影技术在科学技术研究和生产活动中也有重要的应用价值。大约 50年前,科学家首次拍摄飞行子弹的影像。现在,麻省理工学院的科学家又将高速摄影的目光聚焦到光线的移动上,协助科学家研究分析光子是如何在空间穿行的,比如光脉冲穿过盛满液体的烧瓶的全过程。光的速度是子弹的 100 万倍,为了捕捉光粒子的移动,他们研制出超高速摄像机。拍摄时,激光器每秒钟发射数百万次激光脉冲,穿过一个折射镜系统。这些折射镜随后逐渐倾斜移动,让摄像机镜头扫描整个"场景"。最后拍摄的影像展现了子弹形光脉冲在不到一秒钟内从实验室烧瓶的一端移动到另一端的景象。在医学上,高速摄影技术能够协助寻找染病细胞,这些寻找工作可以用大海捞针来形容,通常这必须分析成百亿个细胞之后才能找到染病细胞,现在利用超高速成像技术为这项寻找工作提供了一种可行的解决方案。使用高速摄影技术对快速流动血液中的细胞进行直接拍摄,有助于尽早发现血流中的少量染病细胞(如瘤细胞等),这些细胞的存在通常可以表征出人体疾病的早期症状。

高速摄影用高速摄像机完成。高速摄像机按工作原理可分为光机式与光电子式,按工作结果可分为条纹相机与分幅相机,还可以按拍摄速度分为中低速相机、高速相机及超高速相机。所有使用几何光学原理及高速动作的机械机构实现对快速现象观测记录的设备都称为光机式高速相机,它通常又可以分为 3 类:间歇式高速摄影机、光学补偿式高速摄影机和转镜式高速摄影机。间歇式高速摄影机里面有一个输片机构、收片机构和光学系统,底片在抓片机构和定位锁的配合下拖动作间歇运动,在底片静止的片刻光学系统将景物完成曝光。受底片的机械强度限制,这类相机的拍摄速度上限为每秒 300 帧。底片长度通常在 200~300 m,持续拍摄约数分钟,播放时可以使原有现象的发展速度放慢 15 倍。光学补偿式高速摄影机中的底片连续运动,使用移动的透镜、旋转的棱镜或反射镜,使图像在曝光时间内与底片同速运动相对静止,补充曝光时图像相对底片的移动。这类相机的拍摄速度通常是每秒 11 000~12 000 帧,使用的底片长度通常在 30~120 m 之间,最长也有 600 m。转镜式高速摄影机中的底片固定在暗箱内一个近似圆弧的片架上,用旋转反射镜使成像光束相对于底片高速运动,完成在底片上扫描曝光。由于拍摄结果是一个条带,因此称为条纹相机,有时也因其是由光束在底片上扫描完成摄像而称为扫描相机,其时间分辨率取决于扫描的速度和相机沿扫描方向的空间分辨率,一般在纳秒(10^{-9})量级。

光电子类高速摄影机使用电光、光电效应以及脉冲电光源。这类相机还可以细分为闪光高速摄影机、高速视频录像机与变像管高速摄影机。闪光高速摄影机是在黑暗中利用持续时间很短的闪光照明拍摄对象使底片曝光摄影,它的闪光时间比我们日常照相时使用的闪光灯的闪光持续时间短得多。闪光可以是火花放电、脉冲氙灯,也可以是脉冲激光。当使用 X 射线闪光时称为射线高速摄影,射线高速摄影可以透视拍照某些利用可见光无法直接观察、记录的快速现象,如炮筒内炮弹的运动等。它也可以避开烟雾、火光的干扰,因此常用于研究弹在内弹道及中间弹道运动的情形。

高速视频录像出现于 20 世纪 70 年代末,最初使用摄像管和高速录像带拍摄频率为每秒 200~2 000 帧,在 80 年代中期发展至每秒 12 000 帧。此后,特种高帧频光电成像器件(自扫描光电二极管阵列 SSPD)或特种 CCD 逐步取代了摄像管,超大容量集成电路存储器芯片代替了由多隙磁头、高密度磁带与精密高速机械传动机构组成的高速图像数据记录系统,整个系统以计算机为核心,实现了全数字化。它不仅拍摄速度、存储速度与存储容量均有大幅度提高,而且增加了图像增强功能和多种对图像信息处理功能,可以实现在弱照度下的拍摄,并十分方便地实现实时观察与记录、单幅显示、逐格放映及连续放映。上述优点加上无噪声(它没有运动的机械部件),使它逐步取代了中低速的高速相机。

使用变像管做成像器件制成的变像管高速摄影机,其拍摄速度又获得了进一步提高。变像管是一种宽束光电成像器件,它由光电阴极、电子光学聚焦系统及荧光屏组成。当光学图像照在它的光电阴极上时,光电阴极即发射出一个电子密度与光强相应的电子图像,这个电子图像经电子光学系统成像在荧光屏上时就重新转换成一个与原来的光学图像相似的可见光图像。由于电子的惯性极小,所以变像管高速摄像机的时间分辨率可以达到皮秒甚至飞秒量级。

上面介绍的各种高速摄像机,包括光机式的高速摄影机和变像管高速摄影机先前都是使用胶片做最后的图像记录的,这就需要显影、定影等事后处理,费时费事。磁带录像技术出现之后,研制成功了采用高密度磁头与磁带的高速视频摄录机,摄录频率可达每秒 2 000 帧,画面分割后可以更高。最近几年随着固体摄像器件(CCD 与自扫描光电二极管阵列)的发展和大容量集成电路存储芯片的出现,高速视频录像系统已经放弃了采用高密度磁头与磁带,采用高速专用 CCD 或自扫描光电二极管阵列(SSPD)作为图像传感器、大容量集成电路存储芯片作为记录介质,研制成功了固态全数字高速视频录像系统,可以即时以标准电视制式、任意倍率慢速播放和对画面进行自动搜索。

高速摄影技术还在发展,高速摄影机的使用还在更新。

介质内部变化瞬态过程探测

一些物理变化过程、化学变化过程和生物变化过程经历的时间非常短暂,大约只有几皮秒、几飞秒,准确地测量这些超快过程的时间行为,能得到有关这些过程机制的极其丰富的信息,对推动物理学和化学的发展、了解生命过程、对生物工程学的发展等具有重要意义。现在,皮秒和飞秒脉冲激光技术给了科学家一个重要实验工具,能够开展实验研究超快速变化过程的各个细节,并且已经弄清了许多科学问题,比如视觉系统中的分子异构化、DNA 中碱基对的光修复及质子传递、化学反应中的光解离,光合作用功能体中的超快光物理过程及其物理机制等,大大丰富了人类认识物质世界的知识。

大概是在 1949 年,当时在剑桥大学的罗伯特·诺里什(Rebert. Norrish)和乔治·波特(Geoge Porter)提出一种探测快速变化过程的想法:用大功率的闪光使分子裂解进而分析所形成的碎片,这一技术即所谓的闪光光解。原始的做法是用氙灯作光源,它被安置在装有反应物的石英容器旁。氙灯产生的闪光持续时间大约为百分之一秒,通过使用电子时间延迟器使部分氙灯的闪光触发另一只功率较小的氙灯在某一定时间内产生第二次闪光。第二次闪光通过反应分子之后进入光谱仪,记录自第一次闪光之后按一定的时间间隔对活性中间体的光谱,并对其进行分析,便可以知道有哪些化学物质存在以及它们的浓度是如何随时间变化的,由此获得了物质发生变化途径的图像。虽然氙灯所产生的闪光时间是短促的,但它并不足以被用来研究超快速变化的动力学过程。激光器可以输出强度更大、闪光时间极短的光脉冲,利用它能够完成比用氙闪光灯无法完成的工作。探测的基本做法是用一个分光镜将激光脉冲分为两部分,一部分引发物质发生变化,它称为抽运光束;另一部分则被用来在一定延迟时间之后探测物质发生的变化,它称为探测光束。采用光学时间延迟器可以精确改变抽运光束与探测光束之间的延迟时间差,这样,科学家便能够非常精确地检测瞬间中间体的浓度变化,从而获得有关物质变化动力学信息。现在,科学家基于这个做法,发展了用于探测超快过程的各种技术。

激光皮秒光谱

光谱是物质变化信息携带者,通过光谱技术可以探测物质内部的各种瞬态变化。

用一个超短激光脉冲入射到所要研究的原子、分子体系,将它们激发到指定的能态,或将它们特定的某种运动变化微观步骤有选择地引发,随后,用另一超短脉冲激光在不同延迟时间之后通过这已被激发的原子、分子体系,探测激光能量被体系吸收、散射的光谱信号,或者探测体系发射的荧光光谱信号,"跟踪"监测并分析原子、分子体系在某一瞬间所产生的光谱信号,便可得知原子、分子体系在瞬间所呈现的状态;综合不同瞬间的光谱资料,便可揭示有关微观世界内瞬态变化过程的规律。

利用超短脉冲激光进行皮秒时间分辨探测的方法,在原则上可以分为3大类:双光束交叉技术、光学取样技术和条纹照相技术。双光束交叉技术是用两个超短脉冲激光分别在不同瞬间与被研究的原子、分子体系相作用,其中后一激光脉冲用于对前一激光脉冲所造成的激发状态进行探测,用摄谱法或光电法检测被原子、分子体系对后一激光脉冲所产生的吸收光谱或散射光谱。显然,这种检测方法的时间分辨率与所用检测元件的时间响应特性无关,而仅取决于探测激光脉冲的脉冲宽度。

　　光学取样技术是用探测脉冲激光驱动某种光学取样元件，例如超快速光开关，在由前一脉冲激光激发原子、分子体系发射荧光辐射过程中，抽取某一瞬间的荧光信号，并利用光电法或摄谱法记录下来。由于所用取样技术的取样持续时间主要由探测脉冲激光的持续时间所决定，因而，它和双光束交叉技术相类似，检测的时间分辨率也取决于探测脉冲激光的脉冲宽度，不受检测元件的时间分辨率限制。在皮秒激光光谱中最常用的超快速光学开关现在已经制成多种，比如利用一些电光晶体材料受到电路作用时折射率会发生变化，制成的电光效应光开关；利用在半导体量子阱或超晶格上加电场，带隙附近的折射率随电场变化制成量子阱限制斯塔克光开关；在半导体能带内注入的自由载流子密度变化时，材料的折射率也发生变化，基于这个效应制成半导体色散光开关；在绝缘衬底上生长一层半导体材料薄膜，然后在其表面上光刻微带传输线和光开关隙，构成微带光电导开关；利用晶体两侧稀薄气体放电形成的高电导率透明等离子体作电极的普克尔盒，制成的等离子体电极普克尔光开关。这些光开关的开关速度都很快，在皮秒量级。

　　第三种皮秒时间分辨检测技术是条纹照相技术。应当指出，不论采用哪一种信号检测技术，一个共同的问题是怎样使激发和探测激光脉冲之间能够精确地实现时间延迟。一般来说，这可以通过电子学系统分别触发两个超短脉冲激光器发射激光获得实现，但更方便和更精确的做法是光学延时法，即将同一超短脉冲激光器输出的一个超短脉冲激光分为两个部分，调节它们各自光路中的反射镜系统，改变它们达到指定空间微区的光程，或在光路中插入某种折射率不同的透明介质，通过局部地改变光速而使这一对脉冲激光之间造成一定的时间延迟，分别用于对原子、分子的激发和探测。

皮秒衍射光谱

　　皮秒衍射光谱是基于皮秒激光在介质内产生的瞬时光栅，探测光束产生衍射的状况，研究介质中发生瞬态过程的光谱技术。

　　在皮秒相干光作用下，由于介质的折射率发生变化，在介质中形成大约以光波波长为周期的相位光栅，在其中传播的另一束皮秒探测光将受到该相位光栅的衍射。改变探测光束入射到介质的延迟时间，便能测量出该相位光栅的弛豫时间。用这个方法已测量了液体若丹明 6G 分子的取向弛豫时间。

利用这种光谱技术也可以测量由于受到激励的介质空间发生的扩散，或者受激粒子本身的扩散引起的周期不均匀性消失时间。

皮秒荧光光谱

荧光是指分子从激发态通过自发辐射跃迁到较低能级时发射的光辐射。原子、分子被激发到高能态后将以各种弛豫途径返回较低能级，如自发辐射、受激辐射、内转换、系间交叉等过程。在高能态的粒子数变化取决于这些过程的速率大小，因此测量荧光衰变的时间过程，有助于了解和分析各种弛豫机制。

时间分辨荧光光谱测量的基本原理大多也是基于所谓抽运—探测技术，即用一束激光抽运激发样品发射荧光，用另一束激光监视荧光衰变过程。但具体的抽运和探测的方式是多种多样的，它们最主要的区别是探测技术和数据处理方法的不同。通常采用 3 种工作方式。一种是以另一超短脉冲激光作为选取皮秒荧光信号的手段。例如利用这一脉冲激光"开启"超快速光学克尔开关，用摄谱法记录此瞬间透过的荧光信号。光克尔盒开关有好的时间分辨率，可达 1 ps，但它的灵敏度较低，精确度也比较低，动态范围大约为 10。另一种方法是用条纹照相机直接记录荧光信号（用另一超短脉冲激光触发）。条纹相机的最高时间分辨率已达 0.5 ps，动态范围可达 2 000，而同步条纹相机与连续锁模染料激光器配合，动态范围可达 10^6，它的探测灵敏度可以达到探测 5 600 光子/秒。还有一种是时间相关单光子计数技术，它与同步抽运染料激光器配合，并采用具有微通道板的光电倍增管，时间分辨率可达 10 ps，动态范围超过 10^4。它可以探测 $10^9 \sim 10^{11}$ 光子/脉冲。

这种光谱技术主要用于研究在分子中、分子间的激发能量传递过程，也可用于研究影响这类能量传递过程的各种因素及其作用本质。一个典型的例子是利用这一皮秒光谱技术揭示某些有机分子（如二甲胺）对腈基苯 DMAB 出现"双重荧光现象"的机理。所谓双重荧光现象是指某些分子在特定的溶剂中可以产生附加的荧光谱带。例如在波数大约为 3 000 cm^{-1} 的光辐射作用下，DMAB 溶于非极性溶液中时可产生其谱带峰处于 29 000 cm^{-1} 附近的荧光（b 带荧光），但当在极性溶剂中时，则除 b 带荧光外，还可出现另一波长的荧光（a 带荧光），后者的峰值波长位置在 19 000 $\sim$ 26 000 cm^{-1} 范围内，且随溶剂极性增大而向长波方向移动，但 a 带荧光的位移更为显著。关于这种双重荧光，特别是 a 带荧光的产生机理，曾引起人们的普遍兴趣，并提出了种种相互矛盾的揣测。利用皮秒萤光光谱技术测量这些荧光谱带的出现及其衰变时间，令人信服地证明 b 带荧光是 DMAB 被激发到 S_2 态（第二电子激发态）后，弛豫到 S_1 态（第一电子激发态）而所产生的，而 a 带荧光则是偶极矩更大的 S_2 态 DMAB 和溶剂相互作用而生成的 S_2' 态所产生的，后者的激发态能量甚至比 S_1 态还要低，因而其荧光波长大于 b 带的荧光辐射。现在皮秒荧光光谱已成为揭示光合作用原初过程的能量传递机理的重要技术。

皮秒吸收光谱

皮秒吸收光谱通常有两种做法，即瞬态透过法和差值光谱法。在瞬态透过法中将超短脉冲激光分成两束，一束用作抽运激发样品，另一束经过透镜聚焦于水或重水中，以产生谱线宽度超加宽的白光超短光脉冲，然后用这个光脉冲通过已被激光激发的样品，测量这个激光束的光学透过率。通过调整两束激光的延迟时间，探测不同时刻样品的光学透过率。

差值光谱学方法采用两个样品盒，一个用于激光激发，另一个用作参考盒。从激光器输出来的脉冲激光束被分成两部分，一部分用作抽运光束，激发样品，另一束改变成光谱线超加宽的白激光脉冲，用它作探测光束，这束探测激光又分成近似等强度的两个脉冲，一个让它通过被先前的激光束激发的样品，其透射光束强度与先前激发激光脉冲的变化有关；另外一个光脉冲作参考光束，它通过参考盒，通过改变抽运脉冲激光束与探测脉冲激光束之间的相对延迟时间，便可以确定不同时刻的差值光谱。探测脉冲通过样品的透过率可用光谱仪与光电倍增管、电视系统、光学多道分析器及照相底片 CCD 等相配合进行记录、分析。

皮秒吸收光谱可以研究原子、分子各种弛豫过程，并测量获得过程的几率。比如，①电子激发态分子的弛豫过程研究；② 激发态分子向基态弛豫的总速率；③振动激发态的弛豫时间；④分子混合物中激发能的传递速率；⑤电子"给体"—电子"受体"分子间的电子转移速率；⑥分子构型变化的速率。

皮秒拉曼光谱

皮秒拉曼光谱是利用皮秒激光脉冲使分子因发生受激拉曼散射而产生的振动激励，观察另外一束探测激光脉冲在这些振动能态产生的反斯托克斯拉曼散射辐射光的光谱技术。利用这种光谱技术能够探测受激振动能态的弛豫过程，也可以直接测量固体中各单元（激子、极化声子等）的弛豫过程。

由于超短脉冲激光本身的相干性,它对分子振动态激发的结果可使激发态分子的振动相位保持相互关联(相干激发),这种振动相干性在时间 T_2 内可消失。时间 T_2 通常称为相位相干衰变时间,一般来说这个时间远小于振动激发态分子弛豫到热力学平衡分布的时间 T_1,即 $T_2 \ll T_1$,这也就意味着,在分子振动相干性消失以后,分子的振动激发能仍可维持非平衡分布,这种状况可通过此振动态对另一激光脉冲在反斯托克斯频率 ω_{as} 处的自发拉曼散射探测出来。此时,具有特定振动相位的分子发生的拉曼散射是相干的,而且散射光具有一定的方向性,而无规则运动分子的拉曼散射光通常不具有相干性,传播也没有方向性(一般可在垂直于相干反斯托克斯散射的方向检测)。这样,检测经过不同时间延迟的探测激光脉冲在频率 ω_{as} 处的相干拉曼散射和非相干拉曼散射强度,便可分别求出振动激发态分子的激发能和振动能态相干性弛豫的速率。此外,利用这种光谱技术还有可能研究振动激发态分子在分子中和分子间的能量弛豫途径。

4.3　微光光学

微光光学是研究超微弱光现象的产生,应用价值以及对其探测技术的学科。天体中以及我们地球太空都存在微弱的光,研究各种生物过程伴随发射微弱光的现象对社会发展和科学技术的发展有重要意义,也丰富了人类对自然认识的知识。

超微弱发光

1923 年,俄罗斯细胞生物学家 A. G. 高维兹(A. G. Gurwitsch)做了一个著名的实验。他将正在进行有丝分裂的洋葱放在一个可透过紫外线的玻璃管中,外面再套上一个中部有孔的金属管,同时将另一个带有玻璃管的、处于休眠期的洋葱垂直放置在那只孔的一侧,但彼此不接触。几小时后,处于休眠期的洋葱也开始进行有丝分裂,并且由于根尖细胞在不断分裂时所产生的某种作用,它在小孔相应位置形成一个外突体。当在它们之间放上一只不透光的挡板重新做实验,发现处于休眠期的洋葱就不出现外突体这个现象。这表明有丝分裂的洋葱是通过某种信号向休眠期的洋葱传递了信息,刺激那只处于休眠期的洋葱细胞进行有丝分裂。根据这一实验结果,高维兹提出一种假说:分裂的细胞能够发出一种射线,当它照射到其他细胞上时,可以刺激受照细胞进行有丝分裂,并称这种射线为"分生射线"。当时受光学探测技术的限制还不能对这种射线的强度和波长范围进行测定，只知道用一块不透紫外线的玻璃就可以挡住这种光辐射，从而确定它是一种波长短于 350 nm 的紫外光。到 20 世纪 50 年代初，由于光灵敏度较高的光电倍增管问世，使得科学家能够进一步研究生物所发射的这种超微弱射线。1954 年意大利科学家卡里(Colli)等利用装有光电倍增管的仪器首次科学地证明了这是生物发射的超微弱发光现象。到了 60 年代，苏联科学家对超微弱发光进行了大量研究，以小麦、菜豆、小扁豆和玉米的细胞有丝分裂种子作为实验材料，测试结果发现被测作物都具有发射超微弱光辐射的能力，其发光强度为每秒、每平方厘米面积 250～700 个光子，光谱峰值波长大约在 550 nm。此后，科学家对 90 余种生物做的实验测定发现，除蓝藻和原生动物外，所有生物都有不同程度发射微弱光辐射的性能，证明了超微弱发光的普遍性。更进一步的研究还显示，任何生命都存在着超微弱发光现象。

生物灵敏动态指标

生物超微弱发光与前面介绍光源时说到的生物发光是不同的，普通生物发光多来自细菌、真菌、昆虫、鱼类等荧光素－荧光素酶体系产生的，发光强度远远大于这里介绍的超微弱发光强度。但是高等植物和哺乳动物都不具有普通生物发光性能，而只发生超微弱发光。超微弱光子辐射的能量来自化学反应，光子发射过程与生物组织的正常代谢有关，是一种来自细胞内的本原信号，检测这种本原信号，破译其所携带的与生命活动相关信息，可以了解各种生命过程的真实现象。不同生命体发射的超微弱发光强度不一样，同一生命体不同器官的超微弱发光强度也不一样，而且同一生命体在不同发育生长阶段、不同生长状态、处于不同环境状态，发射的超微弱发光强度也将不一样。

对于农作物来说，根（或胚根）的超微弱发光强度最强。对小麦、菜豆、扁豆和玉米的研究显示，它们的根部超微弱发光强度是茎的 10 多倍；在玉米的根、芽、胚中，则芽的超微弱发光强度最大。对大豆的研究显示，子叶的超微弱发光强度高于真叶。以大麦、小麦和玉米这 3 种农作物来说，它们在苗期的超微弱发光强度大小顺序是大麦＞小麦＞玉米。不同生长发育期，产生的超微弱发光强度也不同，中期超微弱发光强度比前期和后期大约高出 2～3 倍。农作物籽粒的超微弱发光强度与其成熟度有关，对玉米的研究表明，成熟度小的籽粒其超微弱发光强度高于成熟度大的籽粒,其原因在于授粉初期籽粒主要是器官分化、细胞分裂和呼吸作用强;进入完熟期后,籽粒新陈代谢和细胞分裂减弱,产生的超微弱发光强度也相应减弱。小葱的超微弱发光图像清楚地反映了小葱各部位在生长发育过程中新陈代谢的旺盛程度。图中(a)为小葱在极低照度下的外形图,A为葱头,呈白色,即在微光照下亮度最大;B为葱叶,呈绿色,C为刚刚生长出来的嫩叶,呈淡黄色。图(b)是小葱在正常光照条件下立即移入样品暗箱内,经过30 s后在10 s内取样积累得到的超微弱发光图像。比较图(a)和图(b)可见,A处是小葱的储能部分,超微弱发光强度最弱,而C处是小葱叶发育最快、新陈代谢最旺盛的部位,其超微弱发光强度最强,B处为发育成熟部分,发光强度较C处弱些。

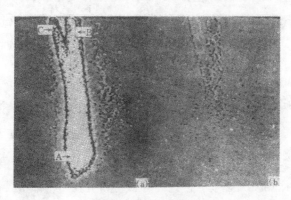

小葱的超微弱发光图像

超微弱发光强度与环境因素有关,比如受特定波长电磁波照射和电离辐射作用,或者受氧化剂、代谢抑制剂的作用,都会改变生物体产生的超微弱发光强度。经特定波长电磁波照射的大豆干种子,其超微弱发光强度在整个萌发过程中始终高于未受照射过的种子,这显示特定波长电磁波照射能够提高种子活力、促进种子萌发、促进幼苗生长、增强萌发种子的代谢活动的作用。特定波长电磁波照射动物精子对其超微弱发光强度也会产生变化,比如家兔精子经照射后孵育,结果其超微弱发光强度均高于没有受照射的精子。加氧化剂是增强超微弱发光强度另外一个途径,小麦种子萌发过程中,分别于6 h和72 h用1‰$KMnO_4$溶液处理,发射的超微弱光强度可分别增加10.8倍和2.5倍,增强幅度随萌发时间的延长而减小,这是因为代谢的氧化物随着萌发时间的推移而减少。紫外线、X射线、γ射线等电离辐射也影响超微弱发光强度,经X射线照射后V_{79}细胞发光强度明显增强,累积照射剂量26.5Gy(吸收剂量单位),超微弱发光总强度增至正常细胞的8倍左右。但电离辐射不改变超微弱发光峰值波长出现的位置，经电离辐射辐照的细胞和未受辐照的细胞，它们的发光峰值波长位置均在 634.6 nm 出现。用 X 射线或 γ 射线照射 CHO 细胞和 V_{79} 细胞，当辐射剂量小于 26.5Gy 时，超微弱发光强度与辐射剂量线性相关。紫外线对超微弱发光具有促进和抑制两种可能作用，与照射的辐射剂量有关，比如经紫外线照射 10 min 的大豆种子萌发后超微弱发光峰值强度和发光平均强度都比对照组高将近 2 倍，而照射 60 min 的大豆种子的超微弱发光峰值强度反而明显低于对照组的。

环境温度对生物的超微弱发光强度也产生影响，比如玉米籽粒在正常温度条件下萌发时超微弱发光强度较强，如果受到低温的影响，其超微弱发光强度便显著降低。低温条件下萌发时，超微弱发光强度较高的品种为抗冷性品种，超微弱发光强度低的品种为敏感品种。对比各种植物种子在不同环境下的超微弱发光强度，可将它们对逆境胁迫的抗性进行排序，可为品种抗性的评价提供一种简便、快捷的方法。

农作物种子的超微弱发光强度与生物的活力有密切关系，储存时间不同的种子其超微弱发光强度和特征不同，基于这些特点我们可以利用超微弱发光，鉴定种子新旧程度及抗性基因性能。小麦、稻谷、玉米的超微弱发光强度与其受到的真菌侵害程度密切相关，通过对小麦、稻谷、玉米超微弱发光强度的检测可以较好地估计其霉变程度。传统的作物种子活力鉴定方法操作复杂、时间长，测量需要的种子用量较大，且会破坏种子的结构。

农作物被喷洒农药以后超微弱发光强度的变化比没有喷洒农药的变化要快得多，实验表明对农作物喷洒浓度 5×10^{-8} mol/L 除莠剂就可以引起它的超微弱发光强度发生显著变化，这个现象可以用来监测农药污染以及农药对环境或农作物的毒害情况。比如通过检测蔬菜的超微弱发光强度可直接显示污染物对蔬菜生理代谢的影响程度，从而为无公害蔬菜及绿色蔬菜的检测提供理论依据。通过不同污染物引起生物超微弱发光的光谱变化，可以迅速判断出环境污染物的种类和污染程度。环境中综合危害监测也可以用生物的超微弱发光技术进行如下工作：①对药剂评价。用植物的超微弱发光强度变化检测除草剂喷施时期和施用量对植物的影响，探测灵敏度比用生物生长指标（生长量、叶重、叶面积等）高得多。②元素测定。生物超微弱发光对许多金属离子很敏感，用生物超微弱发光强度变化可定量测定 Ca^{+2}、Cu^{+2}、Zn^{+2}、Mn^{+2}、Fe^{+2} 等元素的浓度。③对环境毒物的测定。生物超微弱发光法检验 SO_2 对植物毒害的程度比卫生标准要低得多。另外对废水、废液、工业污水中重金属及致病细菌的检测,生物超微弱发光分析与传统的化学分析方法相比,灵敏度要高得多,一般可达十亿分之几的数量级。

人体超微弱发光

1911 年,英国医生华尔德·基尔纳(Walter Kilner)又发现一个新现象,他采用双花青染料涂刷玻璃屏,发现人体外周有一圈强度超微弱的光晕,其宽度约 15 mm,色彩瑰丽,忽隐忽现。这个有趣的发现吸引了世界众多国家科学家的注意。接着,俄罗斯工程师基里安(S. V. Kirlian)做了类似实验,又发现人体在 500 V 以上的高压电和频率 50 kHz 的电场中,也会发出超微弱光晕。俄罗斯科学家西迈扬·柯里尔和他的妻子瓦伦丁娜,用高频电场摄像术还拍摄了人体有颜色的超微弱发光照片。此后,许多科学家开展了对人体超微弱发光现象的观察和研究,发现每个人自呱呱坠地直至离开人世,始终都在发射一种辉光。有趣的是人体不同部位、不同年龄、不同的健康状况、不同的情绪状况所发出的超微弱发光强度、色彩也都各不相同。例如,人体头部发生的辉光呈现浅蓝色、手臂呈青蓝色、心脏呈深蓝、而臀部呈绿色。手、脚发射的辉光强度比胳膊、腿和躯干强。又如人在心平气和的时候发射的辉光呈浅蓝色,发怒时则变为橙黄色,恐惧时又会变为橘红色。发射的超微弱发光强度也随着年龄变化而变化,从年幼增长,发射的超微弱发光强度逐渐增强,中年以后又变成日趋减弱,亦即青壮年人的超微弱发光强度比小孩和老年人都强,青壮年人发射的发光强度比老年人强一倍多。一般来说,不同体质的人有不同的发光强度,身体愈强壮的人,发射的超微弱发光强度愈强;体力劳动者或喜好运动的人比脑力劳动者发射的超微弱发光强度强。同样年龄的健康人,如果他们的饮食情况不同,他们发射的超微弱发光状况也有区别,例如经常吃肉类食品的人发射的超微弱发光艳红且明亮,而长期食用植物性食品的人其超微弱光单色性好、较暗。身体健康状况不同,超微弱发光的状况也不一样,健康状况良好的人其超微弱光是呈红亮色,而且左右两侧相应部位的

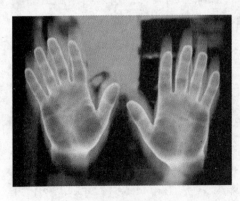

人手的超微弱发光

光强度是一一对称的,即处于平衡状态。如果他是患了疾病,发射的辉光呈灰暗色,而且失去对称性,出现一个至几个和疾病相关的、特有的发光不对称点。下图左边的照片是患病者的人体发射的超微弱发光情况,其中可以看出身体中轴线上的 7 个光点的光强度分布的形状、大小都不同,心脏(从下往上第 4 个点)、喉部(从下往上第 5 个点)显得特别大,光强度沿身体中轴线左右分布也不对称。病情愈严重,发光点的不对称状态愈显著。如果经治疗后病情好转,这种不对称状态就会向对称状态转变。下图右边照片是经过治疗后身体康复时的照片,7 个光点的光强度分布的形状、大小都基本一致,而且左右也对称了。

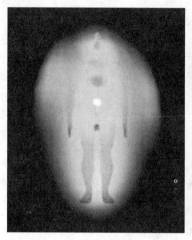

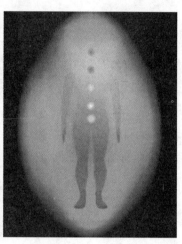

治疗前的人体超微弱发光图　　　　　医治好之后的超微弱发光图

此外,从健康人、糖尿病和高血压等患者身上取血样,也发现患病的人其血液发射的超微弱发光强度较高,平均比健康人高出 3～4 倍。在医学研究中超微弱发光可作为鉴别肿瘤和炎症极其有用的信息,癌症患者血液的发射的超微弱发光强度明显高于对照组,具有显著性差异($p<0.05$),并因肿瘤而异,食道癌或胃癌患者的血液发射的超微弱发光强度相对较低,而在肝癌和胆囊癌患者的血液中,则显现出很高的值。此外,肿瘤病人血液发射的超微弱发光光谱也发生变化,出现蓝移,而且还有特征波长。

另外,超微弱发光还可以用来检测病人对药物过敏的情况。在患者血清中加入待检药剂,观察其超微弱发光变化,与健康人相比,耐药病人发射的超微弱发光强度高出 2～3 倍,对药物敏感的病人发光强度高 6～8 倍。在药理学研究中,超微弱发光对于生物中毒和解毒有特定的发光曲线，检测基本准确、无误。

我国科研人员通过对人体超微弱发光异常变化的研究，已经找出了许多种疾病都有发射超微弱发光失衡的信息点，如高血压、脑血管意外、心脏病、面部神经麻痹、感冒、甲亢等疾病，都会出现不同的病理发光信息点。这么一来，通过测量被检查者体表各个发光信息点的发光是否左右对称，医生就可诊断他是否患病；再根据发光不对称信息点出现的部位，便可以分析病人得了什么病。例如，肾炎患者，他的发光不对称信息点出现在脚心涌泉穴的部位，肝病患者的不对称发光点往往出现在足趾的大敦穴上或是在足窍阴穴上。

超微弱发光机制

生物超微弱发光机制是当今该领域的研究重点，目前认为，它的产生原因主要有以下几个方面：

（1）生物系统中由于氧化代谢而不断产生活性氧自由基，并由此而产生单态氧和激发态碳基，从激发态跃迁回较低能态或者基态时发射的；线粒体和叶绿体是进行生物氧化的主要细胞器，也是产生超微弱发光的主要部位。

（2）生物体内酶促反应形成激发态分子，当它们从激发态返回较低能态或者基态时发射超微弱光。

（3）由于集合效应所形成的重要生物大分子（如 DNA 及其碱基）的激发态和激发态复合物，从激发态返回较低能态或者基态时发射超微弱光。

（4）生物系统自发发射或诱导发射的光子起源于生物体内一个完全相干的电磁场，而这种相干电磁场发射出相干的光子。这种相干的电磁场很可能是生物组织间通讯联络的基础。支持生物光子相干性的主要实验事实包括：光子计数统计服从泊松分布；在一个封闭系统中多个生物体的自发发光的累加呈非线性；光照后生物体的延迟发光不遵守指数衰减规律；生物体内存在着受激辐射的条件。德国生物物理学家 F. A. Popp 认为 DNA 分子本身可成为一个小小的谐振腔，而该分子的碱基对三重态和单态的反转构成了激活介质的反转分布。也有的人认为细胞膜具有谐振腔的功能，而有序的布拉格散射等有可能成为腔内的反射镜。

（5）人体超微弱发光点与经穴有联系。中医学家发现，当人们把手放在高达 25 000 V 高压电和 100 kHz 的高频电场环境中时，手阳明、大肠经的部位会出现一连串明亮光斑，有趣的是人体相对发光比较强的一些部位，恰好是人体有经穴的地方,在经穴的部位的发光强度比不是经穴的地方强得多。神经生理学家利用一种仪器对刚死去的人进行测试,发现发射的超微弱发光强度明亮的光点位置与中医针灸图上标明的穴位一致。拍摄到的手足部位十二经脉呈线状排列的发光点,其路线基本上与大肠经的体表循行路线一致。美国华裔科学家对人体发射的超微弱发光照片研究也发现,人体光晕明亮闪耀点与中国古代经络图穴位相一致。所以,有些学者提出中医经络系统是人体辉光网络。

超微弱发光探测

生物体的超微弱发光强度极其微弱,仅为每秒、每平方厘米 $10^0 \sim 10^4$ 光子,相当于光强度为 10^{-6} lx 量级,单个细胞的超微弱发光强度更低,小于每秒、每平方厘米 10^0 光子。所以,对其探测需要使用探测灵敏度很高的探测仪器和探测技术。

光电倍增管是最常用的光信号高探测灵敏度器件,它是基于外光电效应和二次电子发射效应的电子真空器件,能测量微弱的光信号。光电倍增管包括阴极、阳极和多个瓦形状的倍增电极,当光束照射到光阴极时,光阴极发射出光电子,这些光电子被电场聚焦并获得加速后进入下一个倍增电极,产生出数量更多的二次电子,它们又从下一个倍增电极产生更多的二次电子。如此一级一级倍增,电子数量不断倍增,阳极最后收集到的电子数量可增加 10 万倍至亿倍,电信号也相应获得上亿倍的放大。器件输出的电流和入射光子数量成正比,也即光信号获得很高倍率的放大,微弱的光信号也就能够被探测出来。利用光电倍增管开发的微弱光探测技术有测量输出直电流(DC 法)、测量输出电流中的交流成分(AC 法)、单光子计数(SPC 法)和同步单光子计数(SSPC 法)等 4 种方法,现在常用的主要是后两种。

现在使用超微弱发光图像探测系统较多的是以微通道板像增强器为核心的超高灵敏度成像系统,它可实时提供被测样品的二维光强分布信息和图像。CCD 的中文名称是电荷耦合器,是 20 世纪 70 年代问世的光子探测器,它由许多感光单位组成,通常以百万像素为单位。当 CCD 表面受到光线照射时,每个感光单位会将电荷反映在组件上,所有的感光单位所产生的信号加在一起,就构成了一幅完整的画面。它的体积小、质量轻、有 100 个电极并排排在一起的 CCD,其体积也只有一粒米大,1 cm² 的 CCD 列阵,其功能便相当于一只摄像管。

微通道板(简称 MCP)是一种大面阵的高空间分辨的电子倍增探测器,并具有非常高的时间分辨率和很高探测灵敏度。微通道板以玻璃薄片为基底,在它上面装有数以万计孔径数微米到十几微米、以六角形周期排布的微管(即通道),每个通道的内壁上都涂有一种能发射次级电子的半导体材料,二次电子发射系数大于1。在这些微通道的输入面和输出面接电极,工作时在电极上加$600\sim1000$ V的电压,在每个微通道中产生一个均匀的电场。这个电场是轴向的,所以能使进入微通道的低能电子(光电子)与壁碰撞的时候能产生次级电子发射,并且在轴向电场的作用下被加速。当光辐射照射到微通道管时产生光电子,并与管壁碰撞,同时发射二次电子,此二次电子被加在微通道板上两端的电场加速,继续轰击微通道管的管壁产生数量更多的二次电子,形成电子倍增,工作原理与光电倍增管相似。实际上我们很容易理解,每个通道就是一个光电倍增管,只不过它没有专门的光阴极。光电子从微通道进口处产生到它离开出口端,数量增值大约1千倍到1万倍。当电子从通道中出来后,打在荧光屏上会还原成图像,从而完成图像增强的作用。

超微弱发光通常包括光致发光和自发发光,但光致发光比自发发光的成分强得多,因此必须消除光致发光的影响。消除光致发光有多种方法,通常是测量前暗避光处理,测量时避光。暗避光时间的长短,不同测试对象有所不同,比如萌发马铃薯种子需要5 h,$3T_3$细胞和小麦幼苗、淡水藻需要$1\sim2$ h,而大鼠血液、CHO细胞、萌发绿豆种子等需要的暗避光时间则可以很短,仅需几分钟。温度对超微弱发光也有影响,发光强度随着温度的升降而增强和减弱。将样品放入比它低几度的样品室中,5 min后发光强度便衰减了近3/4。由于超微弱发光的强度太弱,有时候需要增强其发光强度以利于探测。增强超微弱发光的方法有很多,比如引入活化剂、H_2O_2以及通以电流等,现在主要是向样品中加入新配制的冷光剂。